Walther Rohdich

Nelli der Einzige
Biografie eines Hofhundes

Willkommen in meiner Biografie

N e l l i d e r E i n z i g e

Biografie eines Hofhundes

Der Wirklichkeit nacherzählt

v o n

W A L T H E R   R O H D I C H

Bibliografische Information der Deutschen Nationalbibliothek:
Die Deutsche Nationalbibliothek verzeichnet diese Publikation in der Deutschen Nationalbibliografie; detaillierte bibliografische Daten sind im Internet über http://dnb.ddb.de abrufbar.

ISBN 978-3-96103-408-6

Umschlagillustration: Walther Rohdich

www.rediroma-verlag.de
15,95 Euro (D)

Inhaltsverzeichnis

Vorwort des Vorworts

„Ein Hund erblickt das Licht der Welt,
und bald hat sich herausgestellt,
nach froh verbrachten manchem Jahr:
dass dies ein großer Lichtblick war."

Joachim Ringelnatz hat diesen Vierzeiler anders verfasst – pessimistischer! Wir haben ihn optimistisch überarbeitet. Und zu ihm einen kurzen Geschichtsabriss geschrieben, - erfunden oder nicht -, welcher die Metamorphose des Wolfes zum Hofhund darstellen soll. Also: „Es war einmal..."

Udo der Moorhantje, 24 nach seiner Erinnerung, dessen ferne Vorfahren die Metamorphosen Gorilla-Ähnlicher über Homo erectus und Homo habilis zum Homo sapiens durchgemacht hatten, saß ermattet von vieler und harter Rodungs- und Kultivierungsarbeiten vor seiner Moorkate und dachte über seine Schufterei nach:

„Warum placke ich mich hier ab, dass meine Schwarte kracht?"

„Was habe ich davon, mir den Rücken für Nichtsundwiedernichts krumm zu machen?"

„Und für wen das alles, da ich allein und einsam bin?"

„Wuff!", lautete die Antwort.

Neben Udo stand Wuff, den er schon immer wieder, morgens wie abends, bei seiner Kloake abseits des Gartens herumlungern sah. Udo wollte dort ein Holzhaus bauen, weil er es nicht ertragen konnte, beim großen Geschäft Zuschauer zu unterhalten: Nachtigallen, Singdrosseln, Elstern, Füchse und Wildkatzen zum Beispiel, aber eben auch Wuff. Dieser setzte sich nun neben ihn, leckte seine Schweißfüße und Arbeitshände ab und erstarrte plötzlich, seine Blicke gen Osten wendend. Von dort erklang ein Gesang nach der damals noch nicht überall bekannten Melodie „...er kühlte nicht die Glut der heißen Stirne, er machte nicht sein krankes Herz gesund...". Wuff sagte „Wuff" und streckte sich, die Zähne zeigend, sagte auch „Wau" und „Wuffwuff" und „Wauwau", was Udo mit „Achtung, da kommen Leute" zu übersetzen wagte.

Hier haben wir, zumindest für diese Gegend zwischen Amisia und Visurgis, das erste historische und berufliche Auftreten des Hofhundes *Canis lupus.* Ein Tier hat sich selbst einen Beruf gesucht, das war auch damals noch neu – seitdem sind Generationen von ländlichen Hofhunden in dieser Gegend tätig gewesen, kaum einer ihrer Namen ist erhalten geblieben – das soll mit „Nelli dem Einzigen" nicht passieren!

Vorwort und Einleitung

Wenn

fremde Besucher den Hof betreten,
Spitzbuben nächtens das Haus umrunden,
der Briefträger kommt,
der Tierarzt erscheint,
Nachbars Hunde unvermutet auftauchen,
große fremde Köter Zank suchen,
Katzen zu dreist werden,
Vieh auf Trab gebracht werden muss,
Ratten und Mäuse dezimiert werden sollen,
wilde Tiere sich aufs Grundstück verirren,
Kinder eine zärtliche Stunde benötigen,
Jugendliche schmusen möchten und
Erwachsene einen Helfer brauchen,

dann

schlägt die Stunde Nellis,
ist er bereit,

bewacht,
vertreibt,
bellt und
beißt er notfalls,
ist er Herzenströster,
Schmuser und
Spielgefährte,
hilft er wo er kann.

Mit diesen 23 kargen und doch aussagestarken Zeilen haben wir die perfekte Charakterisierung unseres Helden dieses Buches vorgenommen: Er heißt „Nelli". Einfach nur Nelli, ein Name, den man sich leicht merken, den man auch kurz und knapp rufen kann, der dann weithin schallt und vom Gerufenen gewiss gehört, wenn auch nicht immer befolgt werden wird. Dieser ist nicht nur ein Mischling, wie man so salopp sagt, sondern auch Chef eines Bauernhofes der 50er- und 60er-Jahre, eine Zeit, in der noch vieles anders und für Tiere besser war als heutzutage; romantischer.

„Zeit für Tiere!"

Damals hatte man sie noch, und darum konnte all das geschehen, was hier lang und breit, kurz und knapp, spannend und lehrreich, dem wirklichen Leben nach berichtet wird: Abenteuer und Späße, Nettes und Derbes, Notwendiges und weniger Wichtiges, Hingabe- und Verständnisvolles. So ganz nebenbei rollt das Leben auf einem Bauernhof damaliger Zeit vor unseren inneren Augen und Vorstellungen ab und offenbart uns Heutigen Lebensstil und Arbeitsweise einer Generation, die ein halbes Jahrhundert bereits zurückliegen und vergessen sind und uns unendlich fern zu liegen scheinen.

„Woher ist unser Nelli gekommen?"

Unbekannt.

„Wohin ist er gegangen?“
Unbekannt.
Er war plötzlich da, wie es im ersten, und ebenso plötzlich verschwunden, wie es im letzten Kapitel dieser Erzählung nachzulesen ist. Dazwischen liegen fünfzehn Jahre, die es voll und prall in sich haben.

„Man sollte sie erleben!“

Das geht natürlich nur, indem man dieses Buch von vorn bis hinten durchliest. Dann erfährt man auch, dass Nelli nicht tatsächlich ganz von dieser Erde entschwunden ist – er hat sich in Form seiner zahlreichen Nachkommen verewigt und wird durch dieses Buch zusätzlich vollends vor der Vergessenheit bewahrt werden.

Ein Findelkind

Es war einer jener Frühlingstage des Jahres 1954, ein Samstag sogar, dem man wünschte, er möge nie und nimmer zu Ende gehen, den man für immer im Gedächtnis behalten würde: Eine überaus angenehm wärmende Sonne hatte den ganzen Tag am tiefblauen, azurntiefen Himmel gestanden, und auch jetzt noch, im einfallenden Abend, strich ein so lauer Wind ums Anwesen, dass die ältesten Leute hier behaupteten, so etwas Schönes noch nie erlebt zu haben. Nach den langanhaltend kalten Wochen des Winters ging somit hier ein regelrechtes Aufatmen durch Menschengesellschaft und Natur, das man allerorten zu spüren und gar zu hören glaubte.

Das sah dann so aus: Pflanzen machten innerhalb Stunden den längst fälligen Wachstumsschub, Blüten brachen auf, der Salat des Gartens kroch sozusagen wie ein Wurm aus der Erde, Tiere schüttelten und putzten sich wie mit neuen Hoffnungen beseelt, und die männlichen unter ihnen zeigten offen die sprießenden Frühlingsgedanken und sangen sich, sofern sie Vögel waren, entsprechend ein. Das Rindvieh in den Ställen begann zu blöken und forderte den Ausgang auf grüne Weiden, zum gleichen Zweck knallten die Pferde ihre Hufe gegen die Stalltüren, „dass die Heide wackelte“.

Wer genau hinschaute und Verständnis für Verhaltensweisen hatte, konnte bemerken, dass auch die Menschen trotz ewig langer Evolution und meist von Gedanken gesteuert, die ersten warmen Tage des Frühlings nutzten, wie es schon ihre Vorfahren seit Jahrtausenden getan haben: Da hockten sie nun zum ersten Mal seit Winterausgang draußen vorm Haus, beobachteten die untergehende Sonne, blinzelten zufrieden in sie hinein und sprachen über bäuerliche Belange der Zeit und darüber, schon wieder einen Winter hinter sich gebracht zu haben. Die Notzeiten der Nachkriegsjahre steckten noch in aller Erinnerung, da waren es die Winter gewesen, die am meisten Opfer forderten.

Mit Sonnenuntergang bezog das Federvieh seinen Stall, dann strichen Eulen und Fledermäuse um Haus und Giebel, schließlich wurde „Hektor“, 14 und vierbeiniger Wächter des Hofes, von der Kette gelassen, damit er des Nachts überall und alles bewachen konnte, und dann kam die Zeit, in der die menschlichen Bewohner sich von ihren Sitzplätzen erhoben und ins Haus gingen, um dem Abendessen zu frönen.

* * * * * *

Aber die in jeder Landwirtschaft wohlverdiente Ruhe konnte noch nicht genossen werden. Denn um 23 Uhr, der allgemeine Tiefschlaf hatte bei den meisten Mitgliedern der

Familie gerade eingesetzt, klingelte das Telefon. Hörte auch beim zehnten Mal nicht auf, als es der Bauer endlich vernahm und unter den hier bei solchen Gelegenheiten landesüblichen geknurrten Flüchen und Verwünschungen auch erreichte. Noch bevor er sein „Aber doch nicht mitten in der Nacht!“ in den Hörer knallte, musste er hinhorchen:

„Sie sollten einmal vor Ihre Haustür schauen!“

Nur diese sieben Worte, sonst nichts, dann einfach aufgelegt! Unser Bauer hier fühlte sich als freier Bauer, seit Generationen schon, und hatte etwas gegen jede Art von Befehlen, aber erstens konnte er heute den Anrufer ja nicht packen und zweitens sagte ihm eine Ahnung, dass hier kein Scherz getrieben würde. Inzwischen kamen zwei weitere junge Bewohner des Hauses herbei. und begleiteten nun den Bauern bis zur Haustür, vor der man, von außen her gesehen, Hektor rumoren und verhalten knurren hörte. Dort musste also etwas los sein. Außenlicht eingeschaltet, die Haustür einen Spaltbreit geöffnet, vorsichtig hinausgelugt – kein Feind in Sicht. Nur Hektor hockte auf seinen Keulen und betrachtete einen Korb, der auf der ersten Stufe der kleinen Treppe vor der Tür stand. Es war einer jener Art, die man oben mit einem Deckel verschließen und mit denen man einkaufen gehen konnte, die aber auch, besonders in den Städten, zu Tiertransporten benutzt wurden. Unschlüssig und unter gesundem ländlichen Misstrauen starrten Hektor und seine Herrschaften auf diese Fundsache, ein wenig uneinig über das weitere Vorgehen solange, bis aus dem Behälter ein feines, ans Herz greifendes Fiepen ertönte.

Es mag, ja sollte im Leben jedes einzelnen Menschen ein positives Ereignis von unvergesslich-einprägsamer Art geben. Ein solches also, das ihn bis ins höchste Alter verfolgt, das er nie vergisst und, besser noch, von Generation zu Generation weitergeben kann – weil es sich lohnt, es zu behalten, zu vererben und für immer am Leben zu erhalten. Hier war so eines! Jedenfalls, wie sie später aussagten, für die beiden Kinder des Bauern. Aber eigentlich geschah wenig, kaum etwas, das Aufregung wert gewesen wäre. Nur dieses Fiepen vorerst! Und es wiederholte sich jetzt, stärker, mahnender, bittender, und wurde nicht vom alten Hektor ausgestoßen, kam eindeutig aus dem Körbchen. Jeder Kenner weiß, dass Töne aus dem Tierreich es in sich haben, dass sie nicht nur Angst und Schrecken ausdrücken und verbreiten, sondern auch Mitleid erregen können; dies mögen die häufigsten sein. Dann gibt es Töne, die durch Mark und Bein gehen, ohne besonders große Lautstärke zu besitzen – und just solche erklangen aus der Düsternis dieses Gefängnisses aus Weidenzweigen! Rasch ins Haus damit und auf die Mitte der Diele gestellt. Zwischendurch waren alle Bewohner des Hauses alarmiert und aus den Betten getrommelt worden, und vor ihren neugierig-verwunderten Blicken wurde nun der Korb geöffnet. Einzig Hektor schien um seinen Inhalt zu wissen.

Wer jetzt noch müde tat und sich die Augen rieb wurde sofort hellwach, als er in den Grund des Korbes sehen konnte. Dort hockte, fein auf Kissen gebettet, ein Etwas, das auf den ersten Blick nur aus zwei Augen zu bestehen schien, aber Augen, „welche die Welt bedeuteten“! Groß, rund, dunkel, abgrundtief, abgründig, feucht schimmernd, bittend und flehend, zugleich gemischt aus Optimismus und Pessimismus. Aber auf jeden Fall alle anwesenden Herzen rührend – unmöglich, von ihnen nicht gebannt zu sein! Erst auf den zweiten und dritten Blick wurde einiges vom Eigentümer dieser Augen bemerkt: lappige Ohren, feuchtes Näschen, die Farbe Braun und Weiß, eine tapsende Vorderpfote zwecks Ausstieg aus dem Gefängnis nach oben gerichtet. Und jetzt wieder das Fiepen, auffordernd zur Freiheit und endlicher Fürsorge.

* * * * * *

Dieser außergewöhnliche, noch nie erlebte Fall schien klar zu sein: Hier lag ein schnöde im Stich gelassenes, ausgesetztes Wesen im Korb. Eines, dessen sich jemand, ein Unbekannter, entledigen wollte, aber immerhin – in einer noch als human anzusehenden Art und Weise, statt es, wie hier durchaus üblich, einfach in den Wald zu werfen oder im nächsten Teich zu ertränken. Gisela, 10 und Tochter des Hauses, also eindeutig im Alter, in dem Mitleid für hilflose Kreaturen gedanklich tief verwurzelt ist, griff nun behutsam in den Korb und nahm den Inhalt auf den Arm. Schwupp, schon hatte sie die ersten Lecker weg, mitten ins Gesicht, unters Kinn, wie niedliche, zärtliche Kinnhaken, aus Fiepen wurde nun Quieken und Jaulen, aus Strampeln allmählich Entspannen und Zufriedensein. Auch Tiere können erkennen, ob sie „über den Berg" und gerettet sind und es geschafft haben.

„Der ist noch nicht einmal entwöhnt."

„Der braucht noch die Flasche."

In diese Feststellungen schwang die Empörung mit, einem hilflosen Tier so etwas anzutun, und im Nu wurde eine Babyflasche gefunden, mit warmer Milch gefüllt, mit einem Nuckel versehen und angeboten. Aber nein, der kleine Bursche wollte sie nicht, schnüffelte und leckte, lehnte aber ab. Also das Ganze auf einen Teller geschüttet und diesen auf den Fußboden gestellt, und siehe da: Er schlabberte ihn „lauthals“ leer, gierig und hastig wie ein ausgehungerter Wolf, dabei fiepend und begeistert jaulend. Rasch noch ein paar weich gedrückte Kartoffeln nachgeschoben, auch sie wurden innerhalb von Minuten verschlungen. Dann einmal tief durchgeatmet, ein Stöhnen und Seufzen scheinbar ohne Ende, dankbare Blicke den Spendern reihum zugeteilt, ein Anflug neuerwachten Unternehmungsgeistes – aber dann fiel dieser Neubürger des Hauses wie ein Sack zusammen und schlief ohne Übergang augenblicklich ein. Ab ins Körbchen mit ihm, der Deckel blieb natürlich geöffnet, und fort in Giselas Schlafzimmer. Dort rumorte der kleine Schläfer und winselte in abgrundtiefem Schlaf und wohl unter Träumen zufriedener Wollust, die nur von einem Gehirn gesteuert werden konnten, das den glücklichen Ausgang eines gewiss unheilvoll begonnenen Tages registriert hatte.

„Was mag er mitgemacht haben?“

Dies war der nächtliche Einzug „Nellis“, wie dieses Hundekind schon am nächsten Tag getauft wurde, in ein schönes neues, endgültiges, beinahe lebenslängliches Heim. Der so roh gestörte Familienschlaf wurde fortgesetzt und am anderen Morgen ein fröhliches Leben neu begonnen...

* * * * * *

„Hektor hat nicht angeschlagen!“

Ganz ohne Diskussion und Nachforschungen wollte man diese mysteriöse Sache nicht hinnehmen.

„Es hat nächtens jemand unseren Hof betreten und unser Wächter hat nicht gebellt.“

Wenn Hektor auch nicht mehr der jüngste war und weniger flott auf den Läufen als früher, sein Gebiss war noch arg zu

fürchten und seine Stimme konnte so laut und hasserfüllt tönen, dass kein Fremder es wagen würde, nachts aufs Hofgelände zu dringen.
„Also hat er ihn gekannt."
Das war freilich ein Anhaltspunkt, aber schließlich blieben alle bis einen Monat lang betriebenen Nachforschungen in der näheren und weiteren Umgebung ohne Ergebnis. Und in dieser Zeit katapultierte sich Nelli derart in die Herzen aller Hausbewohner, dass man am Vorbesitzer Nellis und dessen unrühmlichem Treiben kein Interesse mehr hatte. Zumal sich jetzt herausstellte, dass Nelli vollkommen stammbaumlos sein müsse und ein konfuses Gemisch verschiedener Rassen sei. Wir werden darauf noch zurückkommen. Hinzu kam, dass eigentlich Sensationelles kaum vorgefallen war, denn hier hatte man Erfahrung mit Findelkindern aller Art und Herkunft. Im Lauf der Generationen, seit Nellis neues Heim bestand, war er nicht die erste Tiergabe und sollte auch nicht die letzte bleiben, aber wenigstens war es bisher immer so gewesen, dass man alle Tiere, die jemand aus welchen Gründen auch immer los sein wollte, offen angeboten hatte. Sollte sich mit diesem unfeinen Inkognito eine neue Zeit ankündigen? Das war jetzt noch nicht erkennbar, aber später sollte es sich zeigen, dass hier ein Schritt zu einer neuen verwerflichen Mode getan war: das Ausstoßen und Aussetzen von Heimtieren, die unbeliebt und lästig geworden sind, eine Abwälzung von Verantwortung. Das war jetzt hier die Gegenwart. Über derartige Fälle hat es in diesem Haushalt nie eine Diskussion gegeben, so selbstverständlich war allen, vom Enkel bis zum Großvater, die jeweilige Aufgabe. Und man besaß Erfahrung in der Aufzucht von Tieren! Wenn hier nicht – wo dann?

„Ein Herz für Tiere."

Hier schlug es in jedermanns Brust laut und vernehmlich...

Wenden wir uns nun dem so sanft eingeschlafenen Hauptdarsteller unserer Geschichte zu. Nelli war von seinen Erlebnissen des Vortages so erledigt, dass er bis zum allgemeinen Erwachen und Aufstehen der Hausbewohner keinen Mucks von sich gab. Abgesehen von Grunzern, Fieptönen, Seufzern und Schluckaufs, die Aufschluss über den Stand seines Innenlebens während des Tiefschlafs gaben. Es traf sich ganz famos, dass heute Sonntag war, denn damit kam Nelli sogleich und geballt in den sofortigen Genuss der Aufmerksamkeit einer kompletten Familie, die sonst ja, wie jeden Alltag, in alle Winde zerstreut und erst am Abend wieder beisammen gewesen wäre.

Ehe Nellis neue Freundin Gisela erwachte, erhob sich Nelli im Korb und rumorte solange in ihm, bis dieser mit Gepolter umfiel und das Herauskriechen ermöglichte. Nelli verließ ihn wie ein Dachs seinen Erdbau, umher äugend und schnüffelnd und kroch sofort unters Bett, wo er das erste Bächlein seines neuen Daseins von sich ließ. Es war bereits in den Fugen des rauen Holzfußbodens verlaufen, ehe es bemerkt werden konnte. Derart vom akuten Druck erleichtert kam Nelli unterm Bett hervor und machte sein erstes, urkomisch aussehendes unvollkommenes Männchen in Richtung Bett, um den dortigen Wind aufzufangen und die Schläferin in Augenschein nehmen zu können. Doch diese lag zu hoch und außerdem unter Kissen verkrochen. Also richtete Nelli seine Aufmerksamkeit anderen Dingen des Raumes zu, die er erreichen konnte. Pantoffeln, Bettvorleger, Tisch- und Stuhlbeine, Tornister, Rucksack, vom Stuhl hängende Strümpfe und Hosenbeine, ein Gummiball – all dieses war neu und ungeheuer interessant und wäre wohl ein wenig angeknabbert worden, wenn die kleinen Milchzähne hierzu in der Lage gewesen wären. Milch! Ein Gedanke an die gestrige musste Nelli wohl spontan gekommen sein, Suchend und schnüffelnd trabte er durch den Raum, entdeckte die zugehörige Tür und begann laut zu fiepen. Keine Milch! Unerhört, dass sie für einen Frühaufsteher wie ihn nicht bereitstand! So musste der hungrige Nelli gewiss empfinden. Immerhin, Gisela erwachte nun und erinnerte sich daran, in dieser Nacht hier nicht allein geschlafen zu haben.

„Nelli!"

Nelli zuckte nicht einmal zusammen, als er „seinen" Namen hörte, sondern kam gehorsam heran und ließ sich ins Bett heben. (Nur gut, dass er sich bereits entleert hatte!) In diesem Augenblick, durch die Geräusche angelockt, öffnete sich die Tür und die Frau des Hauses erschien im Zimmer. Da war Nelli nicht mehr zu halten: Obwohl noch keine zehn Stunden Hausgenosse, so zeigte er keinerlei Schüchternheit oder Zurückhaltung und kugelte sich mit einem ulkigen Hopser aus dem Bett, um der Hausfrau voran jenem Ort zuzumarschieren, der sich gestern so gastlich gegeben hatte – der Teller stand sogar noch dort! So blieb wohl nichts anderes übrig als ihn zu füllen...

* * * * * *

Bevor wir Nellis weitere Abenteuer dieses Tages verfolgen, muss sein „Marschieren" beschrieben werden. Es gibt nur eine Schwierigkeit dabei: eben die Beschreibung. Ein passendes deutsches Wort hierfür konnte trotz großer Mühen nicht gefunden werden. Am besten wäre es, die Tätigkeiten Torkeln, Schlurfen, Schleichen, Stolpern, Rutschen, Kriechen und Wanken in einem Bandwurmwort zusammenzufassen. Obwohl Nelli hierbei, wie man sich unschwer wird vorstellen kann, eine zirkusreife Darstellung bot, waren alle seine Bewegungen irgendwie koordiniert, trotz der Ausrutscher, Knickser und Verrenkungen, und so kontrolliert, dass er sein Ziel, den erwähnten Ort der ersten Nahrungsaufnahme in diesem Haus, haargenau erreichte – ein Betrunkener mag manchmal so gehen und doch sein Ziel, die nächste Kneipe nämlich, auffinden. Für die inzwischen vollzählig versammelten Beobachter wirkte er natürlich ausgesprochen erheiternd und kindlich und eroberte sich auf diese Weise alle ihre Herzen wie im Sturm. Wir erkennen hier jenen sinnvollen Mechanismus, den die Natur in millionen Jahren der Evolution zum Schutz ihres noch hilflosen Nachwuchses herangebildet hat.

Nelli zeigte an diesem Sonntagmorgen zum ersten Mal, wie er in Zukunft Futter zu erbetteln, ja zu fordern gedachte: Er hockte sich neben dem Teller, den man inzwischen in die Küche geholt hatte, auf seine Hinterbacken, stützte sich mit den Vorderläufen ab und schaute beharrlich nach oben; kein Fiepen und Winseln jetzt, nichts als stumme doch beredte Aufforderung. So wird er es sein Leben lang halten. Und sein Blick war nicht ziellos hoch gerichtet, nein, er kannte die Hauptperson dieses Hauses ja bereits und wusste genau, was er tat, wen er meinte. Da blieb der Hausfrau ja nichts anderes übrig, als das Essen zu richten und zu reichen, eine Tätigkeit, die Nelli verständig und geduldig beobachtete. Es gab heute als Frühstück zum Sonntag: Einen Brei gemixt aus gekrümeltem selbstgebackenem Brot, Pellkartoffeln klein gedrückt, Haferflocken und Magerquark mit lauwarmer Milch angerührt – ein patentes, uraltes, hier entwickeltes Hausrezept für Heranwachsende, Kranke und Se-

nioren aller Art und jeden Alters, zwei- oder vierbeinig, behaart oder gefiedert, vom einjährigen Menschenkind bis zur 20-jährigen Katzengreisin. Besonders der Quark ist zur Bildung des Knochenbaus zu empfehlen. Nelli zeigte auch nicht die Angewohnheit der meisten Hunde, junge wie alte, das Essen in Sekundenschnelle und maßloser Gier zu verschlingen, nein, entweder seine gute Veranlagung oder eine bereits genossene ebenso gute Erziehung veranlasste ihn, in äußerst manierlicher Weise alles in Ruhe wegzuschlabbern. Daneben Gefallenes nahm er auf, den Teller leckte er so sauber, dass die Hausfrau ihn ungespült und unabgetrocknet hätte in den Schrank stellen können. Und noch einmal bewies Nelli jetzt, dass er schon Erziehung genossen haben m u s s t e und imstande war, sich verständlich zu machen: Er marschierte nämlich zur Haustür, durch die man ihn gestern hereingetragen hatte, und forderte kategorisch ihre Öffnung. Und als sei ihm das ganze Hofareal seit Jahren bekannt trabte er jener stämmigen Eiche unter vielen anderen rundum zu, die schon von zahlreichen Hundegenerationen als „Stammbaum“ genutzt wurde. Dort machte er jetzt sein kleines und großes Geschäft.
„Er ist ja doch eine Hündin.“
Meinte Gisela. Und zwar deswegen, weil Nelli nicht in Rüdenmanier sein Beinchen hob.
„Das machen Rüden erst“, erklärte der Vater, „wenn sie geschlechtsreif geworden sind.“
Also, stellte man erleichtert fest, war Nelli schon auf Stubenreinheit erzogen. (Das Pipimachen unter Giselas Bett war demnach eine echte Notlösung gewesen.)

In den nächsten Minuten offenbarte Nelli seine Begabung zum Komiker. Denn er unternahm nun die längst fällige

Begutachtung der kompletten Belegschaft des Hauses, die ihrerseits angetreten war, ihn endgültig zu begutachten. Das Ganze sah so aus: Nelli hockte in der geöffneten Tür wie auf einem Podest, während die Menschen um ihn einen Halbkreis bildeten, so dass jeder jeden sehen konnte. Ernst und wie um Erkenntnis ringend ließ Nelli seine großen Kinderkulleraugen von links nach rechts und zurück schweifen, wobei er sein Körpergewicht hin und herschwankend von einem Vorderlauf auf den anderen verteilte, insgesamt so, wie menschliche Chefs vor ihrer versammelten Belegschaft aufzutreten pflegen, wenn sie sich wichtig machen wollen. Auch dabei kommt es ja vor, dass Stirnen gerunzelt und in Falten geworfen und Häupter bedenklich geschüttelt werden, Zähne knirschen, Ohren wackeln und Mäuler sich unangenehm weit öffnen, je nach Lage und Stimmung. Während bei solchen meist unliebsamen Versammlungen jedoch Ernst und Humorlosigkeit vorherrschen und die Atmosphäre gedrückt wirkt, entstand hier unter Nellis Vorsitz ein richtiges Kabarett, in dem Lachen und Heiterkeit nicht nur erwünscht sondern sogar gefordert ist. Dass Nelli noch nicht der Berufshumorist von später war zeigte sich darin, dass Mimik des Gesichts und Körpers noch mehr zufällig als gesteuert wirkten: Aufstellen und Nachvorneklappen der Ohren, Glätten und Runzeln der Stirn, Ein- und Ausfahren der Zunge, nach rechts oder links Senken des Kopfes, das Geruchsaufnehmen der umstehenden Anwesenden. Diese bemühten sich ernst zu bleiben und Lachexplosionen zu unterdrücken. Zu kurios war die Verteilung der Rollen, zu unkonventionell das Verhalten des neuen werdenden „Chefs" des Hofes. Über Nellis Beurteilung der ihm Gegenüberstehenden ist verständlicherweise nichts Konkretes und Sicheres bekannt geworden, obwohl er als

Abschluss der Versammlung jeden besuchte und an Schuhen und Hosenbeinen beschnüffelte. Aber da er dieses Anwesen hier freiwillig als sein Zuhause erkor darf angenommen werden, dass er zufrieden gewesen ist. Aber e i n e Liebeserklärung gab's doch an diesem Morgen: Nelli, bereits von Müdigkeit befallen, legte sich der Hausfrau zu Füßen und schlief dort ein. Ein paar der Kommentare auf Nelli, die an diesem Morgen abgegeben wurden, sollen der Nachwelt überliefert werden:

„Der ist ein kleiner Schelm."
„Und wird dereinst ein großer."
„Den geben wir nie wieder her."

Herzhaftere Komplimente konnte es nicht geben. Und Urgroßvater, der aufgrund seines hohen Alters eine überragende Bibelfestigkeit besaß, setzte noch einen obenauf und zitierte aus „Sprüche 9, 4":

„Ein lebender Hund ist besser als ein toter Löwe."

Was ja, unbestritten, in der Landwirtschaft voll und ganz zutrifft...

* * * * * *

Nach diesem allgemeinen Kennenlernen hat nun auch die Leserschaft das Recht, mit Nellis Aussehen ausführlich bekannt gemacht zu werden. In der Färbung überwiegt ein leicht eingebräuntes Schwarz, nämlich auf dem Rücken, an den Seiten, an Hinterteil und Kopf. An Bauch und Brust dominiert ein sattes Dunkel- bis Hellbraun, durchsetzt mit weißen Flecken, die im Licht bis nach Hellgrau changieren. Braun auch die Innenseiten der Läufe und die Spitzen der Ohren, zu denen sich im weiteren Wachstum helle weiße Umrandungen gesellen, die dann die Ohren, aufgestellt, zu hell umrandeten Dreiecken machen. Die Größe: Nelli stellt zur Zeit seiner Ankunft hier, von den Läufen abgesehen, nicht viel mehr als ein kapitales Meerschweinchen dar. Die Rasse? Rassen – müsste man eigentlich fragen. Von allen Hunden, die auf diesem Anwesen, in dieser Familie bisher groß geworden sind, hat noch keiner soviel Rassen auf sich vereinigt. Es erscheint unmöglich, sie genau zu bestimmen, in einer angeregten Diskussion, der Nelli aufmerksam zuhörte, einigte man sich schließlich auf Pinscher, Foxterrier, Pudel, Münsterländer und Cockerspaniel, gänzlich unverbindlich natürlich, und der Hinweis, ein afrikanisches Warzenschwein könne mit eingekreuzt sein, wurde glatt verworfen. Später, als Nelli dem Halbstarkenalter endgültig entwachsen war und sich seine charakterlichen Eigenschaften ausgeprägt hatten, kam man noch zu anderen Erkenntnissen über seine Herkunft, aber diese blieb dann doch im Großen und Ganzen im Dunkel der hündischen Evolution verborgen. Von Urvater Wolf war äußerlich nichts zu entdecken, zuviel hat der Mensch mit seinen Kreuzungsgelüsten „herumgefummelt“, aber einige praktische wölfische Eigenschaften, die das Leben dieser Wildtiere sichern helfen, sind in Nelli unverkennbar enthalten; wir werden sie im Lauf unserer Geschichte noch kennenlernen. Leider gibt es keine Fotos von Nelli und auch gemalt hat ihn niemand.

Über Nellis Temperament wagte man heute noch keine Prognose, glaubte aber sich auf einiges gefasst machen zu müssen. Aufmerksamkeit und Klugheit hatte er ja bereits bewiesen, clever sein sagt man heute gern dazu, und jetzt lieferte er ein weiteres Beispiel dafür, dass es ihm nicht schwer fiel, Wünsche auszudrücken, an den Mann beziehungsweise an die Frau zu bringen: Anklammern an ein rechtes Menschenbein bedeutete, auf den Arm genommen zu werden. Aber da man dieses Hochnehmen weder bei eigenen noch bei Tierkindern übertreiben sollte, fing man erst gar nicht damit an und bot Nelli nun, da sich sein Findelkindkorb als unwohnlich erwies, einen mit Heu ausgepolsterten Kartoffelkorb zum Ruhen und Schlafen. Junge Tiere brauchen hauptsächlich zweierlei: Essen und Schlafen – Nelli hatte gut gegessen! Er schlief sofort, in der Küche neben dem Herd deponiert, wie ein Tagelöhner zur Erntezeit ein und ermöglichte es so, den Sonntagmorgen wieder in seine gewohnten Bahnen gleiten zu lassen.

* * * * * *

Ein Sonntag auf einem Bauernhof des Jahres 1954! Er verlief anders als heute. Besonders in bevölkerungspolitischer Hinsicht: Wo Arbeitskräfte nicht mehr vorhanden sind, man sich wie heute von soviel Mitarbeitern wie möglich getrennt, sie durch Maschinen ersetzt und die Vielzahl der Tierwelt drastisch reduziert hat, da kann pralles und urtümliches Landleben nicht mehr stattfinden, da sind gesellschaftliche Öde und kommunikative Leere eingetreten.

So ein Sonntag verlief zwar in der Regel, - Ausnahmen in der Erntezeit -, ohne ländliche Arbeiten, aber sonst doch sehr beschäftigungsreich. Die meiste Arbeit verblieb den Frauen, weil sie fürs menschliche Essen und tierische Fressen sorgen mussten: Ein Mensch, der einmal etwas verspätet abgefüttert wird kann sich am Wickel reißen, das Vieh allerdings kennt in dieser Beziehung keinerlei Rücksichtnahmen und wird dann brüllen, grunzen, wiehern, scharren, schlagen und rumoren. Um solche Querelen zu vermeiden besuchten die Frauen den Frühgottesdienst und kehrten nach einigen Schwätzchen mit Nachbarinnen und Verwandten stracks nach Hause zurück, unverzüglich und auf kürzesten Wegen, während ihre Männer den zweiten Gottesdienst und die danach geöffneten Kneipen besuchten, um an den Theken dem Frühschoppen zu frönen, zu schwadronieren und Karten zu spielen. Wenn sie dann von der Sehnsucht nach dem heimatlichen Mittagstisch gelockt aufbrachen, torkelten einige von ihnen, liefen schräg von einer Straßenseite zur anderen und starrten schieläugig und lüstern den flanierenden Dorfschönheiten nach. Zwar waren sie vom Quasseln und Dorfpolitisieren und Bierchenstemmen noch ganz außer Kontrolle, aber ihr Instinkt trieb sie auf richtiger Fährte den häuslichen Gefilden zu, ohne dass sie allzu oft in den Straßengräben landeten. Reichere Bauern erledigten natürlich den Kirchgang mit der Zwei-PS-Kutsche, die ganz und gar Großkopferten unter ihnen fingen in dieser Zeit gerade an, auf dreißig, fünfundvierzig und mehr PS umzusteigen – sehr zum Unmut des dörflichen Viehbestandes, der seine Jahre brauchte, sich an knatternde Neuheiten zu gewöhnen.

Nun zu Hause angekommen und zu Mittag gegessen durften die Herren der ländlichen Schöpfung sich sogleich zur Siesta, hier None genannt, zurückziehen, die Damen hatten die Tische abzuräumen und das Geschirr zu spülen, so dass ihnen nur eine verkürzte Mittagsruhe zukam. Kaum die Augen geschlossen und eingeschlummert riss sie ein herrisch klingender weiblicher Befehlston in die Wirklichkeit zurück: Es galt, den Kaffeetisch zu richten. Heute erscheint es unglaublich, was ein damaliger gutbetuchter Selbstversorgerbetrieb an einem Sonntagnachmittag hergab: Platten von Butter- und Streuselkuchen, Bienenstich, Obsttorten der Saison, Napf- und Rosinenkuchen, Stuten, selbstgebackenes Brot, Schwarzbrot, Sahne, Milch und Kaffee, dazu Marmelade und Honig, für Liebhaber des Deftigen Schinken und Mettwurst, zur Anheizung des Magens auch ein Schnäpschen. Selbst der knickerigste Bauer, besonders wenn Besuch gekommen war, ließ sich bei solchen Gelegenheiten nicht lumpen; man renommierte halt mit dem, was man genügend besaß!

Wie auf ein geheimes Signal tauchten nun auch alle Männer wieder auf und machten den Eindruck, seit einer Woche gefastet zu haben: Ausgeruht, ausgehungert, verfressen und verdurstet richteten sie stiere Blicke auf die Kostbarkeiten. Diese hätten, nach heutigen städtischen und diätischen Vorstellungen, für die Versorgung einer ganzen Kompanie ausgereicht. Aber lassen wir lieber Zahlen sprechen, wobei wir aus Gründen der Diskretion nur die wirklich körperlich arbeitenden angestellten Personen nennen wollen. Schweizer (Kuhmelker) Heinrich: Er aß an diesem Nachmittag insgesamt fünf Stutenschnitten, so genannte Stullen, dick mit Butter bestrichen und mit Wurst und Schinken belegt, danach zehn Stücke Kuchen verschiedener Art. Seine Helferinnen beim Melken, die Mägde Maria und Martha, machten sich nur über Kuchen und Torten her und aßen soviel, dass es für die Auslage in einer städtischen Konditorei ausgereicht hätte, nämlich insgesamt 29 Stücke. Johannes der Schweinewirt war auf Butterkuchen ganz närrisch und verliebt und bekam eine komplette Platte vorgesetzt, die er in einer halben Stunde leerte. Gustav und Willi, als Pflüger für die Pferde zuständig, wurden hier freilich niemals satt: Sie aßen so gemächlich, dass ihre Mägen schneller verdauten als sie gestopft wurden, weswegen ihre Essensquoten an Nachmittagen wie dieser limitiert werden mussten: auf gemeinsam 40 Teile nach freier Wahl, es sei denn Reste ständen zur Verfügung, die niemand mehr herunterkriegen konnte. Wer nun glaubt, alle diese mächtigen Esser müssten doch bis zum nächsten Morgen gesättigt sein, der irrt: Ihr Appetit beim Abendessen blieb von solchen Kaffeetischorgien gänzlich unberührt.

So sichtlich gestärkt erwachten die bekannten „heiteren Gefühle auf dem Lande“ und man machte sich in lockeren Gruppen auf, die anschließenden Ländereien wie Wiesen, Weiden, Felder und Äcker zu begehen, denn sein Eigen zeigt jeder Landbesitzer gern. Einige Männer, die wochentags genug frische Landluft geschnuppert hatten, begaben sich ins Wohnzimmer, um dort in schimpfender und pupender Runde Doppelkopf oder Skat zu dreschen. Für diese Nachmittage, die sich im Ernstfall, unterbrochen vom Abendessen, bis Mitternacht hinziehen konnten, hatte man in diesem Haus folgenden Leit- und Lehrsatz geprägt, der im Flur auf Holz gebrannt hing und auch als allgemeine Lebensweisheit definiert werden kann:

„Vergiss den Kummer dieser Welt,
bevor der letzte Küttel fällt!“

Der Verfasser ist leider unbekannt geblieben, soll aber aus dieser Gegend stammen; wo sonst könnte Derartiges gereimt werden!

Kamen die Frauen vom Spaziergang oder von Nachbarsbesuchen heim, dann machten sie sich an die Herrichtung des Abendessens, bei dem Familie und Belegschaft wieder komplett versammelt waren. Zwischen all den hier geschilderten Tätigkeiten und Vergnügungen lag eingebettet die Sorge ums Vieh, das auch sonntags wie üblich gefüttert, gemolken und sonstwie umhegt sein will. Der hier dargestellte Abriss des sonntäglichen Lebens auf dem Lande trifft für die genannte Zeit im Großen und Ganzen zu, vielleicht gar noch bis tief in die 60er-Jahre hinein. Heute, wo das alles vergangen ist, nennen wir es Romantik und Nostalgie und vergessen dabei zu leicht, dass „Arbeiten und Schuften bis die Schwarte krachte“ die Grundlage bildete. Auf die Bedeutung der Veränderungen wird später eingegangen werden. Hier also, in solch eine Welt und ein Milieu, wird unser kleiner Nelli hineingesetzt! Und er passte in sie hinein wie – ja, es gibt dafür den Begriff „vom Menschen und seiner Zeit“ der auch für Tiere gelten kann...

* * * * * *

Nelli war so tief in seinen Sonntagmorgenschlaf versunken und verfallen, als wenn er die ganze Woche vorher wie ein Berserker gerannt, gejagt und gewacht hätte. Er verschlief die Essensvorbereitungen in der Küche, auch noch das Auftragen der ersten Portionen, dann plötzlich, zwischen Suppe und Hauptgericht, trollte er herbei und postierte sich unterm Tisch zwischen den Füßen und Beinen der Esser. War ihm der feine Duft gebratenen Fleisches ins Näschen gestiegen? Wollte er betteln, kannte er das Betteln überhaupt schon? Das ist nie eindeutig geklärt und beantwortet worden. Jungen Hunden liegt, von ihren wölfischen Ahnen her, das Anbetteln im Blut, sie müssen es nicht erst vom Menschen lernen, und vorab sei gesagt, dass Nelli es zeit seines Lebens einzurichten verstand, während der Mahlzeiten unterm Tisch zu hocken, er bettelte aber nie eindringlich und bekam auch nichts gereicht. Denn für diesen bäuerlichen Haushalt hier gab es die eisern eingehaltene Regel, dass alle Hunde zu Zeiten der menschlichen Mahlzeiten ebenfalls ihre Portionen bekamen, freilich erst hinterher und konsequent aus den Resten bestehend. So ein Tun mag heutigen Hunde-Ernährungswissenschaftlern graue Haare bescheren, besonders wenn diese bei den allseits bekannten Herstellern von Dosen- und Tütenfutter angestellt sind, aber alle derart bedachten Hunde der letzten Jahrzehnte gediehen prächtig und konnten mit Rekordaltern ohne die üblichen Wehwehchen und Zipperlein aufwarten, von denen verwöhnte Stadthunde geplagt werden.

Ort der Fütterung aller freilaufenden Hunde war seit Urzeiten der obere Teil der geräumigen Diele gewesen, dort wo die Treppe zur Räucherkammer hinaufführte. Hierhin lockte nun unsere brave Hausfrau den kleinen Nelli und präsentierte ihm im neuen Napf Kartoffeln mit Soße und Fleischstücken. Ha, das war ein Festessen! Daneben verdünnte Milch gegen den Durst. Nelli, dessen Gangart heute bereits deutliche Fortschritte zum Normalen aufwies, bewindete das Gebotene mit kindlicher Kennermiene und aß es manierlich auf, zwischendurch dankbare Blicke auf die Spenderin richtend. Die Bezugsperson fürs Leben war geschaffen...

Die Stunden nach Tisch wurden von denjenigen Familienmitgliedern, die nicht zu ruhen gedachten, zur Namensgebung und Taufe des neuen Hausgenossen genutzt. Außer den sechs Vorgänger-Nellis, die im laufenden Jahrhundert schon auf diesem Hof gelebt und gedient hatten, - der vorletzte war beim Einmarsch der Engländer 1945 als letztes hiesiges Opfer des Krieges gefallen -, besaß man stets einen richtigen großen, starken, bissigen und furchteinflößenden Wachhund verschiedener Mischrassen an einer Kette gehalten; zur Zeit den erwähnten alternden Hektor. Der Name Nelli wurde immer nur an kleinere „Zweithunde“ vergeben, die man hin und wieder aufnahm, geschenkt oder „zugestellt“ bekam. Unsere junge Dame Gisela, die wir bereits als erste Begrüßerin Nellis kennen, hielt schon das passende Halsband parat, ihr Bruder ging in die Werkstatt, um Nummer und Name in die Plakette zu prägen: Nelli auf die eine und „007“ auf die andere Seite – erst im Lauf der kommenden Jahre sollte sich die Symbolik dieser Nummer zeigen, 1954 bedeutete sie noch nichts. Schon sei vorab bemerkt: Man fand sie dann durchaus angemessen, was Draufgängertum, Kraft und Mut, Schlingeligkeit und sexuelles Ausleben Nellis betraf. Geschmückt mit dem Dokument der Familienzugehörigkeit trollte sich Nelli durch die Diele nach draußen und machte erst einmal seine Geschäfte an einem Zaunpfahl, dann lief er wedelnd und jauchzend auf Hektor zu, der ihn mit allen Anzeichen eines Vaters, der seinen verlorenen Sohn zurückerhält, und so lauthals empfing, als gälte es, der umliegenden Hundewelt diese Neuigkeit mitzuteilen. Ganz unerschrocken ging Nelli dem großen Bruder an Hals und Geläufe, raufte und zerrte wie ein ausgehungerter Löwe am Zebra. Die Kinder jedoch wollten den ersten Ausgang mit ihm machen und nahmen ihn probeweise an die Leine. Und siehe da: Er musste diese Einschränkung der persönlichen Freiheit kennen! Denn brav trabte er rechts und verwickelte sich nicht in der Leine. Eine seiner späteren Eigenschaften tat sich bereits kund: seine schier unerschöpfliche Neugier. Da gab's zum Beispiel, wenn man dem Weg zum Gehölz folgte, diese vielen Mauselöcher, aus denen köstliche Düfte emporstiegen, doch noch reichten Nellis Pfoten und Kräfte nicht, sie frei zu buddeln. Als er schließlich vor Müdigkeit plumps ins Gras fiel, nahmen die Kinder ihn auf, trugen ihn zurück und legten ihn in seinen Kartoffelkorb. Dort schlief Nelli bis zum Abend.

* * * * * *

Die erste komplette Nacht in der neuen Heimat! Als sie nach dem Abendessen für Nelli anbrach konnte schon einmal im Familienrat Fazit gezogen werden. Dieser kleine Kerl, meinte man wohlwollend, tut schon wie ein Alter, von Schwellenangst, Lampenfieber und ähnlichen sonst üblichen Hemmungen ist keine Spur zu entdecken. Alle Herzen hat er bereits für sich eingenommen, selbst dasjenige des Urgroßvaters, der sein Leben lang ein ziemlich scharfer Rechner war und jetzt mehr im Spaß eine Rechnung aufmachte:

„So ein Köter kostet pro Tag mindestens eine Mark an Essen, Trinken und Steuern (diese wurden nie bezahlt), Versicherungen (gab's nicht mal für die Kinder), Beseitigen von Hundekütteln (machte, wie erfahren, Nelli selbst weg), Pantoffelzernagungen, Hosenzerbeißungen an Briefträgern und anderen Uniformierten, Ärger mit Jagdherren wegen angeblicher Wildereien, im Jahr also satte 365 Mark und bei einer zu befürchtenden Lebenserwartung von zwanzig Jahren glatte 7.300 Piepen. Dafür könnt'er neue Maschinen kaufen...“

Urgroßvater schmunzelte schelmisch und wusste, dass seine Rechnung keiner kaufmännischen Prüfung standhalten würde. Seine Blicke ruhten auf dem schlafenden Nelli neben ihm und waren durchaus wohlwollend. Damit kam man zum Problem „Schlafzimmer“: Unmöglich, dass Nelli einen Sonderstatus erhielt und die Küche zum Dauerschlafraum zugestanden bekam. Also sogleich fort mit ihm auf die Stelle der Diele, wo ihm auch das Essen gereicht wurde, ehe er aufwacht und darüber maunzen könnte. Für den Fall des

Heimwehs zur Küche wurde die Tür in der ersten Nacht offen gelassen, schließlich könnte Nelli ja auch ein Schlafwandler sein. So begab man sich endlich zu Bett.

Und am anderen Morgen gab es eine rührende Überraschung: Der als erster aufgestandene Jungbauer vermisste Nelli im Körbchen, suchte und fand ihn endlich nach längerem Umhersuchen und Rufen auf einem niedrigen Stapel gefalteter Jutesäcke in Gesellschaft eines Mitschläfers, nämlich der pechschwarzen Halbstarkenkatze namens „Muschi“. Ein „Stillleben für die Götter“ – eng umschlungen zwei Tierkinder, die nichts davon wussten, dass man sie landläufig als „gegensätzlich“ einzustufen pflegt.

An dieser Stelle unserer Geschichte, - Nellis zweiter Tag hier und erste Begegnungen mit anderen tierischen Mitbewohnern des Anwesens standen ja unmittelbar bevor -, erscheint es angebracht, sich vor der weiteren Schilderung kommender Ereignisse Nellis neuer Familie, seinen Kollegen und dem Biotop ausführlich zuzuwenden, in dem er mehr als siebzehn Jahre wird zubringen müssen...

Eine unwahrscheinlich nette Familie

Die Bedeutung des Begriffs „Familie“, wie er hier auf diesem Hof gilt, sollte vorab geklärt werden. Zu ihr, dieser Familie, gehörten nach hiesiger, aus vorgeschichtlicher Zeit überkommener Vorstellung und Ansicht alle menschlichen Bewohner, mochten sie her- oder abstammen von wo und woher auch immer, welchen Geschlechts und einen Tag oder hundert Jahre alt sein, normal, begabt oder deppert (einer ist immer dabei) dastehen, einen normalen, hübschen oder hexenartigen Anblick bieten, faul oder fleißig tun, sich anpassen mögen oder revolutionäre Gedanken hegen – das alles spielte in der Tat auf diesem Hof kaum eine Rolle:

Emanzipation in Reinkultur, Gleichberechtigung in der Praxis zu Zeiten, als solches noch nicht in alle Köpfe der Nation Eingang gefunden hatte. Natürlich gab es auch einen Chef, wo käme man sonst hin, er nannte sich gern „Erster unter Gleichen“, hatte aber in allen strittigen Angelegenheiten das letzte Sagen. Auswärtige Beobachter prägten hierfür einst den Begriff des „gemäßigten Patriarchats“ und verwiesen auf die alte germanische Urform der großen Höfe, wo es nicht anders hergegangen sei. Nun, wir werden sehen...

In der nun folgenden Vorstellung von Familie und Hofmannschaft müsste der erwähnte Chef natürlich eigentlich an erster Stelle stehen, aber Anstand, Sitte und Respekt vor Alter, Würde und Lebensweisheit verlangen ein anderes Vorgehen: nämlich dass Bernhardt, 95, von Beruf Urgroßvater, auch Uropa, Uraltchef, Uraltbauer und Obersenior, heimlich alter Knacker und Baldabkratzer genannt, (Titulierungen wie „Grufti“ lernte er nicht mehr kennen), an den Beginn unserer Galerie gelange. Ein wahrhaftig und selten abenteuerliches Leben lag hinter ihm. Da seine Mutter geruhte, ihn 1859 in diese Welt zu setzen, galt er bei jungen Leuten als historisches Fossil gleich gewissen Dinosauriern, deren Spuren hier irgendwo besichtigt werden können. Er kann, wenn er gut aufgelegt und durch „Klaren“ aufgekratzt ist, authentischen Geschichtsunterricht bieten wie kein Lehrer weit und breit, hat er doch alle diese Kriege gedanklich erlebt oder praktisch mitgemacht: den deutsch-dänischen, den preußisch-österreichischen, den kurz darauf folgenden deutsch-französischen und die beiden großen Weltkriege des 20. Jahrhunderts. Örtliche und überregionale Historiker und Schreiberlinge suchten ihn auf und interviewten ihn, und da er sowohl Schlaumeier, Schrapper und Geizhals war

als auch gut rechnen konnte, kassierte er bei ihnen, sahnte er sozusagen ab. Auch alte Fotos, die er gesammelt hatte, ließ er sich honorieren. Diese Gelder versteuerte er freilich nicht, sondern sammelte sie in seiner Geheimkassette, wozu er eine kupferne Wärmflasche, wie man sie früher mit heißem Wasser gefüllt in die kalten Winterbetten legte, umfunktioniert hatte. Das Geld lieber zur Bank bringen?
„Nein! Zweimal haben sie uns alles genommen, 1923 und 1948, das soll mir nicht noch einmal passieren."
Da er in Nellis Auftrittsjahr ein wenig zu kränkeln begann - „...die alte Karkasse ist eingerostet..." und ein Arzt nicht ins Haus, gar an sein Bett gelassen werden durfte, war damit zu rechnen, dass seine Ersparnisse bald der allgemeinen Haushaltskasse zuzurechnen sein würden. Im Arbeitsablauf des Hofes spielte Urgroßvater seit Jahren keine Rolle mehr. Und zwar nicht nur wegen seines Alters, denn Kartoffelschälen und Erbsenpulen hätte er noch machen können, sondern weil ihm seine Bibel den rechten Weg wies. „Die Psalmen 128, 2":
„Deiner Hände Arbeit darfst du genießen; wohl dir, du wirst es gut haben."
Diesen Spruch bot er sowohl der BfA als auch seiner LVA „zwecks einer Anbringung oberhalb Ihrer Eingangstür" an, wurde aber abgewiesen.

* * * * * *

Der eigentliche Hofinhaber war 1954, das Jahr, auf das sich ja alle unsere Angaben hier beziehen, Urgroßvaters Erstgeborener August, 69, ein Jüngling gegen seinen Vater, selbst Großvater und Opa oder Chef gerufen. Er war momentan Hofinhaber und wollte dieses solange bleiben, bis „der ewige Abrufer mich auf anständige Art und Weise abkratzen lässt" – dieser Wunsch wird bald in Erfüllung gehen und Nelli wird bei diesem Vorgang mit von der Partie sein. August und Bernhardt sind die Wipfel eines rundum kapitalen Stammbaums, dessen Wurzeln bis tief in die Schrecknisse des Dreißigjährigen Krieges hinabreichen, und beide sind außerordentlich stolz darauf, ihre Familie in ununterbrochener Linie bis in die Mitte des jetzigen 20. Jahrhunderts geführt zu haben, ohne dass je eine Notzeit zur Aufgabe des Hofes gezwungen hätte – sie konnten jetzt, 1954, nicht ahnen, dass das große Bauernsterben erst noch anstand.

Augusts Leben war deutlicher vom Krieg gezeichnet als das seines Vaters: Er musste zweimal hinaus und kam nicht ganz heil zurück. Wie viele seiner Zeit- und Berufsgenossen wäre August ohne die beiden Weltkriege kaum je aus seinem Dorf hinausgekommen, und so verschaffte ihm der erste einen Ausflug nach Frankreich, und zwar in die bleihaltigste Gegend jener Zeit, nach Verdun, wo ihm prompt ein unbekannter Franzmann jenes Blei verpasste, das er heute noch in seiner Brust trägt. Die überlasteten Ärzte des Lazaretts stellten ihn bereits als einen der vielen hoffnungslosen Fälle beiseite, als sie eine Röntgenaufnahme gemacht hatten: Die Gewehrkugel, an der Spitze leicht abgeplattet, steckte so nahe am Herzen, dass sie einen der Vorhöfe fast berührte – wer mochte da, damals, operieren! Heute würde man sie gewiss ohne viel Gefahren heraus prokeln können. Die lapidare Militärarztprognose lautete:

„Entweder – oder. 80% hops – 20% kann sein."

Es konnte sein. Augusts unverwüstliche bäuerliche Natur schaffte die Krise, er wurde heim transportiert und noch einmal gründlich begutachtet. Aber an eine Operation wagte sich auch der Heimatarzt nicht. So wurde August erst jeden

Monat einmal geröntgt, dann alle halbe Jahr, schließlich alle zwei Jahre, und man stellte fest, dass die Kugel brav an Ort und Stelle blieb und sich allmählich in einer Art von zäher Gallert verkapselte. Als die eigentliche Wunde vollständig genesen war konnte August zunächst leichte, dann normale Arbeiten wiederaufnehmen, musste freilich, was ihm sehr zupass kam, auf schwerste fürs Leben verzichten: tagelanges Pflügen hinter den Pferden, beim Dreschen Zweizentnersäcke wuchten, Bäumefällen und -tragen, entlaufenes störrisches Vieh eintreiben. Es ging beim ihm fortan alles etwas gemächlicher als bei gleichaltrigen ländlichen Berserkern. Seine großformatigen Röntgenaufnahmen waren hier eine Sensation.

Der zweite Weltkrieg bescherte ihm nur einen knappen Ausflug und Einsatz als Volkssturmmitglied ins nahe, nur wenige 320 Meter hohe Gebirge, vor dem der erzböse Feind, es war schon April 1945, in einer weltumfassenden Großschlacht aufgehalten und vernichtet werden sollte. Dies gelang ja bekanntlich nicht, und während die Engländer noch rundum „säuberten“ war August noch vor der Kapitulation wieder zu Hause. Rechtzeitig, um die Feinde herzlich zu bewirten und um Schutz vor räuberischen Banden, die damals die Gunst der Stunde nutzten, anzugehen. Noch Jahre nach dem Krieg kamen an August Briefe aus England, die seinen Schinken und Bauernstuten in höchster Ekstase lobten und um ein „Care-Paket“ baten.

August liebte es, in trauter Runde von seiner „höchsten Lebensgefahr“ zu erzählen, die ihm freilich nicht in den Kriegen, sondern auf dem Höhepunkt der Drittereichs-Herrlichkeit drohte:

„Kazett – Erschießen.“

Das kam so. Leicht angeheitert und in bäuerlicher Ver-

schmitztheit, gepaart mit bewunderungswürdiger Erkenntnis, ließ er mit Blick auf das damals in jedem Haushalt aushängende schnurrbärtige Portrait diese Feststellung verlauten:
„So'n ungebildeten Kiärl kann doch nich regiern!"
Obwohl dieses voll und ganz den Tatsachen entsprach, durfte es doch nicht ungestraft gesagt werden, und wie üblich hatte der Feind in Form des zuständigen Ortsgruppenleiters mitgehört. Dieser lief, da man sich ja seit Jahren kannte, nicht sogleich zur Gestapo, sondern stellte August sozusagen auf eigene Verantwortung zur Rede. Und da überlief es diesen abwechselnd eiskalt und siedendheiß, dass er an die Wand gestellt werden könnte, und schnurstracks entschuldigte er sich mit „war sturzbesoffen", und „war nicht richtig im Kopp". Nun, für diese Zustände hatte hier jedermann volles Verständnis und August durfte überleben.

Die Kugel von Verdun hob ihn vor dem Krieg in den Status eines Halbinvaliden mit allen üblichen sozialen Vergünstigungen und niemand nahm es ihm übel, dass er schwere Arbeit von anderen verrichten ließ. Diese, die Kugel nämlich, behinderte ihn natürlich nicht beim Begründen einer Familie; sonst wäre ja der schon erwähnte Stammbaum ins Leere gewachsen. Bäuerliche Schläue und exzellentes Wissen über die Tier- und Pflanzenwelt seiner Heimat, ohne Ausbildung wohlgemerkt, haben August zu einem tüchtigen, überlebensfähigen Landwirt werden lassen. Dem aufkommenden Wirtschaftswunder sah er jedoch, was den Fortbestand der alten bäuerlichen Strukturen betraf, voller Sorge und Missfallen entgegen...

* * * * * *

Augusts Ehefrau und Bäuerin Bernhardine, Jahrgang 1889, war ein Klotz von Weibsbild, wie es die alten Germanen geliebt und die ebenso alten Römer gefürchtet hatten. Einskommaachtundneunzig hoch, Schuhgröße 48, Handschuhgröße in Sonderanfertigung, alle Kleider beim Schneider gemacht, da weder der dörfliche Händler noch auswärtige Versender die notwendigen führten, Kraft in den Armen, einen Ochsen zu würgen, und wo sie hintrat wuchs jahrelang kein Gras mehr. Ging sie über Feld, Acker und Weiden, so flüchteten Maulwürfe, Wühlmäuse und andere Schädlinge der Landwirtschaft weithin fort, meist in Nachbars Länder und Gärten, womit sie wohl einer der ersten in der Praxis stehenden Menschen war, der die biologische Schädlingsbekämpfung anwandte. Einmal trat sie, ohne es zu bemerken, auf offenem Feld einen Hasen tot, der ihre Annäherung wohl als harmlos eingeschätzt hatte und sitzen geblieben war. Vor soviel Einmaligkeit verzichtete der beobachtende Jäger auf die Anzeige wegen Wilderei, die eigentlich fällig gewesen wäre. Hier können freilich nicht alle ihre Abenteuer aufgezählt werden, weil sie ja meist nicht mit Nellis Lebenslauf zusammenhängen.

Mit eiserner und, wie sie glaubte, gerechter Hand hielt Bernhardine die Familie zusammen und verhinderte so die landesüblichen Streitereien, Saufereien und Seitensprünge. Nun allerdings, im Jahr des Nelli 1954, prägten Milde und Toleranz, hervorgerufen durch Rückblicke auf Erfolge und geschaffte Leistungen sowie Vorausblicke aufs nahende Alter, ihren Charakter und ermöglichten karitative Gaben und Geschenke dort, wo früher knallhartes Sparen und konsequentes Geldinderhandherumdrehen die tägliche Szene beherrschten.

„Erst haben – dann ausgeben.“

Diesen hochwohllöblichen Grundsatz vertraten früher sogar Sparkassen, Banken, Kämmerer, Finanzminister und Haushaltsvorstände, haben ihn aber heutzutage allesamt über Bord gehen lassen...

„Oma Dine“, wie sie auch und meist liebevoll genannt wurde, war 1954 eine Frau für fast alle Fälle, jedenfalls aus der Sicht ihrer Enkelschar und derjenigen Tiere, die ihrer Fürsorge noch anvertraut waren: das Federvieh verschiedener Arten und Rassen und der brave alte Hektor an seiner Kette. Dessen Augen verklärten sich, wenn Bernhardine herangeschlurft kam und ihm sein Essen brachte. Im Haushalt machte sie sich noch mit all jenen alltäglichen Arbeiten und Verrichtungen nützlich, die niemand gern tat und die doch gemacht werden müssen: Kartoffelnschälen, Erbsen- und Bohnendöppen, Möhrenputzen, Plätzchen- und Pfannkuchenbacken, Marmeladekochen, Sauerkrauteinstampfen, Schinkensalzen und -räuchern, Pflaumenmusrühren, Butterbroteschmieren und Geldzählen. Fürwahr eine Beschäftigung, die selbst das radikalste Arbeitsamt keinem Arbeitslosen mehr zumuten könnte und die einen etwaigen Mangel an Erfülltsein, Gleichberechtigung, Frauenquote und Emanzipation nicht aufkommen ließ. Zudem war Bernhardine Anlaufstelle für zarten Liebeskummer, sachte Bronchitis, Taschengeldnöte, Schulaufgaben, Süßigkeitsverlangen und weihnachtliche Wünsche der jungen Generation und in all diesen und anderen zahllosen Problemen erwies sie sich, - klar, ohne je eine Ausbildung hierüber genossen zu haben -, als perfekter Psychiater und als ein kostenloser dazu.

Wie sie sich anno damals ihren August gekrallt hat – das ganz und gar ausführlich zu erzählen könnte einem separaten Kapitel vorbehalten bleiben; wir wollen uns hier aufs Wesentliche beschränken. Da August in seinen Sturm- und Drangjahren der gefragteste Galan des Dorfes und als Hoferbe bekannt war, stellte ihm die ländliche Damenwelt nach allen Regeln erotischer Kunst nach, ziemlich derb natürlich und wenig verbrämt, so dass er sich zeitweise sehr in die Enge getrieben fühlte und überschlug, seine Braut auswärts zu suchen. Um dieses zu verhindern schritt Bernhardine zur Tat. Es hieß zu agieren, entschlossen zu sein und alle moralischen Aspekte und Hemmungen und jeden Dorfsittenkodex außen vor zu lassen. Wo wurden damals und in diesem Milieu die meisten Ehen gezimmert? Wo lernte man sich so nah kennen, dass nichts als eine rasche Eheschließung übrig blieb? Nun, auf Festivitäten doch! Schützenfeste zum Beispiel. Galt doch seit Errichtung dieser löblichen Veranstaltungen für alle ledigen Teilnehmerinnen folgender, durchaus ernstzunehmender und auch als gewisse Warnung gedachter, hier ins Hochdeutsche gesetzter Sinnspruch:

„Einmal zum Schützenfest – und du hast es weg."

„Es", das war dann meist der Ehegrund. Bernhardine, nicht gerade mit körperlicher Attraktivität gesegnet, aber gütigen Herzens und sehr willig und fähig zur Führung eines großen bäuerlichen Betriebes, stach nun alle anderen Bewerberinnen um unseren August aus, auch solche starken und hochsexuellen Formats und zu ländlichen Schönheitswettbewerben durchaus fähige, indem sie jene Lüstern- und Verworfenheit mimte, mit denen die Damen Pompadour und Dubarry einst Furore und Geschichte gemacht hatten. Solchen Anerbieten war August nicht gewachsen, und nachdem er mit Bernhardine einige Male aus- und zum Schützenfest gegangen war blieb ihm nichts anderes übrig, - es war just Mitte Mai -, als es den Rehböcken im nahen und familieneigenen Forst nebenan gleichzutun. Der Erfolg war so durchschlagend, dass die baldige Hochzeit anberaumt werden musste.

August hat sein Engagement für Bernhardine nie zu bereuen gehabt. Sie war der Fels in der Brandung unruhiger und wirtschaftlich bedrohlicher Zeiten, sie arbeitete für Vier und manchmal gar Sechs, was ihre riesigen Pranken angriffen gedieh prächtig und auch die durch ihre Schritte verursachte Befestigung des Erdbodens wirkte sich positiv aus. Die gelegentliche Schroffheit ihres Auftretens gegen Familienmitglieder basierte nur darauf, das Geld zusammenzuhalten und unnütze Wünsche nach ihm gar nicht erst aufkommen zu lassen – um sie nicht ablehnen zu müssen!

Heute, in Nellis und neuer Zeit, gab es nichts Schöneres und Friedvolleres anzuschauen als dieses hier: Bernhardine saß im Lehnschaukelstuhl vor der großen hölzernen, grün gestrichenen Dielentür in der Sonne, puhlte die gelben getrockneten Bohnen aus den Schoten, rührte Kuchenteig, strickte oder stopfte die überaus zahlreichen Strümpfe der Familie, nickte auch manchmal ein, und neben ihr saß Hektor, den Kopf auf ihren rechten Schenkel gelegt, ebenfalls eingenickt. Das ist es vielleicht, was man landläufig „Friede auf Erden“ nennt. Nach Hektors Heimgang trat Nelli an seine Stelle, da er jedoch kleiner war, bezog er unterm Schaukelstuhl seinen Posten und giftete jeden Unbekannten an, der sich Bernhardine zu nähern wagte...

* * * * * *

Augusts und Bernhardines erster Bemühungen Ergebnis war Friedrich, Fritz gerufen, Jahrgang 1918, Hoferbe; ein

Begriff, der in heutigen Kreuzwort- und anderen Rätseln als „Agnat“ abgefragt wird. Wir haben Fritz schon als „Es“ kennen gelernt. Sein Äußeres beweist, dass die Natur nicht immer nach menschlichen Vorstellungen und Wünschen handelt oder reagiert. Denn aus zwei Gründen durften seine Eltern hoffen, dass er etwas Besonders werden würde. Erstens da sie ihn einvernehmlich und in lustvoll-ländlicher Ekstase zeugten und zweitens weil sie erwarten durften, dass er ihre beidseitigen körperlichen Vorzüge auf sich vereinigen würde – welch ein germanischer Recke wäre das geworden! Man hätte ihn unverzüglich gegen den schon mit etwas Patina überzogenen Arminius bei Detmold auswechseln können. Nicht äußerlich sichtbar, wie das in dieser schnöden Welt üblich ist, waren seine inneren Qualitäten, die wir in Zukunft offen darlegen werden.

In den Jahren nach 1945 war Fritz froh, ein normaler Mensch zu sein, da Bedarf an Recken vorerst nicht bestand. Erstgeborener, Hoferbe – das war doch Handfestes! Sein bäuerlicher Werdegang fiel in eine Zeit, in der ein konfus geführter Staat alles Ländlich-bäuerliche idealisierte, ja heroisierte und maßlos förderte wie es nie zuvor geschehen war – was gefiel; aber auch wie zum Ausgleich dafür junge Männer zu Soldaten ernannte – was nicht gefiel. Und prompt durfte Fritz 1939 sogleich unter ihnen sein. Auf den Spuren des Vaters zog er 1940 „gen Frankreich“, wo sich ein Verdun freilich nicht wiederholte, und da er kurz darauf als Hoferbe vom Militär- und Kriegsdienst zurückgestellt wurde, brauchte er auch nicht wie viele andere „gen Osten“ zu marschieren. Das hat ihm, rein statistisch gesehen, das Leben gerettet.

Als hellwach um sich äugender Bauernsohn beobachtete

er das bäuerliche Treiben und Geschehen in Frankreich, Belgien und Holland und nahm wertvolle Anregungen mit nach Hause, in eine Heimat, in der die Bauern, falsch beraten von zahlreichen so genannten Beratern der Landwirtschaftskammern, stur auf nach Vaters-, Großvaters- und Urgroßvatersart weiter wurschtelten und glaubten, es würde allzeit so bleiben. Aus Fritz' modernen Überlegungen resultierte das erste Gewächshaus der Region und der vielleicht allererste Hofladen Deutschlands, beide zunächst belächelt, dann später beneidet auch von „Fachleuten“. Wer finanziellen Erfolg verbucht muss dergleichen einkalkulieren:

„Lasst Neider neiden – lasst Hasser hassen...“

Fritz wurde sogleich nach seiner Heimkehr vom Militär von Bernhardine auf Freiersfüße gestellt, immerhin trug er Schuhgröße 45, die es ihm leicht ermöglichte, die bei einer Brautschau notwendigen vielen Kilometer zu Fuß abzuklappern. Er sah damals schmuck doch ein wenig farblos aus und konnte die für sein Biotop überragende Intelligenz nicht zur Schau stellen, beziehungsweise die meisten Mädchen erkannten sie gar nicht. Mit anderen Worten: Wäre er nicht Hoferbe gewesen, so hätte er kaum passende junge Damen aus den Startlöchern reißen können. Da, eines Tages auf einem sonntäglichen Kaffeekränzchen, riss Bernhardine ihre Augen wie ein siecher Uhu auf und das Kuchenstück blieb ihr im Hals stecken, ihr Herz tuckerte laut wie einer der ersten Volkswagen und ihr raumfüllender Busen wogte wie Meereswellen auf und nieder und drohte seine Umhüllung zu sprengen. Was war geschehen?

„So sehr auch die Lage angespannt – das Mutteraug hat sie doch erkannt!“

* * * * * *

In einem Nachbardorf zwölf Kilometer nördlich lebte zu dieser Zeit eine hübsche Bauernmaid namens Lina, Jahrgang 1922, ein Inflationskind also. Sie galt seit Kindheitstagen als neugierig und aufgekratzt, weil sie früher als gewohnt den Kinderwagen zu entsteigen versuchte, kaum dass sie stehen und gehen konnte immer zur Tür fetzte, wenn es klingelte, jedem Gespräch der Erwachsenen andächtig lauschte und stets, nachdem sie die Funktion des neumodischen „Dingsbums“ begriffen hatte, als erste das Telefon erreichte. Somit war's denn ganz logisch, dass sie bald mehr und vor allem alles besser wusste als Gleich- und Höheraltrige ihrer Umgebung und in den Ruf geriet, eine Quasselstrippe und die Nachrichtenbörse des Dorfes zu sein. Auf den Gedanken, diese Eigenschaften könnten einfach „hellwache Intelligenz“ und einem späteren Erwerbsleben äußerst dienlich sein, kam in diesem Dorf „am Arsch der Welt“ niemand. Nicht einmal der Herr Pastor als oberster Vertreter gewisser heimischer Intellektueller hier, dem Fortschritt und der Entwicklung der Menschheit sowie traditionell abgeneigt und argwöhnisch über die geistigen Seitensprünge seiner Herde wachend.

Hier, wo die letzten Häuser erst zu Nellis Zeit an Kanalisation und Strom angeschlossen wurden, war in den Notjahren nach dem Krieg ein Zentrum von Schwarzmarkt, Hamsterei, Schmuggel und Schwarzbrennerei und -schlachterei, ohne dass die geschlachteten Schweine der Trichinenschau zugeführt wurden. Folglich gab's einige Opfer des Fusels und der Trichinen, die starben oder blöd wurden. Letzteres fiel wenig auf, weil die Bauern in jeder Generation dafür sorgten, einen Blödmann in der Familie zur Verfügung zu haben. Das ging ganz einfach durch mäßigen Fingerdruck auf die noch weiche Kopfstelle des frischen männlichen Säuglings, die so genannte Fontanelle. Schwupps, ganz unauffällig von einem verantwortlichen Mitglied der Familie beim Dritt- oder Viertgeborenen gemacht, und schon konnte man beim Einjährigen beobachten, wie er geistig zurückblieb und sich im Lauf der Jahre zu einer meist gutmütigen, lenkbaren und billigen Arbeitskraft mauserte. Er stand nichts aus im Leben und wurde wie alle anderen ausreichend versorgt.

Einer von Linas Brüdern war so manipuliert worden; was sie erst später erfuhr. Und da sie unter der geschilderten Fehleinschätzung ihrer Familie und Gemeinde sehr litt gedachte sie beide so rasch wie möglich zu verlassen. Die Chance, ihr eine höhere Ausbildung zukommen zu lassen, nahm man nicht wahr – „sie is ja men blos nen Mädchen". Was blieb damals einem solchen Zeitgenossen, der Haus, Hof und Familie den Rücken kehren wollte, zu tun? Heiraten! Aus Pubertät wurde Neugier, aus dieser Gier nach Kerlen, hier auch „Mannsbilder" genannt, und so stürzte unsere gute Lina, wenn sie im Haus beschäftigt war, jedes Mal hektisch ans Fenster, sobald sie draußen eines dergleichen bemerkte – einmal musste es doch klappen! Und siehe und sehet da: Es klappte ganz ausgezeichnet.

Wie Fritz und Lina zusammengerieten, ist ein gemeinsames Meisterstück von Bernhardine und Amor. Auf dem schon erwähnten sonntäglichen Kaffeekränzchen hatte Bernhardine Lina gesehen und sogleich schätzen gelernt: „Diese oder keine für meinen Fritz!"

Wir kennen ja schon Bernhardines zarte Seele. Diese veranlasste sie, sehr behutsam vorzugehen, von offener Verkuppelung des Paares sollte keine Rede aufkommen. So beauftragte sie Fritz an einem Tag mäßig notwendiger Arbeit, Linas Mutter per Fahrrad ein versprochenes Rezept für einen besonders schmackhaften „Frankfurter Kranz" zu überbringen. Für alle, die diesen „Kuchen" nicht kennen: Er war, natürlich selbstgemacht mit frischer Butter und Sahne eigener Kühe, immer der Höhepunkt jeder ländlichen Festivität am Nachmittag. (Über Nebenwirkungen fragen Sie Ihren Bäcker oder Konditer!) Brav schwang sich Fritz auf den Sattel und radelte los.

Und so geschah es denn, dass Linas Vision eines antrabenden Ritters und Nothelfers, ein schier unstillbarer Herzenswunsch, in Erfüllung ging: Fritz bog in einer eleganten Rechtskurve mit quietschenden Bremsen und stehenden Reifen in den Hof ein. Zugleich erhielt Lina, hinterm Fenster auf Lauer stehend, Amors Volltreffer. Der ließ sie vom Kopf bis zu den Zehen rot überlaufen, doch im lichtdämmerigen Raum der Küche, die Fritz nun betrat, war davon nichts zu erkennen.
„Ein Schnäpschen gefällig?"
Ob solch eine Aufforderung nun höflich-galant oder derbschnoddrig vorgetragen wurde – abgeschlagen wurde sie in dieser Gegend niemals, das wäre der Entfesselung einer Vendetta gleichgekommen. Jeder Jungbauer lernt zunächst die Anatomie seiner Haustiere zu taxieren, erst danach interessiert er sich auch für andere. Fritz brauchte in der ein wenig verlegen geführten Unterhaltung durchaus nicht mehrere Schnäpse, um zu taxieren, hier eine Deubelmordsmaid vor sich zu haben.
„Diese oder keine!", dachte er stickum.
„Diesen oder keinen!", dachte Lina ebenso artig.
Wieso an diesem Nachmittag hier sturmfreie Bude war, ist

nie aufgeklärt worden. Hatte Bernhardine ihre Pranken im Spiel? Jedenfalls befand sich unser Pärchen allein im Anwesen.
„Noch ein Schnäpschen gefällig?"
Fritz' achtes jetzt schon, und nach der anstrengenden Radfahrt, ohne Vernünftiges im Bauch, begannen sie Wirkung zu zeigen: Viele Menschen geraten, ehe sie durch noch mehr Schnäpse dem endgültigen Rausch verfallen, in einen Zustand, den man als „höchste Stufe des Optimismus" bezeichnen kann, in dem graue Zeiten rosig werden und vor allem jener Grad von Schüchternheit abgelegt wird, der uns alle an größeren Taten als sonst hindert. In diesem befand Fritz sich nun. Lina witterte dies und noch eine Portion Morgenluft dazu, und so schlug sie rasch vor, das Anwesen zu besichtigen. Man kam aber nicht weit. Denn der guten Wohnstube folgte sogleich Linas Schlafkammer...
„Wenn das, was dort geschah, Ihnen passieren würde, würden Sie auch nicht darüber sprechen!"
Es ist die Ursache dafür, dass Lina jetzt, im Jahr 1954 und bei Nellis Ankunft, als Jungbäuerin und Chefhausfrau auf diesem Hof lebte und wirkte; sie ist es, die Nelli sich aus Hauptbezugsperson erwählte.

* * * * * *

August und Bernhardine zeugten in vier Jahren vier Kinder. Da aber die drei nach Fritz geborenen 1954 bereits außer Haus waren, brauchen sie hier nicht erwähnt zu werden. Die nächste Generation bestand aus Fritz' und Linas Kindern: Ewald, 12: Gisela, die wir schon kennen, 10; Wilfried, 8 und Nesthäkchen. Leider hat sich die Natur gerächt, indem sie den im Halbsuff gezeugten Erstling Ewald halbblöd werden ließ, ein halbmongoloider Junge, der zwar weiß, was er tut und will, aber ewig zurückbleiben und nie ein Hofleiter werden wird.

Auf einem Bauernhof bekamen die Kinder früh Pflichten zugeteilt: Das Kleinvieh versorgen, Katzen und Hunde füttern, aufs Haus aufpassen, wenn die Erwachsenen im Feld arbeiteten, Einkäufe per Fahrrad im nahen Dorf erledigen. Sie spielen erheblich weniger als Stadtkinder, lernen dafür aber schneller Verantwortung zu tragen und Zusammenhänge der Natur zu begreifen. Belohnungen der Älteren blieben nicht aus, so dass sogar Ewald ins Arbeitsleben eingespannt werden konnte. Da er schon als Zweijähriger eine Vorliebe für Milchkannen, hier Düppen genannt, entwickelte, sie immer wieder mit Wasser füllte, umstülpte und auf ihnen mit Hämmern musizierte, schien er für die Milchwirtschaft geeignet zu sein. Wenn er, alles auf später berechnet, unter Aufsicht seines Bruders Wilfried, der dann Hoferbe sein würde, bleiben könnte. Sein gutes Herz bewies Ewald, indem er Nelli in dessen Halbstarkenwachstum liebevoll und aufmerksam begleitete. Im übrigen würde sein Schicksal dasjenige sein, das auch die schon erwähnten absichtlich blöd Gemachten zu tragen hatten: Onkel, Öhm oder Oheim des Hofes zu bleiben.

Gisela war nicht aufs Maul gefallen, eine echte Mixtur aus Fritz und Lina nämlich. Sie war es, die Nellis erste Liebesbezeugung einstecken musste, unter deren Bett sein erstes Bächlein versickerte. Sie hatte ein ebenso weites Herz für Tiere wie Bruder Ewald und öffnete es kleinen wie Küken „Frieda“ ebenso wie dem Bullen „August der Starke“. Beruflich hatte sie sich schon festgelegt: Tierärztin. Damit würde sie die erste „Studierte“ der Familie sein und niemand zweifelte an einer erfolgreichen Karriere. Wilfried,

der jüngste im Familienclan, war bisher wenig durchschaubar, doch fiel sein Hang auf, Genuss am Peinigen und Verhöhnen von Lebewesen zu kultivieren. Das konnte dann so aussehen: Er schoss Ratten mit dem Kleinkalibergewehr lieber in den Popo als in den Kopf.
„Dann haben sie mehr davon."
Oder: Er trieb einzelne Kühe, Schweine oder Pferde absichtlich an einen der gerade aufkommenden Elektroweidezäune und ergötzte sich an dem lauten Geschrei der Geprellten. Oder an schwül-gewittrigen Tagen: Er beobachtete fasziniert und schadenfroh eine fette Bremse, - das sind die heute nur noch selten anzutreffenden großen blutsaugenden Fliegen, die auch ans Vieh gehen -, die sich, während Großmutter schlief, auf deren Arm festgesaugt hatte und schlug nicht zu. Wagte eine andere Bremse das gleiche Unternehmen an seinem Körper, dann fing er sie, riss ihr beide Flügel aus und ließ sie laufen.
„Dann hat sie mehr vom Leben."
Diese wenigen Beispiele von Sarkasmus, Sadismus und wohl angeborener Schadenfreude könnten erweitert werden. Klar war jedem Erwachsenen, dass man die Entwicklung eines solchen jungen Menschen aufmerksam und kritischen Blicks verfolgen müsste.

* * * * * *

Jeder Hof damaliger Zeit und dieser Größenklasse hatte eine bestimmte Menge an Knechten und Mägden.
„Knecht – Magd."
Heutige Leser, also ein halbes Jahrhundert später, sollten diese beiden Wörter eine Zeitlang auf der Zunge zergehen lassen! Warum? Weil sie gänzlich ungewohnt geworden

sind und einen merkwürdigen, schwer verständlichen, auch diskriminierenden Beigeschmack bekommen haben. Das ist früher aber nicht so gesehen worden. Knecht sein, Magd sein – für viele Menschen auf dem Land Notwendigkeit und durchaus eine Ehre, wenn man es auf einem Hof unter guter Führung und verantwortungsbewussten Mitmenschen war. Wo heutzutage eine Bauernfamilie allein wirtschaftet, oft nur das Ehepaar, und dank vollendeter Technik in Tag- und Nachtschichten mehr schafft als ein Dutzend Mitarbeiter, tummelte sich früher jede Menge Personal im so genannten lustigen Landleben. Außerdem standen für Saisonarbeiten zahlreiche Aushilfen auf Abruf bereit. 1954 befanden sich auf diesem Hof folgende Herrschaften, die wir beim Kaffeetrinken und Kuchenmampfen schon erwähnt haben, in Diensten: Heinrich der Schweizer, die Mägde Maria und Martha, Johannes der Schweinewirt, Gustav und Willi die Pflüger. Alle diese Mitarbeiter waren verheiratet und konnten bei Bedarf ihre Ehepartner in die Erzeugerschlacht werfen.

Hiermit sind die Mitbürger, die Nelli in Kürze ausführlich kennenlernen wird, im Großen und Ganzen vorgestellt. Was sich sonst noch als Besuch oder sonstwie einzustellen pflegte, wird bekannt gemacht werden. An Betrieb und zeitweise hektischem Treiben wird kein Mangel sein – so wie es sich für ein aufregendes Hundeleben gehört...

Ein Biotop zum Verlieben

Bei der Schilderung dieses und des nächsten Kapitels mag die Leserschaft Wehmut ergreifen. Denn vor ihrem inneren Auge wird eine Landschaft entstehen, die unwiederbringlich aus unseren Breiten verschwunden ist, werden Örtlichkeiten vorgestellt, die heute dem Ruin verfallen oder von Fremden zu anderen Zwecken als der Landwirtschaft übernommen worden sind. Im Nordwesten Deutschlands, wo dieses alles ja spielt, gab es bis in die 60er-Jahre des 20. Jahrhunderts hinein einen Landstrich, im dem sozusagen alles stimmte, eine Parklandschaft, die trotz dieses Namens alles andere als ein Park war: Wälder, Gebüsche, Buschwerk, Wallhecken, Gehölzstreifen, Moore, Moorwiesen, Weiden, Wiesen, Äcker, Felder und Gärten, dazwischen Bäche, Flüsse, Rinnsale und Gräben, Wasserlöcher, Seen, Teiche, Straßen, Wege und Pfade – das alles in so angenehmer Mischung, dass sowohl Menschen wie Tiere sich wohlfühlten und ihr Auskommen hatten. Als „typisch" bezeichneten manche Zeitgenossen, - bekannte Dichter und Schriftsteller unter ihnen -, diese Landschaft, wenn dichte Wolken über ihr herzogen und ihren Regen abluden. Doch gab es genügend Tage wahren Zaubers: Blauer Himmel mit gut verteilten weißen Wolken gleich Schäfchen auf der Weide, der sich im Unendlichen mit dem Grün der Wiesen traf, fast schon am Meer im Norden konnte man meinen; von dort kam der viele Regen ja.

In diese Landschaft eingebettet lagen Dörfer und Einzelgehöfte inmitten eigener Ländereien: Runddörfer, die Häuser um eine alte Kirche geschart; die Haupthäuser der Höfe in Fachwerk errichtet und in Weiß gekalkt oder mit Klinker ausgefüllt. Alle Bauernhöfe, so ab fünfzehn Hektar Landbesitz, waren von mächtigen, jahrhundertealten Eichen umstanden, bewacht konnte man sagen, einige außerdem, die ab hundert Hektar, von breiten Wassergräben, so genannten Gräften umgeben, so dass sie wie Herrensitze und Wasserburgen aussahen. Bauerngärten, wie man sie heute nur noch in Museumsdörfern besichtigen kann, gehörten zu jedem

Anwesen und setzten mit ihren zahlreichen unterschiedlichen Blumen bunte Tupfer ins Land.

Überhaupt der Sommer! Man sollte ihn aus der Luft betrachten: rote Dächer, Grün in allen Abstufungen und Farbmöglichkeiten, das Gelb bis Braun der wogenden Getreidefelder, die grauen oder braunen Linien der noch nicht überall asphaltierten Wege und Straßen, glitzerndes Blau der Flüsschen und Gräben, Seen und Teiche wie silberne Augen, hellgrüne Kanäle in schnurgeraden Linien, Nadel- und Mischwälder dunkelgrün bis fast schwarz. Auf den Weiden, die noch mittels hölzerner Pfähle und normalem Drahts eingezäunt waren, tummelte sich das Nutzvieh in unglaublich hohen Stückzahlen, rotbunte Rinder, meist dunkle Pferde in Kalt- und Warmblut, in unmittelbarer Nähe der Höfe massenhaft rosa Schweine, kapitaler und fetter als heutige, dazu freilaufende Gänse, Puten und Hühner.

Für vorbeiwandernde und durchfahrende Städter sahen die pflügenden, eggenden, umbrechenden, säenden, erntenden und mistfahrenden Landleute ungemein romantisch und friedvoll aus; Zuschauen verrät wenig von harter Tagesarbeit. Wenn am Spätnachmittag die Kühe zum Melken in die Ställe getrieben wurden, herrschte rundum reger und lauter Betrieb mit Brüllen, Rufen und Peitschenknallen. Im Herbst stiegen dann die Drachen über den Stoppelfeldern empor und ab Spätherbst zogen schließlich die Schäfer mit ihren umfangreichen Schafherden übers kahle Land, das letzte Fressbare abzugrasen.

* * * * * *

Dass diese Landschaft ein Paradies auch für Wildtiere war, dürfte bereits verständlich geworden sein. In den Wäldern,

Büschen und Mooren, im Sommer auch in den Kornfeldern, hauste das wilde Schwein, vom Bauern geschmäht und ungern gesehen, außer in Topf oder Pfanne oder teilweise in der Räucherkammer hängend. Wenn ganze Rotten von Sauen allzu wütend in den Korn- und Kartoffelfeldern getobt hatten, lamentierten alle Landwirte lautstark und ausdauernd, bis die Jägerschaft schießend eingriff und des lieben Friedens willen einige der erlegten Frischlinge spendiert hatte. Das Rehwild fand in dieser Kulturlandschaft idealen Lebensraum, da es die Abwechslung freier Flächen mit Baumbeständen liebt, und war in jeder Jahreszeit zahlreich zu beobachten. Da die Winter selten streng ausfielen und wenn harter Frost auftrat nicht lange anhielt, litt es keine Not und hatte nur Jäger und Wilderer zu fürchten.

Im offenen Feld war der Hase zu Hause, in manchen Jahren in solchen Mengen, dass die Treibjagden im ganzen Land berühmte Strecken erbrachten. Sein Vetter, das Kaninchen, wühlte und buddelte am liebsten in und an den Böschungen der Wallhecken, ging aber auch an die jungen Saaten und musste deswegen wie der Hase eifrig beschossen werden. In einsamen Partien der Busch- und Hochwälder sagten sich Fuchs und Dachs Gute Nacht und bewohnten gemeinsam riesige unterirdische Bauten, die viele Generationen vor ihnen in mühsamer Nachtarbeit angelegt hatten. Der Fuchs sagte den Bauern gelegentlich Guten Morgen, dann nämlich, wenn er ihnen frühmorgens ein Huhn oder eine Gans mopste, um diese seinen ewig hungrigen Kindern zu spendieren. Die Jäger schossen ihn winters, da sein Pelz damals begehrt war und noch erkleckliche Summen einbrachte. Trotz seiner Übeltaten mochten die Bauern den Fuchs gern, denn oft konnten sie ihn beobachten, wie er eifrig und geschickt Mäuse auf den Feldern und am Waldrand fing.

Keine Bauernscheune ohne Steinmarder, den man im Winter stickum und illegal in Fallen fing, um an seinen kostbaren Pelz zu kommen; sein Verwandter, der Baummarder, blieb lieber draußen im Freien. Erfolgreiche Jagd auf Mäuse im Feld machten auch Groß- und Kleinwiesel. Manchmal, wenn die Schar des Federviehs kreischend und flatternd der Deckung zustrebte, war der Habicht unterwegs, der sie gelegentlich bis ins Haus hinein verfolgte. In den Obstbäumen der Gärten nisteten Steinkäuze, die Schleiereulen in den Scheunen, Waldkauz und Waldohreule in den Baumbeständen nahe der Häuser. Strichen sie des Nachts, womöglich während des Vollmonds, mit klagend klingenden Rufen um die Gehöfte, dann bekreuzigten sich auch Nichtkatholiken, und ganz bestimmt murmelte Großmutter Bernhardine dann inbrünstig und gläubig:

„Heute Nacht krepiert wieder einer."

„Da wird jemand heimgeholt."

„Wer mag nun hopsgehen?"

Und ihr Hauptinteresse galt in den nächsten Tagen den Todesanzeigen in der Zeitung. Natürlich wurde sie fündig und in ihren Sprüchen bestätigt – gibt es doch keine Nacht dieser Erde, in der nicht ein Mensch sterben muss!

Überall im Feld sah man die bunten Fasanenhähne stolzieren, Ketten von Rebhühnern auf den freigeernteten Schlägen, im nahen Moor balzten noch die Frühaufsteher Birkwild; die letzten, wie sich bald erweisen sollte. Eine heute nicht vorstellbare Fülle von Insekten bevölkerte Wiesen und Gärten, die ganze Landschaft, denn ihre Lebensräume, die sie für ihre meist komplizierte Vermehrung benötigen, bestanden zumeist noch ungeschmälert und in weiten Landstrichen. Erst die bald geschwungenen chemischen

Keulen machten ihnen den Garaus.

Der größte Unterschied zu heutigen Zuständen bestand aber im Reich der Amphibien, Kriechtiere und Lurche. Schien ab Frühjahr die erste warme Sonne und brachte den Boden auf die nötige Temperatur, dann saß an jedem Basaltbegrenzungsstein der ungeteerten Landstraße eine Waldeidechse, und ihre Kollegin, die Zauneidechse, huschte auf den Südböschungen der Wallhecken munter hin und her. Durchs Moor schlängelten sich Kreuzottern und Ringelnattern. Am Winterende marschierten Tausende Erdkröten, aus langem Schlaf erwacht, ungefährdet vom Verkehr, über Straßen und Wege ihren Laichgewässern entgegen. Geradezu in hysterische Ekstase müssen Froschliebhaber bei diesen Angaben geraten: Jeder Tümpel, Kleinsee oder Straßengraben steckte im Mai so voller Wasserfrösche, dass die Oberfläche des Wassers zeitweise von ihnen bedeckt schien. Ihre Quakkonzerte waren von diabolischer Lautstärke und nächtlicher Ausdauer, derart, dass kein Stadtmensch sie ohne Groll, Verzweiflung und Oropax ausgehalten hätte.

„Frau Bernhardine“, fragte einer einmal Großmutter, „wie können Sie dabei ein- und weiterschlafen.“

Sie belehrte ihn sehr klug, dass Landleute so hart zu arbeiten pflegten, dass nichts sie um den Schlaf bringen könne.

„...auch Frösche nicht, mein Herr!“

Da die Entwässerungsgräben ganzjährig, außer in sehr trockenen Sommern, Wasser führten, kam der Nachwuchs in genügender Anzahl hoch und blieb auch erhalten, wenn die Störche unter ihnen aufräumten – beide sind heute verschwunden. Über die Riesenmassen an Mäusen in Feld, Hof und Haus wird an anderer Stelle berichtet.

* * * * * *

Also: In diesem Biotop zum Verlieben, mittendrin, lag Nellis neue Heimat, der Bauernhof namens Haus Lohage. Insgesamt 150 Hektar Land stellten für diese Gegend der Republik, die ja im Osten ihre alten und echten landwirtschaftlichen Großgüter und Höfe durch den Krieg verloren hatte, einen beachtlichen Betrieb dar. Wenn auch nur zwei Drittel des Landes acker- und weidenmäßig genutzt, die Flächen des anderen Drittels einer forstlichen Nutzung unterzogen wurden, so waren doch damals, als die konsequente landwirtschaftliche Mechanisierung sozusagen noch in den Startlöchern hockte, mindestens die schon genannten Bewohner Lohages notwendig, um den Betrieb aufrechtzuerhalten. Ein Trecker, ein schmucker grüner Deutz mit elf PS, stand in der Anschaffung, sollte aber nur die Pferde entlasten, zum Beispiel beim Tiefpflügen in Moornähe und beim Ziehen der mit Baumstämmen beladenen Holzfuhrwerke. Niemand konnte sich vorstellen, - dieses Thema wurde schon angeschnitten -, dass einst Pflüge mit vier und mehr Scharen, nur von einer Person bedient, und noch Eggen und Walzen hinter sich, Tag und Nacht über die Fluren donnern würden.

Die Gebäude von Haus Lohage waren in landesüblicher Weise gegliedert: Haupthaus mit Diele, Kuh- und Pferdeställen, Wirtschafts-, Vorrats- und Wohnräumen. Die Ställe für Federvieh und Schweine, die größten Stinker eines Hofes, standen separat, durch einen gepflasterten Platz getrennt, quer zum Haupthaus. An sie schlossen sich Geräte- und Holzschuppen und die Scheunen an, in denen Heu, Stroh und ungedroschenes Getreide gelagert wurden. Um alle Baulichkeiten herum befanden sich Garten, Misthaufen, Obstwiese mit Apfel-, Birnen- und Pflaumenbäumen, großer Holzplatz zum Holz hacken, Jauchegrube, Werkzeugkammer und der Auslauf fürs Hühnervolk. Der ganze Komplex lag, wie hier traditionsgemäß, inmitten eigenen Landes und genoss somit den Vorteil kurzer Wege; Ausnahme hiervon bildeten nur die Ländereien im Torfmoor und die Wald- und Forstflächen. Arbeiteten die Leute auf den Feldern und Äckern und sollte zur Mittagspause gerufen werden, dann genügte das Anschlagen einer großen Glocke, die aus dem 30-jährigen Krieg übrig geblieben sein soll – man hörte sie weithin, wenn Bernhardine sie bediente, über Feld und Wald, bei Sturm, Gewitter und Regen, bis ins Dorf hinein. Herrichten der Äcker, Einsaat und Einbringen der Ernte geschah, wir wissen es bereits, fast ausnahmslos durch Menschen- und Tierkraft. Große Teile des Einkommens stammten direkt von Tieren – über sie soll jetzt berichtet werden.

Kollegen zum Anfassen

Auf Haus Lohage gab es insgesamt zwei Kollegengruppen für Nelli: menschliche und tierische; die ersteren haben wir nun als wichtig und interessant kennengelernt, wenden wir uns also den tierischen zu.

In der Rangfolge ganz oben, aus Nellis Sicht gesehen, stand natürlich unser alter Bekannter Hektor. Er befand sich am vorläufigen Ende einer langen Reihe von zuverlässigen Wächtern, die in den letzten Jahrhunderten manchem Spitzbuben und Landstreicher sowohl lange Beine als auch die Hosen kaputt gemacht hatten. Wie sehr man hier schon früher auf die Bedürfnisse von Hunden eingegangen war beweist ein hundertjähriger Eichbaum, den man absichtlich so gepflanzt hatte, dass der jeweilige Hund, durch seine Kette ja an Bewegungsfreiheit gehindert, ihn zum Pinkeln erreichen konnte. Dieses viel tausendfache Urinieren, Hinsetzen oder Beinchenheben, je nachdem, ob Hündin oder Rüde, - wenigstens 200.000-fach, hat jemand gerechnet -, ließ diesen Baum so gedeihen, dass Experten ihn als zweihundertjährig einschätzten. An heißen Tagen bot sein Kronendach nicht nur Hektor angenehmen Schatten. Wie alle Kettenhunde war Hektor eine gespaltene Persönlichkeit: zwischen Gutmütigkeit und Berserkertum tendierend. Hing er an der Kette, gebärdete er sich bei Annäherung von Fremden, Störenfrieden oder nur Ungeliebten wie ein mordgieriger Bluthund aus amerikanischen Sklavenzeiten der Südstaaten; lief er frei, außer nachts, dann war er die Gutmütigkeit auf vier sanften Pfoten. Über sein weiteres Treiben werden wir in anderen Kapiteln mehr erfahren. Hektors Hütte war geräumig, sauber und wettergeschützt, wie es nicht überall bei den hiesigen Bauern vorkam, stand quer zum Hühnerstall und seine Kette gestattete ihm, einen Dreiviertelkreis von sieben Metern Durchmesser abzulaufen. Die Reichweite seiner Füße und Schnauze war durch Schleifspuren der Kette und ewiges Hin- und Herlaufen am Boden deutlich und warnend abzulesen. In der Abstammungsfrage ging es Hektor wie Nelli: Alles durcheinander, kaum zu identifizieren, aber einige starke Rassen wie Dogge, Boxer und andere Packer waren beteiligt. In der kalten Jahreszeit bezog Hektor Quartier auf der Diele und konnte dann durch das extra für ihn vergrößerte Katzenloch ins Freie treten.

Nellis nächst Hektor interessanteste Kollegen werden zweifellos die Katzen des Anwesens sein. Eine von ihnen, die zärtliche Muschi, hat er bereits kennengelernt. Sie war heurig und stammte aus einem Viererwurf auf dem Heuboden, ein beliebter Katzenwurfplatz. Alle Bauernkatzen, meist nur locker durch Milchgaben und seltene Zufütterung an Haus und Menschen gebunden, waren wenig zutraulich und nicht sonderlich scharf auf die bei Stadtkatzen so begehrten Streicheleinheiten durch ihre Halter. Doch Muschi war aus der Art geschlagen, eines Nachmittags, nach dem ersten Abstieg vom Heuboden, schmiegte sie sich an alle vorhandenen Beine und fand die von Gisela am attraktivsten. Bis Nelli kam und sie diesen traf.

Die Katzen von Lohage waren weitberühmt und galten von altersher als erbarmungslose und konsequente Ratten- und Mäusejäger. Darum war ihr Nachwuchs gefragt und konnte mühelos als willkommener Nebenverdienst verkauft werden. Das Problem war nur, diesen Nachwuchs zu fangen, denn die Gehecke steckten an den unmöglichsten, meist verschwiegensten Orten und Örtlichkeiten, und wenn die Jungen sich als Halbwüchsige zum ersten Mal sehen ließen, waren sie scheu wie Wildkatzen und flink genug, sich ihren Häschern zu entziehen. Jeden Abend stellte Lina an zwei verschiedenen Stellen Schalen mit lauwarmer Milch bereit und rief lautstark und in lockenden Obertönen „Miau-miau-miau" oder „Mieze komm", und dann kamen sie alle heran, sogar mit erhobenen Schwänzen und anderen Zeichen von Demut und Entgegenkommen: schwarze, braune, getigerte, gefleckte, goldgelbe, weiße, graue und in allen möglichen Varianten, halbwilde Individuen unbändiger Vitalität. Nachdem sie ihre Milch aufgeschlabbert hatten, legten sie Putzminuten ein, balgten sich ein wenig und gaben acht auf menschliche Annäherungen, und dann machten sie sich auf ihre Samtpfoten zur Mäuse- und Rattenjagd im Haus, in Scheunen, Ställen und Kotten und auf den Ländereien. Das war eine biologische Schädlingsbekämpfung allererster Klasse. Manchmal kam eine von ihnen nicht heim, blieb vermisst, wurde abgeschrieben – sie war wohl im freien Revier einem Jäger vor die Flinte geraten...

* * * * * *

Welche Tiere halten einen Bauernhof wie Haus Lohage am Leben, tragen hauptsächlich zu seinem Gedeihen bei? Die Kühe natürlich! Ihnen galt demnach die aufmerksamste Pflege. War es doch einzig ihre Milch, die täglich Bargeld ins Haus brachte! Eine Kuh ist eines der größten Wunder der Natur: Sie kaut nur Grünzeug wie Gras frisch oder getrocknet, und im Gegensatz zu menschlichen Vegetariern, die bei dieser Lebenshaltung mehr oder weniger dahin kümmern, kommt äußerst Vernünftiges dabei heraus, nämlich Milch und Fleisch in Spitzenqualität, jahrelang, dazu neue Kälber, riesige Misthaufen wachsen heran und liefern den Dünger zu neuem Grünfutter. Und wenn sie schließlich das ihnen zustehende Greisinnenalter erreicht, gar überschritten haben, tragen sie noch ihren ganzen Körper zu Markte und liefern uns ihre Haut für Leder, ihre Hörner für Horn und die Knochen für Klebstoff und alles Mögliche und Unmögliche des menschlichen Bedarfs. Dabei sind sie sehr sanften Charakters, bei guter Pflege sogar liebevoll und verursachen in der Landwirtschaft weniger Unfälle, - ihre Herren, die Bullen, ausgenommen -, als Pferde, Eber, Ziegenböcke und Hunde. So ergab es sich früher, dass für einen Bauern der Eingang einer Kuh von zehnen einen größeren Verlust darstellte als der Tod eines Kindes von fünfen.

Im Gegenzug zu all diesen Errungenschaften durch Kühe hat ihr Halter mit ihnen auch viel Arbeit und Aufwendungen: Gras mähen und als Heu ernten und einlagern, Wiesen und Weiden pflegen und ihre Einzäunung instand halten,

Rüben anbauen, kultivieren, einfahren und winters lagern, Kraftfutter kaufen, Ställe reinigen und Misthaufen auffüllen, die gewaltigen Euter, hier „Tidden“ genannt, zweimal täglich leer melken und die Milch jeden morgen früh, gegen 6 Uhr, für die Molkereiabholung bereitstellen.

Zwanzig von diesen Wundertieren stehen in Lohage auf der langen Diele, es sollen, nach An- und Ausbauten, mehr werden. Sie haben mit diesem Standplatz engen Familienanschluss, denn von der Diele geht's durch eine Tür schnurstracks in die Koch- und Essküche, so dass man sich gegenseitig beobachten und riechen kann. Landleute stört es nicht, wenn sie beim Mittagessen die lauten Plumps und Plaps hören, mit denen die Kuhfladen von oben nach unten fallen, dazu die Püpe und das Wasserlassen in kräftigen Kaskaden mit großem Gefälle.

„Misthaufen dampfend und sehr groß,
ist in der Ernte schwer was los!“

In einigen Ställen der Nebengebäude wurden Rinder, Kälber und Bullen gehalten, die im April ausgetrieben und im Spätherbst wieder eingeholt wurden; für einige von ihnen war's dann die letzte Reise.

* * * * * *

Dem Rindvieh gegenüber auf der Diele standen die vier Pferde des Hofes in geschlossenen Ställen. Ohne sie wären Ackerbestellung und andere Arbeiten wie Transport und Warenbeschaffung in dieser Zeit nicht möglich, aber ihr Ende als Arbeitstiere war bereits eingeläutet. Warmblutpferde als Reittiere begannen in manchen Betrieben die schweren Kaltblüter abzulösen, da wohlhabende und über Freizeit verfügende Städter einen neuen Sport entdeckt hatten: das Reiten. Ein Ackergaul ist ein Ein-PS-Motor auf vier Beinen, er braucht ebenso Treibstoff wie Wartung, was bedeutete, dass diese Pferde, zum Beispiel bei der Haferernte, einen bestimmten Teil der Tageszeit für sich arbeiteten. Wenn ein Gespann nach einem Arbeitstag voller Pflügen oder Eggen auf tiefem, schweren Grund endlich heimkehrte, waren nicht nur die Pferdeknechte, sondern auch ihre Tiere bis zum Letzten ausgelaugt, wörtlich gesehen bis zum Umfallen müde und bedurften einer Nacht der Erholung. Essen, trinken, ruhen – im Sommer sind die Nächte kurz und es wird frühzeitig aufgestanden zu neuer Arbeit.

Zu den Krachmachertieren auf einem Bauernhof gehören die Schweine. Noch gab es hier nicht die riesigen, später in die Kritik geratenden und kaum überschaubaren Mastställe heutiger Zeit. Zwei bis vier Individuen durften sich eine geräumige Box teilen, miteinander kalbern und streiten und sich nach echter Schweineart im Dreck wälzen. Im Sommer bekamen sie Auslauf in an die Ställe grenzende Wiesen – glückliche Schweinezeiten das! Kurz vor den Fütterungen morgens und abends, wenn Schweinewirt Johannes das Unglück haben sollte, sich auch nur um eine Minute zu verspäten, ja, dann veranstalteten alle Ferkel, Jungsauen, Eber, Mast- und Zuchtschweine einen solchen Höllenspektakel an Quieken, Grunzen und Schreien, hysterisch und aufgebracht, dass auf dem Hof kein Wort mehr zu verstehen war und die wilden Schweine in Forst und Feld verwundert in Habachtstellung gingen. Drei Personen hatten alle sechs Hände voll zu tun, das Futter in Eimern heranzuschleppen und den Tieren in die Tröge zu kippen. Hei, war das ein Geschmatze und Geschlabber! Eine Viertelstunde danach, als alles Futter weggeputzt war und die Tröge so saubergeleckt waren, dass sich jede Reinigung erübrigte, breitete sich im

Stall eine wahrhaft säuische und alles umfassende Gemütlichkeit aus, in der auch verhaltenes Rülpsen und säuselndes, wohliges Pupen nicht störte. Dann marschierte Johannes wie ein Gymnasiallehrer durch die Reihen der Ställe, warf anerkennende Worte und belobigende Kommentare um sich und war selbst, - nach eigenen Aussagen in trauter Runde -, der zufriedenste Mensch dieser Welt. Dreimal im Jahr wurde eine der Mastsauen zur Exekution geführt – doch hierüber berichten wir später ausführlich.

* * * * * *

Die kleinsten Säuger als Nutztiere waren die zahmen Kaninchen des Hofes. Als persönliches Eigentum Ewalds unterlagen sie seinem Kommando und seiner Versorgung. Das war nun nicht eine Tierhaltung, wie sie Jungens in der Stadt auch betrieben, nein, hier fand eine echte Verbrüderung statt, beinahe unter Gleichgestellten, wobei Ewald die Rolle des „Primas inter pares“ zufiel. Wenn er mit diesen bunt gescheckten, grauen, braunen, weißen, feinsilbrigen und hellbläulichen Langohren in einer Sprache kommunizierte, die nicht einmal ihm selbst verständlich war, bemerkte man sowohl seinen verkürzten geistigen Horizont als auch ihr vollkommenes, absolutes Wohlbefinden: Sie neigten sich ihm zu, wenn er die Stalltüren öffnete, hielten ihre langen Löffel an seinen Mund und lauschten andächtig seinem Gebrabbel, wollten gekrault, gestriegelt, getragen und sonstwie beschmust und mit Leckereien fanatischer Vegetarier verwöhnt werden: Mohrrüben, Runkelrüben, Weiß- und Rotkohl, Äpfel und Birnen, Blätter der Pissblume (Löwenzahn, gut gegen Karnickelrheuma), Gersten- und Weizenkörner und als Höhepunkt Lecken und Knabbern an Lakritz und Salmiakpastillen. Unter dieser Undiät, versicherten Kaninchenkenner aus Stadt und Land, werden sie aufgehen wie Hefekuchen und demnach auch hopsgehen. „Errare humanum...“, Ewald lehrte sie eines Besseren. Die Ställe standen in üblicher Weise in Batterien und aufgebockt, damit vierbeinige Räuber nicht allzu leichtes Spiel hatten. Ewald baute sich eines Tages eine große Haube aus Fliegendraht, einem Freiluftiglu ähnlich, unter der er, das Ganze auf eine Grasfläche gestellt, seinen Lieblingen einen gewissen Auslauf bieten konnte, worunter sie gleichzeitig vor Habichten, Füchsen und Hunden sicher waren. Diese Wohltat honorierten die Kaninchen mit einer Vermehrungsrate, die alle bisherigen Erfahrungen sprengte.

Ursprünglich, noch im Krieg, waren die ersten Karnickel angeschafft worden, um den meist etwas eintönigen bäuerlichen Speisezettel, - „immer nur Schweinefleisch!“ -, aufzumöbeln, und immer waren alle Kandidaten, ob nun handzahm oder beißerisch-unwillig, dieser letztwilligen Verfügung zugeführt worden. Doch dann übernahm Ewald den Oberbefehl. Einmal hatte die Familie den Nichtsahnenden getäuscht: Indem Fritz „den fettesten Hasen bei den Ohren nahm und abmurkste“, damit er am Sonntag den gleichnamigen Braten bilden sollte. Ewalds merkte nichts und aß solange wacker mit, bis die Bemerkung fiel, „dass Kaninchen, kross angemacht wie heute, doch eine Köstlichkeit seien“. Ewald erhob sich, kotzte sich im Stall aus und ließ verlauten, sich durch Einsatz seines blutjungen Lebens jeder weiteren Hinrichtung seiner Lieblinge zu widersetzen.

„Sonst stecke ich euch diese Bude hier an! Oder ich lasse alle Karnickel im Wald und auf der Heide laufen.“

Sein rechter Arm umkreiste das Anwesen. Das war ernst gemeint und wurde gewürdigt; schließlich gab's beim

Schlachter im Dorf auch Hasen und Kaninchen zu kaufen. Bald blieb Ewald nichts anderes übrig, sollte Lohage nicht von seinen Tieren überschwemmt werden, als diese erst zu verschenken und schließlich mit ihnen einen schwunghaften Handel zu treiben. Und man staune: Dieser Junge, den alle nicht für voll nahmen, bewies hohen kaufmännischen Verstand, der ihm manche Mark einbrachte.

* * * * * *

Natürlich gab es damals keinen Bauernhof ohne Federvieh. Nur knapp waren die Zeiten vorbei, da mit Eiern und Zigaretten bezahlt wurde und nicht mit Mark. Aber die Gefängnisse für Hühner, Gänse und Puten gab es noch nicht, man hielt sie für unmöglich und dem deutschen Geschmack unangemessen. Auf diesem Hof und seinem angrenzenden Gelände der Wiesen, Weiden und Äcker tummelte sich nur glückliches Geflügel: Hennen mit ihren stolzen, viel krähenden Hähnen, die tun durften, was sie wollten, nämlich Eierlegen und sich paaren; gemütliche Enten und kecke Erpel planschten im Wasser; ihre größeren, leuchtendweißen Vettern marschierten im Gänsemarsch in der Gegend herum, gegen Weihnachten freilich geschlossen zum Schlachter. Truthähne kullerten und gurrten, bestiegen fleißig ihre Hennen und betätigten sich auch als Hofwächter. Perlhühner, recht exotisch wirkend, eilten im Alte-Juffern-Lauf hysterisch kichernd über die Wiesen dem Hühnerstall zu, wenn sie Feinde über sich am Himmel zu erblicken glaubten.

Manchmal mischten sich wilde Fasanen unters zahme Geflügel, im Winter bis in den Hühnerstall hinein. Taubenmänner gurrten verliebt und stiegen auf dem Dachfirst ihren

Lieben nach. Ja, so konnte es auf einem Hof mit natürlicher Federviehhaltung aussehen! Eine spannende Angelegenheit war das tägliche Aufspüren der frisch gelegten Eier. Denn die Hennen dachten ja nicht daran, diese den habgierigen Menschen zur Verfügung zu stellen oder zu legen, sie legten sie am liebsten versteckt in Schuppen, Scheunen, Heuhaufen, Hundehütten, Strohballen, Ställen und Klos, um sie zu bebrüten. So kam es schon mal vor, dass eine längst vermisste, wie man glaubte vom Fuchs geholte Henne plötzlich wieder auftauchte und ihren allerliebsten Nachwuchs vorführte. Kein Unglück war das, denn Huhn oder Ei, beides war immer gut zu gebrauchen. Vor ein paar Jahren hatte man sich den Luxus geleistet, ein Paar Pfauen zu halten. Eine Fehlinvestition! Denn der prächtige Hahn ließ sommers die ganze Nacht und sonst das ganze Jahr über jeden Morgen, noch vor dem frühen Aufstehen der Landleute, sein sirenen- und miauähnliches Geschrei vernehmen – das in einer Zeit, da man Sirenengeheul nichts wie satt hatte! Ab mit den Burschen in den nächsten Tierpark.

Als letzter zukünftiger Kollege Nellis ist Maxi zu nennen. Er wurde im Vorjahr ausgehorstet und müsste dies eigentlich als einmaliges Glück betrachten, wenn er zu vernünftigen Betrachtungen in der Lage wäre: Denn seine drei Geschwister wurden kurz danach von Jägern ermordet. Nun narrte er mit Vorliebe diese Grünröcke, wenn sie einmal auf den Hof kamen, wo sie ihn ja nicht schießen durften. Maxi war nämlich eine Elster. Sie narrte die Jäger dadurch, besonders die schick uniformierten, indem sie sich flugs auf ihre Schultern setzte, um rundum alles gut beobachten zu können und sich nebenbei tüchtig auszukütteln; ihre weiße Grütze lief den Herren dann, vorerst unbemerkt, gemächlich die Jacken hinunter. Ein Rabenvogel wie Maxi kann, erwachsen geworden, eine echte Plage werden, denn böse Streiche und Schabernacks müssen diese Vögel mindestens einmal pro Tag veranstalten, sollen sie sich heimisch und wohlfühlen, und ihr Reichtum an Ideen und Schöpferdrang ist unübertrefflich. Am liebsten würde man Maxi schnurstracks im Wald aussetzen, so schnell wie möglich, aber das ging nicht, da er an ein Leben in freier Wildbahn nicht gewöhnt ist und sofort von einem Räuber ergriffen werden würde. Nun, es blieb unserem Nelli vorbehalten, hier eine probate Lösung zu finden...

Nellis erste Tage im neuen Zuhause

Wie schnell ein gesunder Hund im Kindesalter Entwicklungsfortschritte machen kann, soll am Beispiel Nelli dargestellt sein, indem sein erster Montag und sein erster Samstag auf Lohage nacherzählt werden; die vier Tage dazwischen überspringen wir dabei.

Wir haben Nelli verlassen, als Fritz ihn, eng umschlungen mit Jungkatze Muschi, am Montagmorgen auf dem Stapel Säcke vorfand. Noch brauchte dieses junge Wesen mehr Schlaf- als Wachstunden, aber im späteren Alter wird er wie alle hier ein Frühaufsteher sein. Fritz ließ die beiden Schläfer ruhen. Erst zum allgemeinen Frühstück erhob sich Nelli, nachdem Muschi ihn mit unbekanntem Ziel verlassen hatte. Er ging in die Küche. An seinem unsicheren Wackelgang erkannte man deutlich, dass er noch tief in den Kinderschuhen steckte, auch war klar, dass über seine endgültige Figur und Statur keine Aussage gemacht werden konnte. Alle Anwesenden waren gespannt, welche Rassen sich bei ihm im Lauf der nächsten Wochen herausarbeiten würden.

Nachdem die Menschen gefrühstückt hatten, bekam

Nelli seinen Teller Milch und ein „Müsli“ aus eingeweichten Brotkrusten, Haferflocken und Magerquark – eine Leckerei, die lange seine Lieblingsspeise bleiben sollte. Er aß sie sehr manierlich an der bekannten Stelle auf der Diele und das vorbei Gekleckerte leckte er behutsam vom Boden auf. Er zeigte somit am zweiten Tag schon seine guten Essmanieren, die er ein Leben lang beibehielt. Dann drängte es ihn ins Freie, um die natürlichen und notwendigen großen und kleinen Geschäfte abzuwickeln. Zielstrebig kam er zurück und wurde erst einmal von Lina hergenommen, die ihn auf den Rücken legte und ihn gekonnt, wie es seine eigene Mutter mit der Zunge getan hätte, den kleinen Schmerbauch massierte. Welch eine Wohltat! Danach machte Nelli seinen ersten Versuch einer Entdeckungstour auf der Diele, die freilich im Ansatz stecken blieb, denn zu viele unbekannte, schreckende, ja feindliche Ereignisse und Reaktionen stürmten auf ihn ein: Das Schnaufen der Kühe, die ihn mit glänzend-kugeligen Glotzaugen anstarrten, verhalten brummten und mit runden Hörnern nach ihm stoßen wollten. Auch stanken sie ziemlich penetrant. Dann war das Stampfen und Scharren der Pferde, unerkannt und unsichtbar hinter Stalltüren. Auch drohte durch Fauchen und Katzbuckeln die Chefkatze des Hauses von einer Tonne herab und schien andeuten zu wollen, über diesen Neuankömmling der Hofgemeinschaft nicht begeistert zu sein.

Draußen bellte Hektor aus unbekannten Gründen. Die Rauchschwalben, just aus dem fernen Süden nach Lohage heimgekehrt und mit dem Nestbau an der Dielendecke beschäftigt, gaben zwitschernde Kommentare von sich, die nicht als Willkommen ausgelegt werden konnten. Diese ganze kleine Umwelt hier schien Nelli also durchaus feindlich gesonnen zu sein. Trost bot nur die kleine Muschi, die soeben von draußen hereinkam und auf den Säcken Posten bezog, um sich ausgiebig zu putzen. Nelli tappste zielbewusst zu ihr, worauf sie sich sogleich schmusend an ihn drängte. Nun, das gefiel ihm ausgezeichnet, Zuneigung jeder Art konnte er gebrauchen und so störte ihn auch nicht ihr begeistertes und lautes Schnurren. Damit fand hier die Prägung einer Freundschaft statt, die bis zum unerklärlichen Verschwinden Muschis anhalten sollte.

* * * * * *

Den Vormittag verbrachte Nelli in Muschis Gesellschaft. Seine Ausflüge in die Küche zu Lina blieben ohne Erfolg, da sie sich nicht erweichen ließ, ihm Leckereien zukommen zu lassen. Dieses geschah in den folgenden Tagen noch mehrmals, bis Nelli diese Erziehungsmethode begriffen hatte. Wenn er nicht schlief, saß er aufrecht und betrachtete mit großen Augen seine Umgebung, richtete seine Ohren in verschiedene Richtungen und schien ganz instinktiv damit beschäftigt, seine neue Heimat in sich aufzunehmen. Die Vormittage außer am Sonntag wurden in der ersten Zeit für Nelli reichlich langweilig, da die Kinder diese Zeit in der Schule verbringen mussten. Doch dann kamen die Stunden des Nachmittags. Plötzlich, so auch heute, standen alle drei Kinder vor Nelli, der sie intensiv und scheinbar abschätzend musterte, unterstützt von seiner Nase, mit der er ihre Schuhe und Hosenbeine beroch. Seine Entscheidung erster Gunstverteilung fiel auf Ewald, der darüber wie ein Berserker jubelte, sich ungebärdig wie ein Jungbulle benahm und sich Nelli spontan auf den Arm holte. Das war eine kluge Entscheidung, wenn wir es so nennen wollen, eine zukunftsträchtige dazu, denn Ewald wird derjenige sein, der sich am meisten um Nelli kümmert. Das war auch nicht außergewöhnlich, wenn wir bedenken, dass Ewalds beschränkter Horizont und Blickwinkel sich auf weniger Interessen konzentrierte als bei den anderen Kindern.

Jetzt nahmen sie Nelli mit über die Diele nach draußen auf ihren Spielplatz, eine kleine, mit Gras und Sand bedeckte Fläche, und erwarteten, dass er sich austoben möge. Dafür war er heute zu jung, zu unbeholfen, seine tollpatschigen doch schon energischen Bewegungen, mit denen er sich den Händen der Kinder zu entwinden suchte, verursachten deren laute Stürme der Heiterkeit. Ganz rasch erkannte Nelli, bei welchem der drei Kinder er am besten aufgehoben war: Gisela wollte immer nur streicheln und kraulen, als wäre Nelli eine Katze, was auch langweilig werden konnte; Wilfried ergötzte sich daran, ihn so fest an sich zu drücken, dass er strampeln und verhalten jaulen musste; einzig Ewald fand den richtigen Weg, indem er ihn locker und ungezwungen auf den Armen hielt und sich mit ihm langsam um die eigene Achse drehte – so konnte Nelli sein neues Umfeld behaglich und gemütlich betrachten.

Tiere urteilen anders als Menschen: Hatte Ewald schon jetzt seine Schwierigkeiten und mochte er in Zukunft noch weitere haben, bei Spielkameraden und Gleichaltrigen Anschluss und Anerkennung zu finden, so hatten die meisten Tiere des Hofes bereits entschieden wie heute Nelli – hier haben wir einen guten Freund mit einem Herz für uns. Nelli schlief sogleich auf Ewalds Armen ein, ein guter Platz war das, denn Ewald setzte sich rücksichtsvoll auf einen Baumstamm und verhielt sich solange ruhig, bis Nelli wegen dringender Bedürfnisse wach wurde. Bis zum Abend dieses ersten Montag war für jedermann erkennbar, dass Nellis Dasein vorläufig nur aus Essen, Ruhen, Schlafen und leichter Bewegung bestehen konnte. Aber nicht immer durfte jemand um und bei ihm sein, er musste, wie alle hier, sich seinen Platz erobern und dann behaupten.

* * * * * *

Fünf Tage später. Wir haben, wie angekündigt, Dienstag bis Freitag übersprungen. Alles sah schon ganz anders aus. Diese Tage bildeten einen Entwicklungsschritt in Nellis Leben, der, auf ein Menschenkind bezogen, die Bedeutung eines Jahres haben müsste. Am Samstagmorgen, an dem er schulfrei hatte, war Ewald als erster aufgestanden und beobachtete nun eine Premiere: Nelli erhob sich von seinem Lager, schüttelte und reckte sich hin und her wie ein Alter, wobei man die richtige Koordination seiner Bewegungen schon sehen konnte, und marschierten festen Schritts durch das Loch in der Dielentür, nur von den Augen gelangweilter Kühe begleitet, für die er bereits ein Bekannter war, ins Freie. Die Sonne schien bereits, und das bedeutete, dass die meisten tierischen Bewohner Lohages ebenfalls schon auf den Beinen oder Läufen waren und Nelli, noch der Neuling, auf ihre Art und Weise begrüßen konnten.

„Dieser laut und jener leise,
jeder tut's auf seine Weise"

Da war zunächst Seniorkater Paulchen, 23, halbtaub, ein Viertel lahm und zwei Drittel blind, ein Greis seiner Kategorie, und wegen dieser natürlichen Behinderungen böse und reizbar wie ein Hexenkater geworden. Nelli stand plötzlich vor ihm, der er hinaus und Paulchen herein wollte, fast noch im Dielentürloch, und Paulchen erschrak und fauchte aus fast zahnlosem Maul. Da wurde Nelli, von Angst und Panik gesteuert, zum ersten Mal in seinem jungen Leben bitterböse, knurrte unmissverständlich zurück und versuchte drohend sein Gebiss zu zeigen. Paulchen spielte den Versöhnlichen und zog sich zurück. Dieses Erlebnis überstieg seine letzten Kräfte und man fand ihn am Abend tot im Holzschuppen.

Die nächste Begrüßung gestaltete sich eindeutig freundlicher: Hektor schob sich soweit vor, wie seine Kette es erlaubte, legte sich auf den Boden, die klotzigen Vorderpfoten nach vorn gestreckt, wedelte erwartungsvoll und laut mit dem Schwanz und gab Nelli in einer uns unverständlichen Sprache kund und zu wissen:

„Komm her zu mir. Lass uns gemeinsam spielen."

Nelli verstand vollkommen und trabte freudig herbei. Sie begrüßten sich wie zwei durch widrige Umstände allzu lang Getrennte: großes Bewinden aller wichtigen Körperteile, Schwanzwedeln im Gleichtakt, Aufeinanderlegen mächtiger und zarter Pfoten. Hektor lockte Nelli in sein Eigenheim und schlief mit ihm ein Viertelstündchen, dabei all seine wichtigen Pflichten als Hofwächter vergessend, bis Nelli erwachte und weiterzuziehen beschloss.

Hierbei drohte unverhofft Gefahr. Denn vor Nelli stand plötzlich der kapitalste Hühnerhahn Lohages, hochadelig, genannt „Baron von und zu Krähwinkel", ein tyrannischer alter Herr, den man vor Jahren irgendwann rechtzeitig zu schlachten vergessen hatte. Jetzt war er natürlich zu einer netten Hühner- oder Hahnsuppe zu fettarm, zum Sonntagsbraten allzu zähfaserig und auf dem Wochenmarkt unverkäuflich und darum auf Lohage unter Schutz gestellt wie eine zoologische Rarität oder wie ein politischer Emigrant. Wie viele Hühnereheschließungen und Kükengenerationen auf sein Konto gingen ist nicht festgehalten worden, in Erinnerung geblieben sind aber seine Heldentaten im Dienst der hiesigen Allgemeinheit: vielen unliebsamen Besuchern in die Beine gefahren, Radfahrern ins Gesicht geflogen zu sein, unerfahrene diebische Jungfüchse in die Flucht geschlagen und massenweise Ratten und Mäuse durch Schnabelgenickschlag um die Ecke gebracht zu haben. Das Bewusstsein seiner Bedeutung und Würde hatte er zwar nicht verloren, aber seine Zeit war abgelaufen, da Hühnerrheuma, Geflügelkeuchhusten und Federviehpodagra ihm arg zusetzten und seine Autorität sowohl im engeren Hennenkreis als auch unter anderen Hofinsassen zu untergraben begannen.

Da kam ihm dieser Neuling Nelli, der von alldem nichts wissen konnte, gerade recht. Aufreizend und heiser gackernd, von seinen Hennen wohlwollend beobachtet, verstellte er nun Nelli den Weg, seine beiden mächtigen Sporen ragten vor und sahen durchaus furchterweckend aus, und Nelli konnte nichts anderes denken als dass er in großer Gefahr wäre. Aus seinem niedrigen Kinderblickwinkel sah der Hahn auch tatsächlich bedrohlich und wie eine imposante Persönlichkeit aus. Nelli wich ihm aus, was dem alten, morgendlichen Streit suchenden Herrn aber nicht passte, er verfolgte galoppierend und besprang den völlig überraschten Nelli in – sexuell gesehen – völlig einwandfreier Art und Weise. Da machten seine Hennen aber doch lange Hälse, während Nelli angstvoll jaulte und reflexartig nach hinten biss und ein Hahnbein erwischte. Der Erwischte krähte empört laut auf und konnte dennoch froh sein, billig davongekommen zu sein.

Hiermit hatte Nelli vorerst genug vom Abenteuerdasein und Ausflügen in der Umgebung und begab sich leichten Trabes ins Haus über die Diele in die Küche zurück; diese war doch der sicherste Hort hier. Dort wurde er von Lina und Bernhardine mit vielen freundlichen Worten und angenehm fühlbaren Streicheleinheiten empfangen und sogleich bewirtet. Sein Frühstück bestand heute aus Milch mit eingeweichten sogenannten hier üblichen „Knabbeln", das ist hart gewordener Bauernstuten, und Einlagen verschiedener Fleischstücke vom gestrigen Mittagessen. Nach der Mahlzeit kam Lina ihren Stiefmutterpflichten nach, massierte ihm das pralle und glänzende Bäuchlein, kämmte sein Fell und putzte die Augen aus – das sind alles Arbeiten und Verrichtungen, die jenes Zusammengehörigkeitsgefühl schaffen, welches heranwachsende Lebewesen zum Wohlsein und Wachsen benötigen.

* * * * * *

Das Leben ist ein ununterbrochener Lernvorgang, was der alte Hahn ja soeben noch schmerzvoll hatte erfahren müssen. Doch junge Lebewesen lernen nicht nur, sie können auch lehren. Ewald, ein Nebenbeinaturpädagoge erster Klasse, bewies es nun. Nach einem einstündigen Nickerchen in Gesellschaft Muschis ging's für Nelli auf zu neuen Taten. Er lebte nun eine Woche auf Lohage und hatte erst den kleinsten Teil der Anlage gesehen und erkundet. Lina und Ewald nahmen ihn mit in den Garten, wo Lina Unkraut jäten und Salat für die nächste Mahlzeit stechen wollte. Bauerngärten waren damals für junge und alte Hunde Abenteuerlandschaften ersten Grades.

Schauen wir einmal, warum das so war: Dort hebt sich die Erde, weil der Untergrundarbeiter Maulwurf seiner Wühltätigkeit nachgeht und Engerlinge und Regenwürmer jagt; hier die schräg nach unten führenden Gänge und der aus ihnen aufsteigende Geruch verraten die Anwesenheit von Wühlmäusen; an einem Loch im Zaun kann man schnüffelnd erkunden, ob heute Nacht Meister Lampe, der Hase, hereingekommen ist, auch Salat zu genießen; oder dahinten die Scharrstellen, ob sie von Kaninchen stammen; auch war's möglich, dass eine Ente hier klammheimlich ihre Eier auszubrüten gedachte. Hühner flogen manchmal übern Zaun, um die zarten Triebe vom Kohl und Porree abzuzwacken und mussten auf Trab gebracht werden. Über all diese für einen Garten lebenswichtigen Vorgänge unterrichtete Ewald nun seinen gelehrigen Schüler in pädagogisch vorbildlicher Art und praktischer Weise.

Da gruben sie zum Beispiel gemeinsam ein Mäusenest aus und murksten die Mutter mitsamt Nachwuchs ab. Auch lehrte Ewald, dass man bei der Maulwurfjagd mucksmäuschenstill zu sein hat, ehe man den Spaten mit Wucht in den Boden rammt und den schwarz bepelzten Kerl ins Freie befördert – ha, wie Nelli jubelte, als er ihn packen wollte und doch vor Schmerz quiekte, da er selbst nun von spitzen Zähnen gezwackt wurde. Hier zeigte sich zum ersten Mal, dass Nelli, im Gegensatz zu vielen stärkeren Hunden, richtig in Wut versetzt wurde, wenn er Gegenwehr fand. So musste dieser Maulwurf, der vielleicht sonst noch einmal entkommen wäre, seine kecke Verteidigung büßen, weil Nelli ihn zornig packte und solange mit seinem noch unfertigen Maul hin und her schleuderte, bis er in Fetzen ging.

Hiernach mussten sich Nelli und Ewald ein wenig ausruhen. Dann beschloss Ewald, ihn dem Vieh vorzustellen. Zuerst den verständigen Pferden, die sich sehr interessiert zeigten. Ewald hob Nelli in Nüsternhöhe, was ihm nicht ganz geheuer vorkam, doch diese Pferdenasen waren warm und samtweich und bliesen angenehm wohlige Luft aus. Alle vier Pferde gaben durch schepperndes Wiehern bekannt, dass sie Nelli als neuen Hausgenossen akzeptieren würden. Jetzt nahmen Nelli und Ewald bei den Kühen die Parade ab, indem sie erst vor, dann hinter ihnen hergingen, und hier gab's zwar ein paar Gegenstimmen, die sich durch intensives Kacken und Pinkeln äußerten, aber die Kuhmehrheit muhte beifällig und scharrte anerkennend mit ihren Paarhufen; sie waren halt Friedtiere, diese Rindviecher. Nun zu den Schweinen auf der anderen Seite des Hofes. Sie ruhten lang ausgestreckt in den Boxen und nahmen keine Notiz von Nelli, was als Zustimmung gewertet werden konnte. Nur Mutterschwein Clara kam mit ihren Ferkeln an die geöffnete Stalltür, stupste Nelli mit feuchtem Rüssel an und lud ihn ein, neben ihren Kindern am Gesäuge Platz zu nehmen. Doch Nelli war ja schon entwöhnt und lehnte ab. Nebenan im Stall hauste der kapitale Vater dieser Ferkelchen, Landeber „Don Carlos“, ein hochwertiger Speckvererber, dabei arrogant und boshaft, wie viele hohe Herren seiner Art, und er zeigte seinen fiesen Charakter, indem er Nelli mit einem lauten und feuchtnassen „Wuff“ erschreckte, dass er aus dem Stall flüchtete. Na warte, du Bursche, wir werden später sehen, wer wem Beine zu machen hat!

Der nächste Besuch galt den Kaninchen. Sie nahmen entsprechend ihrer etwas stupiden Veranlagung wenig Notiz von Nelli, besaßen ja auch das Wissen ihrer wilden Artgenossen um „Erzfeind Hund“ nicht mehr, Nelli aber lernte durch Ewalds Methode sofort, dass sie nicht zu seinen jagdbaren Mitbürgern zählen durften. Und wie lernte er dieses heute in seiner ersten Lehrstunde? Ganz einfach: Weil Ewald mit diesen Tieren liebevoll umging! Und das blieb für Nelli von da an immer das Kriterium: Waren die Menschen Lohages gut zu anderen Menschen und Tieren, dann wusste Nelli Bescheid und sagte sich wohl innerlich: „Sei auch so!“

Ewald lenkte nun seine Schritte unters Geflügel, das er jetzt zwecks Personalversammlung mit einer Handvoll Weizenkörner anlockte. Einige Individuen machten, als ihnen Nelli präsentiert wurde, die in ihren Kreisen üblichen langen Hälse und unterhielten sich mit ihresgleichen gackernd, schnatternd und glucksend über diesen Neuankömmling, Kommentare, die selbst Ewald nicht deuten konnte. Nelli stand bei dieser Vorstellung dabei und machte ein Gesicht, als würde er alles verstehen und für alle Zeiten in sich aufnehmen. Mit dem Federvieh beendete Ewald die Vorstellung der Tierwelt Haus Lohages...

* * * * * *

So war es langsam Mittag geworden, Gisela und Wilfried kamen aus der Schule zurück und verspürten Drang, mit Nelli zu spielen. Schon nach dieser einen Woche auf Lohage war erkennbar, dass Nelli – unter anderem – wohl ein arger Schelm werden könnte, dem der Schalk hinter den Lauschern steckte und den dennoch alle lieb haben würden. Jetzt hatte man den Eindruck: Nicht die Kinder gewährten ihm die höchste Zuneigung, sondern er sie ihnen, so gönnerhaft verhielt er sich, entwand sich ihnen, wenn sie zu zudringlich wurden und mied vor allem Wilfried – er hatte schon im Großen und Ganzen spitzbekommen, dass mit diesem wenig gut Kirschenessen war.

Während des Mittagessens, das Nelli unter dem Tisch verbrachte, bewies er seine vorzügliche Veranlagung zum Wächter. Einmal polterte Besuch an der Haustür und ehe die Klingel tönte, bellte Nelli hell und kläffend auf. Es war noch nicht das markante Gebell der Zukunft, aber immerhin... Kurz danach schrillte das Telefon – Nelli bellte. Es war noch nicht das rufende und Aufmerksamkeit heischende Bellen der Zukunft, aber immerhin... Klar, dass die unterschiedlichen Bellarten, die Nelli ausarbeiten und entwickeln würde, sozusagen noch in seinen Kinderschuhen steckten. Auffällig war heute Mittag, dass Nelli, obwohl Wohlgerüche seine Nase kitzeln mussten, keinen Bettelversuch machte und gelassen auf sein eigenes Essen wartete.

Dieses tischte die treue Lina für ihn später auf: Feingelbe Kartoffeln mit brauner Soße und Fleischresten von Roulade, dazu Erbsen und Möhren und als Nachtisch Vanillepudding mit Himbeertunke – das war hier doch, ganz unzweifelhaft, ein richtiges Hundeschlaraffenland auf Erden! Ach, Nelli wusste wohl nichts mehr davon, wie es vorher gewesen war und schon gar nicht, welches Los ihm bestimmt gewesen sein könnte, wäre er nicht hergekommen, aber sein Instinkt sagte ihm, hier eine Heimat gefunden zu haben. Ans Mittagessen schloss sich die so genannte None an, eine Ruhepause also, etwa sechzig bis siebzig Minuten lang, in der je nach Gusto Dösen, Schlafen und Faulenzen angesagt war. Auch diesen Tagesrhythmus hatte Nelli schnell begriffen und voll und ganz gutgeheißen. Den folgenden Nachmittag verbrachten Ewald und Nelli gemeinsam in der Werkzeugkammer, wo Ewald Forken-, Schippen- und Besenstiele aus Eichennaturholz fertigte, die schon über Lohage hinaus eine gewisse Berühmtheit erlangt hatten und ihm gutes Taschengeld bescherten. Hier gefiel es Nelli besonders gut, denn erstens war Ewald mit seinen Selbstgesprächen ein angenehmer Gesellschafter, zweitens konnte man herrlich nach den fliegenden und hüpfenden Holzspänen schnappen und drittens roch's hier verheißungsvoll nach Mäusen, die Nelli ja schon im Garten kennengelernt hatte. Diese Werkzeugkammer wurde vom Ratten- und Mäusevolk Lohages gerne aufgesucht, um Holzwolle, Sägemehl und Späne für den Nestbau zu ergattern.

Um 17 Uhr, der traditionellen Kaffeezeit, bewies Ewald sein abgrundtiefes Herz für Tiere in unkonventioneller aber überzeugender Weise: Lässigen Blicks verzichtete er darauf, mit am Tisch zu sitzen, er machte sich sechs kräftige mit Butter bestrichene und mit Schinken, Wurst und Marmelade belegte „Stullen“ fantastischen Formats und trabte mit ihnen in die erwähnte Kammer. Gefolgt von Nelli, und dort verputzten beide mit lautem Geschmatz und anderen Äußerungen allgemeinen Wohlseins diese Portion. Ursprünglich hatte Ewald vorgehabt, gerecht eins zu eins zu teilen, aber Nelli war nur einer Stulle gewachsen, ihr Verzehr, mühevoll genug, zwang ihn zu Boden zum Schlaf, aus dem er erst um 20 Uhr erwachte. So musste Ewald die restlichen fünf Stullen, auch für ihn mühevoll genug, in sich hineinwürgen.

Nach Nellis Halbtotenschlaf war's schon wieder Essenszeit. Ehe er mit Ewald ins Haus ging, setzte er an seiner Lieblingsstelle einen Haufen ab, der einem Riesenhund wie Dogge oder Bernhardiner alle Ehre gemacht hätte. Über dieses Gebilde machte sich Baron von Krähwinkel mit seinem Harem her, in Zeit von Nullkommanichts waren diese Küttel dem ökologischen Kreislauf einer Natur, die nichts verschwenden lässt, wieder zugeführt und würden morgen besonders tiefgelbe Eier ergeben. Und es war auch schon wieder die Essenszeit gekommen. Lina servierte Brotrinden in Milch und eine Boulette von gestern – hm, ziemlich lecker!

Nach dem Abendessen ging Gisela mit Nelli in den angrenzenden Feldern spazieren. Und obwohl es einer dieser lauwarmen und auch sonstwie reizenden Frühlingsabende war, konnte Nelli ihn, hauptsächlich wegen seiner kindlichen Unerfahrenheit, nicht gebührend genießen. Denn was wir als romantisch und erbaulich ansehen, erblicken und beurteilen Tiere anders, und Nelli musste sich schrecklich fürchten: Eulen heulten unheimlich und zogen lautlosen Flügelschlags über ihm dahin, ein Rehbock, empört über die abendliche Störung, bölkte im Wäldchen, Eichelhäher kreischten schrill und zur Nacht aufbaumende Fasane gackerten bis nach Sonnenuntergang – das war alles nichts für unerfahrene Gemüter! Später, in wenigen Wochen schon, wird Nelli dieses alles sehr vertraut sein und seinen Jagdtrieb angenehm anregen. Jetzt empfand Nelli viel Angst und wünschte zum Heimweg getragen zu werden. Zu Hause angekommen warf er sich neben die schon ruhende Muschi und schlief augenblicklich ein, befreit, beruhigt und um viele Erfahrungen einer langen Woche reicher. Jetzt brauchte Nelli nur noch die restlichen Bewohner Lohages kennenzulernen; diesen Vorgang hatte Ewald für morgen vorgesehen.

Zog man nach dieser ersten Woche Bilanz, so fiel diese außerordentlich positiv für Nelli aus. Er hatte sich prächtig entwickelt und gab Anlass zu Hoffnungen allerlei Art. Man konnte einen kleinen frechen, schelmischen und wohl auch sehr wachsamen Hund zur Entlastung des alternden Hektor gut gebrauchen, denn neues Nachkriegsgesindel begann die ländlichen Räume zu verunsichern. Aber das war nicht der Hauptgrund, Nelli aufzuziehen und zu behalten, etwas anderes bedeutete viel mehr:

„Er hat in einer Woche unser aller Herz gewonnen!“

Ein besseres Argument zum Bleiben konnte es nicht geben...

Eine Sonntagsvorstellung

„Er sollte Diplomat oder Politiker werden."
Diese fundamentale und für den ländlichen Bereich Lohages ganz und gar ungewöhnliche, ja exotische Aussage galt nicht etwa Nelli oder einem der erwachsenen Herren des Betriebes, sondern, - man lese und staune! -, unserem guten Ewald, den seine Mitschüler „Blödian" nannten und ein Teil seiner löblichen Verwandtschaft als „Depp" bezeichnete. Ewald kultivierte eine Art Volksnähe, die ja all unseren Diplomaten und Politikern abhanden gekommen ist, (außer in Vorwahlzeiten), und hatte auch ein gutes Händchen für so genannte Untergebene – würde er vielleicht nicht doch der geeignete Leiter und Anerbe Lohages werden können? Es ist ja oft so im Leben, dass Leute, die wir nicht für voll zu nehmen belieben, Fähigkeiten entwickeln, die vorher kaum jemand von ihnen erwartete.

Am Sonntagmorgen, nach dem allgemeinen Frühstück und nachdem auch Nelli sein Recht bekommen hatte, begann Ewald seinem neuen Freund das „Gesinde" des Hofes vorzustellen, alles Persönlichkeiten, die wir bereits kennen: Heinrich, Gustav, Willi, Martha, Maria und Johannes. Sie hatten nichts dagegen und opferten ein paar Minuten mit dem Argument, dies sei ebenso sinnvoll wie der Kirchgang. Außerdem hatten sie ja Nelli in den vergangenen Tagen beobachten und in Anfängen lieb gewinnen können.

Vollkommen arbeitsfrei, außer dass sie füttern mussten, waren an diesem Sonntag die beiden Pferdeknechte und Pflüger Gustav und Willi, klotzige und derbe Kerle mit lautem Maulwerk, wie es Männer brauchen, die an sechs Tagen der Woche ihren Untergebenen, den Pferden nämlich, harsche und raue Kommandos zubrüllen mussten. Sie hockten auf warmer Holzbank in ebenso warmer Sonne, genossen seltenes Nichtstun und schwadronierten über ihren Beruf und dessen Licht- und Schattenseiten.

„Wieviel Kilometer haben wir letzte Tage gemacht?"

Niemand zählte diese, gemessen wurde beim Ackern nur nach Morgen, die 2.500 Quadratmeter darstellen. Hin und her, rauf und runter, von morgens 7 mit Pause bis 12 Uhr, Mittagessen, dann von 14 mit Pause bis 19 Uhr. Viele Stunden hinter Pferden getrabt, die nichts freiwillig, alles nur unter Antreiben mit Peitsche und Schimpfwörtern taten. Bei solchen „Gehern" wie Gustav und Willi bilden sich an den Füßen, oft infolge schlechten, ungeeigneten Schuhwerks, Hornhäute, die schon Hufen gleichen. Sie konnten, wie beide es jetzt Ewald und Nelli vorführten, mit scharfen Messern abgesäbelt werden, ohne dass Schmerzen entstanden. In dieser sonntäglichen Beschäftigung unterbrochen kam ihnen Nelli nun recht und hochwillkommen, sie nahmen ihn auf die Arme und aus Dankbarkeit hierfür leckte ihnen Nelli die Mundwinkel sauber, die gerade pfeifenfrei waren. Das brachte sie auf die originelle Idee, ihn an einer Pfeife nuckeln zu lassen, was nicht nur urkomisch aussah, sondern auch unbeabsichtigte Folgen hatte: Nelli wurde nämlich Pfeifenraucher. Natürlich saugte er nicht ein, aber er lutschte doch sehr intensiv und verdrehte dabei die Augen wie Ewald beim Spielen mit Milchkannen. Pferdeknechtspucke mit Pfeifenlülle gemischt schienen jene Geschmacksrichtung zu bilden, der Nelli nicht widerstehen konnte. So entstand hier für den Verlauf der nächsten Jahre, - im Vorgriff berichtet -, eine einzigartige traute Runde: Gustav, Willi und Nelli saßen beisammen und eine Pfeife wanderte von Mund zu Mund zu Schnauze und zurück – es war immer ein richtiges Friedenspfeifen-Meeting. Mit anderen Menschen hat Nelli nie so etwas Originelles angestellt. Über weitere Abenteuer, die Nelli mit diesen beiden Männern erlebte, wird später noch berichtet.

* * * * * *

Weiter ging die Vorstellung zu Johannes hinüber. Dieser Schweinewirt mit Leib und Leben pflegte eine Allergie gegen Hunde aller Rassen und Größen der ganzen weiten Welt.

„Sie sind seit Germanenzeiten Schweinefeinde.“

Das stimmt nur halb, denn sie werden es schon eher gewesen sein. Johannes war bisher nicht zu bewegen gewesen, nette Gesten von Hunden entgegenzunehmen oder an sie zu verteilen. Ewald und Nelli brachen nun gemeinsam mit zwei Tricks diesen Bann. Nelli, indem er spontan und sehr hingebungsvoll zuerst Johannes' Holzklotschen, dann seine Hosenbeine beroch, von allen Seiten, oben und unten, um ihn herumlaufend und schließlich, sich an seinen Beinen aufrichtend, das liebste Bettelgesicht aller Zeiten und auch die lieblichsten Jaultöne machte. Ahnte er etwa, hier den Urheber aller fleischlichen Lüste, die manchmal auf seinem Teller landeten, vor sich zu haben? Diese Demonstration eindeutiger Sympathien weichte Johannes' Herzvorkammern schon einige Grade auf, doch bis ins Zentrum ging Ewalds Trick. Er holte kurzerhand ein Ferkel aus dem Stall, just etwa vierzehn Tage alt, und präsentierte es Nelli vors Stupsnäschen. Dieser hatte nun nichts anderes zu tun, als den rosa Rüssel ausgiebig und hingebungsvoll zu belecken, der vermutlich nach frischer Saumilch schmeckte. Das total verdutzte Ferkel wurde starr ob solcher Liebkosungen und wollte nicht in den Stall zurück. Noch verdutzter und ebenso sprachlos war Johannes, dessen Vorstellungswelt über Hunde und ihr Verhalten schlagartig und ohne Vorankündigung zusammenbrach. Er nahm Nelli auf und herzte ihn beinahe zu Tode, denn sein Händegriff war auf Derberes wie Schweine ausgerichtet, aber wieder war eine Freundschaft geschlossen, die lebenslang halten sollte.

Hier flechten wir ein, wieder im Vorgriff, was kompromisslose und uneigennützige Freundschaft im Leben bedeuten, wie sie Leben retten kann. Es war im nächsten Jahr, als Johannes unter Einsatz seines Lebens Nelli vor einem gewaltigen Dorfköter rettete. Ein richtiger Riesenköter namens „Schrecken des Dorfes", der Lohage, offenbar in durchaus friedlichen Absichten, und Hektor einen Besuch abstatten wollte, dabei aber des deutlich schwächeren Nelli ansichtig wurde. Ein Wolfsgeheul der Mordlust, markerschütternd und Johannes aus dem Schweinestall treibend, erfüllte plötzlich Lohage, dass Hektor verstört verstummen, aber Nelli seinen schnellsten Gang einlegen ließ. Klar, er wäre dem Monster wohl entkommen, flink, fix und hakenschlagend wie ein Hase, aber darauf durfte es Johannes nicht ankommen lassen. Er ließ, wie gesagt, Schweine Schweine sein, nahm einen typischen Elfmeteranlauf in Richtung des Angreifers und warf sich dann mit aller Wucht krachend auf ihn. Dieses „krachend" bezog sich natürlich nicht auf ihn, sondern auf sein Opfer, dessen Rippen und andere Knochen eben krachten wie morsches Gebälk beim Abbruch. Damit war der Schrecken des Dorfes schon überlebensunfähig und für alle Zeiten harmlos geworden, aber Johannes war dieses nicht Strafe genug, er umklammerte nun mit seinen mächtigen Schweinewirtpranken den Hals des Übeltäters, der noch einmal hektisch aufheulte, als Nelli half und sich in seinen Klöten verbiss. Es war wirklich nicht die feine Art des Abmurksens, aber sehr effektiv und trotz allem Geschrei äußerst unauffällig. So dass es außer den Genannten keine Augenzeugen gab, als Johannes sein noch warmes Opfer hinter den Schuppen schleppte und ihm dort eine sachgemäße Beerdingung gab, ohne Zeremonien und Trauerfeierlichkeiten freilich. Schon nach drei Wochen wuchs Gras über der Stelle.

Von diesem schauerlichen Ereignis wussten Johannes und Nelli an diesem schönen und friedlichen Sonntag nichts, der so richtig geeignet war, Freundschaften anzuknüpfen, die fürs spätere Dasein von Bedeutung werden konnten. So ging's auch mit Melker Heinrich, der ebenfalls wie Johannes Vorbehalte gegen freilaufende Hunde hegte, wiederum aus der Sicht seiner Schützlinge gesehen. Ihm wäre ein angeketteter Nelli lieber, wie er sagte, „da diese kleinen Köter doch alle Kuhhetzer werden, wenn man sie gewähren lässt“. Aber Nellis rührenden Blicken und seinem hingebungsvollen Beknabbern und Losreißen und Auffummeln der Schnürsenkel seiner zweiten Sonntagsschuhe konnte auch er sich nicht entziehen. Mehr noch, er wurde aktiv und schenkte Nelli seinen besten schwarzen und glänzenden Sonntagsschuh aus der ersten Garnitur, der unnütz geworden war, weil er den zugehörigen zweiten bei der letzten Sauftour irgendwo unterwegs verloren hatte. Nelli nahm ihn dankbar an und trug ihn zu Hektor, gemeinsam machte sie sich ans Zernagen. Als Nelli in der Folgezeit nicht über seine Kälber herfiel, sondern sogar half, sie und ihre Mütter zur Weide zu geleiten, - „ein richtiger Hütehund“, sagte Heinrich anerkennend -, da hatte Nelli auch diese Hürde,

Vorurteile abzubauen, mit Glanz und Gloria genommen. Heinrich sorgte dafür, stets ein paar Leckerbissen in seinen Hosen- oder Jackentaschen versteckt zu haben und freute sich, wenn Nelli sie mit sicherer Hundenase aufspürte.

Jetzt, zur letzten Vorstellung, war Ewald gespannt, wie Nelli bei den beiden Damen Maria und Martha ankommen würde. Diese waren so enthusiastische Melkerinnen und Rindviehliebhaber, dass sie alle Tiere dieser Art an den Beginn der Schöpfung stellten und behaupteten, der alte und kluge Noah hätte ein Pärchen von ihnen als erste in die Arche eintreten lassen und auch sonst sehr entgegenkommend behandelt.

„Was wäre die Welt ohne Milch!"

Diesen Satz, dem man auch ein Fragezeichen folgen lassen könnte, setzten diese einfachen, von keinerlei Bildung belasteten Damen so klipp und klar in die Welt, dass selbst der Dorfpfarrer nichts Ketzerisches an ihm erkennen konnte und fleißig die Bibel blätterte, um weitere Äußerungen über Kühe und ihresgleichen zu finden. Und er wurde fündig in „Das Buch Jesus Sirach, 7, 22", wo behauptet wird:

„Besitzest du Vieh, so sieh selbst nach ihm, und wenn es zuverlässig ist, so behalte es."

Er machte seiner Gemeinde hierüber eine feine Predigt, die lange in den dörflichen Ohren nachhallte.

Nun trabte Nelli locker neben Ewald her auf unsere eine kurze Pause im Freien genießenden Melkerinnen zu und baute sein Männchen vor ihnen. Ja, er war zweifellos schon ein Könner, wenn es darum ging, Entzücken zu erregen und Begeisterung zu entfachen.

„Der ist ein richtiger Kavalier", sagte Martha geschmeichelt.

„Ich glaube, er liebt mich“, sagte Maria verklärt.
Erinnern wir uns, dass Nellis erste Menschen, die er vor einer Woche auf Lohage kennengelernt hatte, weibliche sind – vielleicht haben sie ihn, ganz unbewusst, aufs Weibliche geprägt. Ewald nahm Nelli hoch und setzte sich mit ihm zwischen Martha und Maria auf die hölzerne Bank. Dort wurde er beidseitig sehr beschmust und gab auch Liebkosungen und Beweise seiner innigen Zärtlichkeit zurück, als wüsste er, wie notwendig es sei, sich diese beiden Landmaiden günstig zu stimmen. Bis es zum allgemeinen Essen ging vergnügte man sich hier und Martha und Maria versprachen Nelli, ihn bei Besuchen im Kuhstall besonders zuvorkommend zu behandeln. Das sollte und würde so aussehen: Nelli platzierte sich hinter einer der Kühe, die soeben gemolken wurde, und plötzlich erreichte ihn ein warmer, kräftiger und süßer Milchstrahl, direkt vom Quell her, denn, - jeder fachgerechte Melker weiß das ja -, beim Handbetrieb wie hier muss man nicht unbedingt senkrecht in den Eimer melken, man kann's auch horizontal in jeder Richtung tun – zum Beispiel dorthin, wo Nelli stand. Ruckzuck aufs Mäulchen! Jeder Kuhkenner weiß ja, dass man nicht nur vertikal sondern auch horizontal melken kann. Beim ersten Mal war Nellis Schrecken groß, dann wusste er einen solchen Streich zu würdigen und öffnete sein Maul, bevorzugt bei Maria, weil sie eine bessere Treffsicherheit besaß. Hm – leckerer und frischer ging's nun wirklich nur noch, wenn man direkt an den Zitzen saugen würde! Außerdem hatten alle, obwohl besonders die sparsame Bernhardine manchmal über „Verschwendung wertvollen Volksguts“ meckerte, ihre helle Freude daran, wenn Nelli unter Kunst- und Luftsprüngen dem Milchstrahl nachsetzte. Lange dauerte diese Idylle freilich nicht in Nellis Leben, denn Marias und Marthas Ta-

ge als Melkerinnen waren schon gezählt, ihre Entlassung als solche fest eingeplant, weil Melkmaschinen sich ringsum in der Republik ausbreiteten und Arbeitsplätze abschafften.

Nachdem Nelli die Sympathien dieser sympathischen Damen nun in einer Art von Liebessturm erobert hatte, war unsere Sonntagsvorstellung vorerst beendet und alles marschierte zum Mittagsmahl. Am Nachmittag lernte er noch den für die umliegenden Reviere zuständigen Förster kennen, der infolge seiner Hundekenntnisse und Erfahrungen mit Jagdhunden versicherte, „dieser Nelli hier wird ein mutiger und raffinierter Hetzer und Packer werden". Nun, das stand noch in der Zukunft. Jeder weitere Mensch, den Nelli in den nächsten Tagen und Wochen kennenlernte, war zunächst Fremdling und entsprechend zu behandeln. Diese teils lustigen, humorigen, dramatischen und ungewöhnlichen Ereignisse werden im Lauf der späteren Kapitel geschildert. Insgesamt war man heute auf Lohage der Meinung, mit Nelli über den Berg zu sein, - wie man auch im Flachland zu sagen pflegt -, und einen sehr nützlichen Mitbewohner erworben zu haben. Alle hatten ihre Freude an ihm und buhlten um seine Gunst, und Lina und Fritz, insgeheim über ihres Erstgeborenen Zustand unglücklich, sahen voller Genugtuung, wie dieser sich im Spiel mit Nelli mauserte und ungeahnte Fähigkeiten zum Vorschein brachte.

Halbstarkenzeit

„Jugendzeit – Halbstarkenzeit – schöne Zeit".

Diese Behauptung mag nicht für alle Lebewesen unserer Erde zutreffen, aber für den kleinen Nelli traf sie voll und ganz. Wie schade, dass Tiere sich nicht an schöne Zeiten rückerinnern können: Dann müsste Nelli im Alter, ähnlich wie Urgroßvater, in der Sonne oder auf dem Sofa liegen und von diesen längst vergangenen Zeiten träumen...

Er entwickelte sich, wohl dank der harmonischen Familienverhältnisse auf Haus Lohage, fürsorglicher Pflege aller um ihn herum und der überragenden tierfreundlichen Eigenschaften und Intelligenz Ewalds nun zu einem Frühreifen. Von derartigen Individuen hält die Gesellschaft normalerweise nicht viel, denn zu oft sind sie reizbar, übersensibel, pingelig und quengelig und malträtieren ihre Umgebung ungestraft und ausdauernd. Doch davon war bei Nelli nichts zu entdecken. Seine Ausgeglichenheit in Verbindung mit gut gezügeltem Temperament und exzellenter Erziehung wurde im Lauf der Jahre zu einem festen dörflichen Begriff, der in gelegentlichen Ermahnungen besorgter Eltern an ihre Sprösslinge gipfelte:
„Nimm dir ein Beispiel an Nelli!"
„Wie Nelli solltest du dich benehmen können!"
„Hunde sind doch die besseren Menschen."
Unter den Besuchsgästen Lohages gab es auch ein paar gebildete Schlauberger, Leute wie der Dorfpastor, der Dorfdoktor, der Stromableser und ein Steuerberater, welche berühmte Persönlichkeiten der Geschichte zitieren konnten, was sie über „unsere" Vierbeiner einst von sich gegeben haben sollen – wir nehmen diese Kapazitäten hier einmal wörtlich:
Johann Wolfgang von Goethe, Dichter:

„Dem Hunde, wenn er gut gezogen,
wird selbst ein weiser Mann gewogen".

Friedrich Hebbel, Dichter:

„Der Hund ist der sechste Sinn des Menschen."

Mark Twain, Schriftsteller:

„Der Hund ist ein Ehrenmann; ich hoffe, einst in seinen Himmel zu kommen, nicht in den des Menschen.“

Friedrich II. von Preußen, König:

„Hunde haben alle guten Eigenschaften des Menschen, ohne gleichzeitig ihre Fehler zu besitzen.“

Victor Hugo, Schriftsteller:

„Der Hund ist die Tugend, die sich nicht zum Menschen machen konnte.“

Immer fielen solche Äußerungen, wenn Nelli mithören konnte. Da war es kein Wunder, dass Dorfkinder herbei trabten und her radelten, um sich dieses Muster von Idealhund einmal anzusehen. Doch davon erzählen wir später.

* * * * * *

Nachdem Nellis Wachstumsphase in wesentlichen und wichtigen Punkten abgeschlossen war, wurde folgendes erkennbar: Er war, um es genau zu umschreiben, ein „Deutschdrahthaar-Münsterländer-Jagdterrier-Pinscher-Husky-Spitz“ – also wohl eine einmalige Ausgabe Hund. Demnach besaß er die nun genannten Eigenschaften oder war er: Begabung zum Vorsteher und Fährtensucher und -halter; Unverständnis für jede Art von Wasserscheu; Saupackerleidenschaften riesigen Ausmaßes; begeisterter Marathonläufer; zuverlässiger Verbeller und Wächter; unstillbaren Hacken- und Wadenbeißerdrang. Fürwahr eine einmalige Mischung sehr guter und hier für einen Bauernhof auch erwünschter Eigenschaften. Diese kamen natürlich erst allmählich ans Licht von Haus Lohage und konnten ebenso allmählich genutzt werden. Sie alle werden im Zuge der weiteren Darstellung für unsere Leserschaft erkennbar sein.

Zunächst, wir sind ja noch am Lebensanfang und Beginn aller Erfahrungen fürs Dasein, musste der Erziehung größte Aufmerksamkeit vor allem anderen gewidmet werden.

„Wehret den Anfängen!“

Man hatte genügend Erfahrung mit ungezogenen Hunden früherer Jahre und wollte nun Nägel mit Köpfen machen. So wurde Ewald, der neben den nötigen Fähigkeiten über die meiste Freizeit verfügte, mit dem Oberbefehl über Nelli betraut und beauftragt, ihn vor den bei allen früheren Hunden beobachteten Unsitten, Ungezogenheiten und Niggeligkeiten zu bewahren. Diese kannte damals jeder ländliche oder städtische Hundehalter: Küken der Hühner und Gänse jagen, quälen und abmurksen, im Garten Löcher buddeln, an unpassenden Stellen urinieren und koten, Pantoffeln, Bettvorleger und Sandalen zerbeißen, Wäsche von der Leine reißen, mit den Hauskatzen in Dauerfehde und Kriegszustand leben – nur ein paar der Unsitten, die einem tatendurstigen Hund natürliche Vorgänge und Beschäftigungen sind und der Weiterentwicklung der Persönlichkeit und dem Erlernen richtiger und angemessener Reaktionen dienen. Doch auch in einer sehr toleranten Wohngemeinschaft nicht hingenommen werden können. Allen Anfängen dieser Art war also zu wehren.

Nelli begriff unter Ewalds, Giselas und Linas wohlwollender und äußerst verständnisvoller Leitung das meiste des ihm Abgeforderten infolge seines hellen Köpfchens sofort, aber alles musste einzeln durchexerziert und demonstriert werden. Er befand sich schon vier Wochen auf Lohage und war ein hübscher strammer Bursche geworden, als jede Glucke ihre Kükenschar vor ihm herführen konnte, ohne dass ihn Jagdleidenschaft und Temperament zum gemeinen Kindsmord hinrissen.

„Erziehung ist wenig, Beispiel alles!"

Diesen lapidaren Satz, natürlich auf menschlichen Nachwuchs bezogen, erfand einst einer unserer historischen Schlaumeier. Wir haben im Vorigen schon einmal Ewalds geniale Methode des guten Beispiels angerissen und wollen hier noch einmal näher darauf eingehen, weil sie tatsächlich gute und bemerkenswerte Erfolge zeitigte. Dieser Junge schmuste ja, wie bekannt, gerne mit allerlei Tieren des Hofes herum, von der Jungmaus bis zum Ackergaul, er beobachtete sogar die im Sommer massenhaft auftretenden und sehr lästigen Stubenfliegen und wusste, ohne zoologische Vorkenntnisse wohlgemerkt, sogar ihre Geschlechter zu unterscheiden und kannte ihren Werdegang vom Paaren, Eierablegen über Maden zum Vollinsekt bis zu Tod unter der Fliegenklatsche oder am Fliegenleim, neuerdings auch öfter im Spraystrahl der chemischen Keule. Seine hervorragende Liebe zu den erwähnten Tieren des Hofes versuchte Ewald nun durch intensive Schulungskurse auf Nellis Charakter zu übertragen. Indem er alles vorlebte: Hübsch knuddelige Gänsekinder, goldgelb wie zu Ostern, in seinen Händen geborgen, im Schoß oder auf der Schulter, auch Nelli auf den Rücken gesetzt und mit liebevollen Worten und Streicheleinheiten bedacht – da musste Nelli doch begreifen, dass sie zur Familie gehörten und in Sachen Abmurksen und Durchbeuteln tabu waren. Auf diese subtile Art wurde Nelli auch mit jenen anderen Kleintieren des Hofes bekannt gemacht, denen er potentiell gefährlich werden konnte, die ihn von Natur her als Räuber und Jäger ansehen mussten: Puten, Enten, Perlhühner, Tauben.

Kaninchen, wir kennen die hiesigen schon, sind von ihrer Anlage her die maßgeschneiderte Jagdbeute aller Hunde. Sie waren Ewalds Lieblingstiere, also war dieser verpflichtet, für dauerhaften Frieden zwischen ihnen und Nelli zu sorgen. Wir wissen, dass er Nelli schon mit ihnen bekannt gemacht hat, flüchtig nur, als erste Phase zum größeren Vorhaben, und nun packte er ihn, als er zum Umfallen müde war, kurzerhand und setzte ihn zu einem Muttertier mit Jungen in die Box. Durch das Gitter beobachtete er, wie Nelli der Kaninchenmama augenblicklich „in den Schoß" sank und wie ein Murmeltier im Herbst einschlief. Der Erfolg dieser Aktion war so durchschlagend, dass Nelli in der Folgezeit auch auf einen ausdrücklichen Befehl hin, das Abwürgen und Apportieren wilder Karnickel verweigerte.

* * * * * *

Um von klotzigen Burschen wie Bulle „August der Starke" die Witterung aufnehmen zu können, nahm Ewald Nelli in bewährter Manier hoch und präsentierte ihn diesem Monster von Rindvieh. So ein Bulle hat ein extrem nassschlabberiges Maul mit langer, geballter, vorschnellender rauer Zunge und stinkt aus seinem Rachen ziemlich ekelhaft nach vergorenem Grünzeug und halbverdautem Spinat, Löwenzahn, Runkelrüben und Salat. Nelli schüttelte sich vor Widerwillen, als er in die erste Dunstwolke geriet. August der Starke, geistig nicht gerade der wendigste unter den Bewohnern Lohages, wusste mit dieser neuen Bekanntschaft wenig anzufangen und brummte verhalten aus umfangreichen Brustkasten, schnotterte aus den Nüstern lange Fäden Speichel, einige von ihnen mit der Zunge auffangend, pupte, pinkelte und küttelte zu gleicher Zeit – all das waren Äußerungen echter Rindviehkonversation; was sollte Nelli damit anfangen? Später freilich hielt August mit Nelli, wenn dieser ihm auf den Wiesen und Weiden einmal näher

kam, ein als freundlich und wohlwollend zu bezeichnendes Verhältnis aufrecht, das darin bestand, ihn scherzhaft mit gesenktem Bumskopf anzugehen, auf Trab zu bringen und ein paar Runden unter munterem Gekläff und Bullengejauchze zu drehen. Nelli nahm solch lockeres Treiben an und biss August kunstgerecht in die Hacksen und versuchte seinen Schwanz zu schnappen. Rinder und Jungbullen können auf sommerlicher Weide ein liederliches, übermütiges Völkchen werden, das gern einmal allen möglichen Besuchern Stöße, Knuffe und Püffe versetzen möchte. Mit diesem Verhalten wurde Nelli beim Frühjahrsaustrieb bekannt gemacht, aber zu der Zeit war er erwachsen genug, diesem Trieb zu entgehen und selbst diesen munteren Gesellen flottes und zügiges Laufen zu lehren.
Ewalds überaus fleißigen und lobenswerten Bemühungen, Nelli überall vorzuführen, zeitigten einen unverhofften aber gewünschten, freilich von niemandem erwarteten Nebeneffekt: Nelli begann, sich für alle Bewohner Lohages zuständig zu fühlen und mauserte sich zu einem echten und verantwortungsvollen Hof-, Land- und Leutebeschützer. Das schien eine ganz normale Entwicklung zu sein, denn er war nun recht flott auf den Läufen, zwar noch sehr verspielt und zu allerlei Streichen aufgelegt, aber von Woche zu Woche ergriff ihn immer mehr der so genannte Ernst des Lebens. Am deutlichsten wurde dies an seinen Lautäußerungen. Nach weniger als vier Wochen Hiersein kannte er die meisten der regelmäßigen Besucher Lohages und richtete sein Anmeldegebell nach ihnen: Postbote, Stromableser, Lieferanten, Hausfreunde und -freundinnen, Schulkameraden, Human- und Veterinärmediziner, Verwandte der Familie. Bald erkannte zumindest der aufmerksame Ewald an Nellis Gebell, ob Fremde oder Bekannte den Hof betraten. Eine

wirklich ernste Angelegenheit war das tägliche Essen Nellis geworden. Hatte er es, meist von Lina, am gewohnten Platz serviert bekommen, wünschte er ungestört zu bleiben und knurrte böse jeden an, der näher als zwei Meter herankam; hiervon war natürlich nur Lina nicht betroffen, Ewald aber doch. So sicherte sich Nelli sein intimstes Refugium, hatte aber als großzügiger Weltbürger nichts dagegen, wenn die Reste oder das, was er einmal verschmähte, von hungrigen Katzen verputzt wurden.

Über Nellis ersten Kontakt zu Hektor wurde schon berichtet. Wer von beiden würde, aus Hundesicht betrachtet, Chef Lohages werden? Wie auch beim Menschen spielen hierbei wichtigere Gründe als Körperkraft und Größe mit, Grips bildet wohl einen maßgebenden Faktor, und da war Nelli dem guten und alterndem Hektor hundehüttenhoch überlegen. So konnte es im Familienkreis keine andere Ansicht geben, nachdem Nelli erste und deutliche Führungsqualitäten offenbart hatte:

„Ein gefesselter Riese ist schwächer als ein freier Zwerg."

So kam's denn auch. Hektor begann in dem Maß devoter und gefälliger zu werden, wie Nelli an Größe und Selbstbewusstsein zunahm. Das zeigte sich eindrucksvoll an einem originellen Beispiel: Hektor ruhte in seiner Hütte, Kopf und Pfoten im Freien, und Nelli hatte auf der Hütte Platz genommen; an sich schon eine beachtenswerte Szenerie. Da kam ein Fremder auf den Hof geradelt. Hektor öffnete schläfrig ein Auge, hob den Kopf und schielte hoch zu Nelli – erst als dieser heftig losbellte fiel auch Hektor mit seinem Bass ein. Na, wer hatte hier wohl das Sagen?

* * * * * *

In dieser Zeit des fortgeschrittenen Frühlings fiel Ewald etwas wirklich Nettes ein: Er verschaffte Hundegreis Hektor Ausgang. Zwar hatten stets alle Bewohner Lohages dessen Los bedauert, meist gefesselt zu sein und höchstens einmal auf dem Hofgelände laufen zu dürfen, aber niemand mochte diesem Bedauern Taten folgen lassen – „keine Zeit“. Allein Ewald nahm sie sich nun. Er löste Hektor von der Kette, leinte ihn an und ging mit ihm über das Hofareal hinaus ins naheliegende Gelände der Wiesen, Äcker und Büsche spazieren. Klar, dass Nelli begleitete. Das war nun für alle, die Gelegenheit zum Hinschauen fanden, vergnüglich, amüsant und lehrreich anzusehen. Bevor Hektor sich körperlich austobte und beinahe verausgabte, musste er all jene Stellen und kleinen Örtlichkeiten beschnüffeln und ausgiebig bepinkeln, die auch von anderen Hunden der Umgebung aufgesucht wurden: markante Bäume, einzeln stehende Pfähle, Steine an den Straßen, große Maulwurfshaufen, Milchkannen, wenn vorhanden, und damals noch selten die Räder geparkter Autos. Hier sah der interessiert und lernbegierig zuschauende Nelli zu ersten Mal das Beinchenheben, das er selbst noch nicht praktizierte. Nachdem Hektor sein neues Revier genügend markiert hatte, begann sich sein stets zu kurz gekommener Jagdtrieb zu regen. Hätte Ewald ihn losgelassen: Wer weiß, wohin eine Hatz ihn getrieben hätte, vielleicht vor die Läufe eines Jägers.

Da er Hasen-, Reh- und Kaninchenspuren nur beriechen, nicht verfolgen konnte, richtete sich seine Jagdwut gegen kleinere Objekte wie Mäuse und Maulwürfe. Er wurde so Nellis Lehrmeister in den Fächern „Ausbuddeln“ und „Zuschnappen“; freilich meist vergeblich. Denn wie konnten beide, Hektor wie Nelli, zum Beispiel wissen, dass es keinen Sinn hat, im Erdhaufen eines Maulwurfs herumzustochern, mochte er noch so verführerisch nach seinem Urheber duften – der doch längst das unterirdische Weite gesucht hatte. Hektor packte die nackte Wut über seine Misserfolge, seine riesigen Tatzen fetzten nicht nur die Erde unter seinem Körper meterweit nach hinten durch, nein, er grub sein noch immer kräftiges, gar nicht greisenhaftes Gebiss tief in den sandigen Erdboden und hustete und spuckte danach wie einer der Pferdeknechte, wenn er beschwipst nach Hause kam. Nelli war rationaler und strengte sich nicht unnütz an.

Wenn Hektor und Nelli bei diesen Spaziergängen mit sich tobten und tollten, war das wirklich sehr vergnüglich anzusehen und ließ manchen Landmann und manche Landfrau sekundenlang die Arbeit ruhen und Kinder und Wanderer auf der Stelle verhoffen. Sie schafften auch, diese Spaziergänge, durch Ewalds Schilderungen eine angenehme Stimmung in der Familie. Da Ewald sich angewöhnte, sie immer am Nachmittag zu stets gleicher Uhrzeit stattfinden zu lassen, stand Hektor ungeduldig bellend und jaulend bereit und begrüßte Ewald und Nelli in ausgelassener Fröhlichkeit, seinen Führer und Begleiter.

So konnte man nach vier Wochen, - Nelli lebte nun acht Wochen auf Lohage -, ein überaus günstiges Fazit ziehen: Hektor entwickelte sich im Ausgang seines Hundelebens zu einer selbstbewussten Persönlichkeit, war so ausgeglichen wie nie und ertrug seine Ankettung gelassen und sehnlich auf die Ausflüge wartend; Nelli hatte nichts mehr von einem Findelkind an sich, war ein richtiger Hund geworden, wenn auch weiterhin undefinierbarer Abstammung, der sich in seiner Welt auskannte, sich Achtung und Ansehen verschafft und einen Platz in seiner Umwelt erobert hatte. Nur kurz sind Kindheits-, Jugend- und Halbstarkenzeiten in einem Hundeleben, Wochen und Monate nur, dann sind sie vorüber, schon beginnt das Erwachsenendasein mit all seinen Verpflichtungen...

Nelli und die Kinder

Für einen normalen Bauernhof damaliger Zeit, - Lohage war aber ein außergewöhnlicher! -, galt folgender weittragender, bedeutender und tief ins Leben gehender Leitsatz:

„Kinder und Tiere erhalten keine Erziehung,
sie müssen sich ans Leben anpassen.“

Uns kann hier nicht interessieren, wieweit diese Ungeheuerlichkeit tatsächlich auf Kinder zutraf, wir erleben hier ja, wie Ewald, Gisela und Wilfried sich ganz gut machen. Aber für alle Tiere des Hofes galt der Leitspruch nicht. Nehmen wir uns einmal die Pferde vor, die ja ihre für den Menschen so segensreiche Tätigkeit nicht ohne Erziehung und Ausbildung ausführen können. Mit vielen harschen Kommandos, Stockschlägen und Peitschenhieben, denn sie dachten natürlich nicht daran, ihr Tagwerk freiwillig zu verrichten, wurden die jungen Pferde „eingewiesen“, so dass sie sich nach einigen Tagen bereits untergeordnet hatten und ihr Leben als Arbeitstiere begannen, um es eines fernen schlechten Tages in einer Schlachterei zu beenden. Aber sonst wurde nicht viel getan in Sachen Erziehung der Tiere, Zufriedenheit und Gewohnheit an den Tageslauf waren die Erziehungsmeister, und tatsächlich wurden bei Nelli wenig Ausnahmen gemacht. Niemand nahm ihn sich in der Art vor, wie es zum Beispiel seinen bedauernswerten Kollegen aus den Hundevereinen, bei der Ausbildung zum Jagdhund oder zu anderen menschlichen Diensten geschieht. Nelli war auf seine Erfahrungen angewiesen, lernte aus ihnen, was ihm besonders leicht fiel, wenn vertrauensvolle und liebenswerte Personen um ihn waren.

Nach einigen Monaten auf Lohage hatte Nelli soviel erlebt und eine solche Menge Erfahrungen gesammelt, „dass er die Welt kannte“ und fertig erschien. Ein Hofhund richtet sich nach seinen Mitmenschen aus, hat meist keinen direkten Herrn, wie das bei Polizisten, Jägern und Förstern üblich ist, und so war es wohl auch für Nelli von Vorteil und hat seine Psyche geprägt, dass Lina ihn fütterte, Ewald ihn lehrte, Gisela ihn liebkoste, Wilfried ihn derb foppte, Bernhardine ihn lobte, August ihn tadelte und Fritz ihn beschützte. Das war eine Gemeinschaftserziehung ohne Aufwand aber höchst pädagogischen Wertes und mit einmaligen Ergebnissen belohnt, die später von vielen Hundekennern gewürdigt und bewundert wurden.

* * * * * *

Für die ersten Lebensmonate Nellis bedeutungsvoll und erwähnenswert sind seine Erlebnisse und Abenteuer mit den drei Kindern. Wie schon mehrfach geschildert übernahm Ewald die wichtige Rolle der sachgemäßen und schonenden Einführung ins neue Dasein Nellis. Sie gingen gemeinsam aus, diese beiden bäuerlichen Romantiker, erkundeten Felder und Wälder und die Tiere in ihnen. Ewald steckte erst seinen dicken Wurstzeigefinger in ein Erdloch, Nelli dann seine Nase hinein, tief die Luft innen einsaugend und damit erkundend, welcher Inhalt steckte. Und roch es nach frischer und warmer Kinderstube, dann versuchte er durch eifriges Buddeln mit beiden Vorderpfoten heranzukommen, bis er zuschnappen konnte. Ja, er wurde ein Mäusespezialist allererster Klasse und so versessen auf die jungen zartrosa Mäusekinder, dass er dann später allein losging, sich zu bedienen. Aber am liebsten war ihm die Arbeitsteilung: Nelli schnüffelte, eines der Kinder grub nach und warf die Mäusebrut ins Freie, Nelli aß sie gemächlich auf. Ja, das waren echte Abenteuer, von denen Stadthunde nur träumen können!

Noch gab es in den 50er-Jahren auf Lohage Hausratten, die echten mit Namen *Rattus rattus*, die heute bereits auf die Rote Liste gehören, und kaum jene größeren und stärkeren Wanderratten, die sich überall breitgemacht haben. Und Nelli entwickelte sich nun zum gefürchtetsten Rattenkiller seiner Zeit. Das alles unter Anleitung und Führung Ewalds, der jeden Schlupfwinkel und Schleichpfad und jedes Loch und Versteck dieser grauen Nager kannte und Nelli vorführte. Mäuse aß Nelli gern, auch erwachsene, aber Ratten packte er mit spitzen Zähne wie unter Abscheu und Ekel, aber einmal zwischen seinen Zähnen waren sie verloren und wurden noch zornig geschüttelt, wenn ihr Rattengeist sie längst verlassen hatte. Außerhalb der menschlichen Behausungen, an seichten Bächen, flachen Teichen und in Korn- und Rübenfeldern und Waldrändern herrschte die erwähnte kapitalere Wanderratte, braun gefärbt und hässlich und durchaus ein beachtenswerter Kämpfer, wenn sie sich in die Enge getrieben fühlte.

Das musste Nelli einmal schmerzlich erleben, und auch Ewald konnte das nicht abwenden. Am Emmerbach stöberten sie gemeinsam eine auf und als Nelli ihr beherzt und hell kläffend nachsetzte, erkannte sie die Aussichtslosigkeit direkten Entkommens, machte kehrt, wandte sich blitzschnell ihrem Verfolger entgegen, sprang ihm ins Gesicht und biss ihn in die Nase. Nelli jaulte grell auf, verhielt verschreckt, während die Ratte die günstige Situation mit weiten, eiligen Fluchten zu nutzen suchte, ohne sich noch einmal umzusehen. Da war Nelli wie eine Sturmböe heran und fasste sie im Nacken.

„Laut ertönt' ihr Wehgeschrei,
und dann kam der Tod herbei.“

So wurde Nelli ein konsequenter, furchtloser Draufgänger und lernte bei Ewald auch das Erklettern von Leitern und Balancieren auf Tragbalken, Mauern, Baumstämmen und schmalen Stegen.

Wenn Nelli einige Jahre eher hier erschienen wäre, hätte er an der allseits geübten Wilderei teilnehmen können. Nun aber war die Wiederbewaffnung und Wiedereinsetzung der deutschen Jägerschaft nach dem Krieg abgeschlossen und damit das Kapitel des Spaßverstehens in diesem Bereich der Jagd beendet. Trotzdem wurde Nelli in der Jagd eingesetzt, doch hierüber berichtet ein separates und äußerst spannendes Kapitel später ausführlich und in vielen Einzelheiten.

Durch Ewald lernte Nelli auch früh den großem Umkreis Lohages gut und intensiv kennen. Als er ein ausdauernder Läufer geworden war, durfte er ihn und andere Personen neben dem Fahrrad begleiten, viele Kilometer weit, mit Picknicks zwischendurch und interessanten und abenteuerlichen Besuchen bei fremden Menschen und Hunden. So lernte er jene Gegenden kennen, die er später auf eigene Rechnung allein durchstreifte. Wenn Gisela ihn mitnahm, ging es meist beschaulich und romantisch zu, denn sie liebte Blumen und Kleintiere wie Käfer, Schmetterlinge, Frösche, Kröten und Kreuzottern, die im Moor zahlreich vorkamen. An diesem Kleinvieh lernte Nelli Reaktionsvermögen und auch Überraschendes. Einiges davon soll jetzt geschildert werden.

Zum Beispiel Wespennester. Sie werden von den stachligen Insekten, besonders in trockenen Sommern, gern im Erdboden angelegt. Gewohnt, seine Nase in jedes Erdloch zu stecken, das sich darbot, und auch an nichts Arges denkend, beachtete Nelli drohendes Flügelgebrumm und -gesirre nicht und sah sich prompt von einer Übermacht Wespen überfallen, die ihn in alle Körperteile stachen und partout sein wütendes Gebell und giftiges Schnappen ignorierten. Da blieb nicht viel anderes zu tun, als jaulend und im gestreckten Galopp das Weite zu suchen, Kilometer bis nach Lohage sogar, und in Hektors Hütte Wunden zu lecken oder vom braven Kollegen lecken zu lassen. Menschen können, allergische vornehmlich, wohl gut und gern an den zwei Dutzend Stichen sterben, die Nelli abbekam, aber sein Körper schwoll weder an noch schien er sonderlich zu schmerzen, aber noch drei Wochen lang hatte Nelli den Drang, sich im kühlen Gras ausgiebig und murrend und knurrend wälzen zu müssen.

Zum Beispiel Erdkröten. Sie gab es damals noch, weil alle Gewässer in Ordnung waren und der Autoverkehr sich in maßvollen Grenzen hielt, in rauen Mengen, im Frühjahr bei ihrer Balz konnte man Tausende versammelt sehen und im Sommer, wenn ihre Jungen ihr Geburtsgewässer verließen, waren Straßen und Wege während ihrer Wanderungen voll von ihnen. Jetzt hatte Gisela eine ganz dicke, wenigstens handgroße Kröte aufgestöbert und begann sie mit einem Stöckchen behutsam hin und herzudirigieren. Aufs Äußerste gespannt trollte Nelli heran, beroch das warzige Wesen, stuppste es hinten an und bekam als Dank und in schneller Reaktion einen glasklaren Strahl Krötenpipi ins Gesicht platziert. Da war wieder einmal guter Rat teuer, sollte man erst zornig werden, Rache nehmen und sich dann reinigen oder umgekehrt? Ein paar Minuten lang schob Nelli sein Gesicht durchs feuchte Gras, dann wollte er sich der Kröte zuwenden – aber Gisela verbot jede Gewaltanwendung; Kröten blieben tabu.

* * * * * *

Weiter. Zum Beispiel Kreuzottern. Kaum jemand, der im Moor seiner schweren Arbeit nachging, nahm sich sonderlich in acht, sah sie kaum dabei, denn alle Schlangen weichen meist den Menschen aus, ehe dieser sie wahrgenommen hat. Aber ein leichter Hund ist auch auf resonanzfähigem Moorboden kaum zu spüren, und so lagen und standen sich eine Otter und Nelli plötzlich gegenüber; Ewald war zurückgeblieben. Erst wenn Giftschlangen sich bedroht fühlen, wagen sie den Angriff, der eigentlich ja Abwehr ist. Sie warnen vorher zischend, diese Otter tat's jetzt auch, aber Nelli verstand ihre Sprache nicht, wich daher nicht zurück und kassierte für seine Unkenntnis einen blitzschnellen Biss ins Bein. Voller Schmerz heulte er auf und lockte Ewald herbei, der die Schlange noch kurz verschwinden sah und somit Bescheid wusste. Er fand die Bissstelle und führte sie zwecks Aussaugen an den Mund. Ob's was geholfen hat? Keiner weiß es genau. Hunde sind, trotz ihrer gegenüber uns Menschen kleineren Körpermasse, ziemlich immun gegen Schlangengift, - was in den Tropen oft genug bewiesen wird -, und Nellis Bein schwoll nur unwesentlich an und hinderte ihn kaum am Laufen. Aber Ewald und Nelli schwollen vor Rachsucht. Prinzipiell war damals das gesamte Landvolk den Kreuzottern feindlich gesonnen, obwohl jedermann lange nachdenken musste, bis er sich an einen Unglücksfall mit ihnen zu erinnern vermochte; Todesfälle gab es gar nicht.

Auf ging's! Ins Moor. Ewald schnitzte sich einen Fangstock, der sich unten leicht gabelte, um damit etwa flüchtende Schlangen am Boden festzunageln. Aber bei der ersten, die sie fanden, war das nicht nötig, sie rollte sich sogleich zusammen und ging in Verteidigungsstellung. Nun zeigte Nelli, dass doch alle Säugetiere eine gemeinsame Abstimmung besitzen: Er umtänzelte die Schlange wie ein indischer Mungo, irritierte sie durch Scheinangriffe, Vorstöße und Rückzüge, bis sie ganz ermattet einen Augenblick nicht acht gab – schwupps, hatte Nelli sie eng hinterm Kopf gepackt und schüttelte sie solange, bis sie in Fetzen davonflog. Kunststücke dieser Art und Weise vollführte er in den nächsten Jahren solange, bis ein städtischer Naturkenner ihn und Ewald darauf aufmerksam machte, dass dies ungehörig, tierquälerisch und einer funktionierenden Natur äußerst abträglich sei.

Zum Beispiel Stechfliegen und Bremsen. Diese Plagegeister für Mensch und Tier gab es in früheren Jahrzehnten viel mehr als heute und sie besaßen in viehreichen Gegenden sogar wirtschaftliche Bedeutung: Indem sie nämlich die Milchkühe auf den Weiden derart attackierten und ihnen Blut abzapften, dass sie vor lauter Unruhe und Belästigung weniger Milch produzierten und manchmal gar in Panik ausbrachen und davon galoppierten. Als Nelli zum ersten Mal von diesen Blutsaugern umbrummt wurde, zeigte er eine gewisse Nervosität, denn noch hatte ihn keine gestochen, und unkontrolliert schnappte er nach ihnen, bis Ewald ihm zeigte, worauf's ankam: Es ihm nämlich nachzumachen und still und unbewegt sitzen zu bleiben. Ewald fing sie aus der Luft mit der Hand und zerquetschte sie, Nelli lernte das rechtzeitige und erfolgreiche Zuschnappen mit der Schnauze in die erwartete Flugbahn und packte sie meist; und da er praktisch veranlagt war, aß er sie sogleich auf.

Zum Beispiel Zecken. Gegen sie ist jedes Tier wehrlos

und selbst der Mensch mit seinem praktischsten Werkzeug der Welt, der Hand, hat manchmal Mühe, sich von ihnen zu trennen. Sie gehören leider zu den raffiniertesten Tieren der Erde, denn erstens spürt niemand ihren Befall von Sträuchern, Bäumen und Gräsern her, auch vorerst nicht ihren Anstich, und zweitens suchen sie sich zu diesem die verstecktesten Stellen von Mensch- und Tierkörpern aus und immer nach oben abgedeckt: unterm Halsband, in Körperfalten, in und hinter Ohren und beim Menschen bevorzugt in der Gürtellinie, unter den Socken, in Achselhöhlen und im Intimbereich. Meist stecken sie so, dass man sie ohne Hilfe nicht erreichen kann. Erst knapp einen Tag nach dem Stich, den man nicht spürt, setzt ein Jucken und Brennen ein, die Stelle rötet sich und so wird man aufmerksam. Bleiben sie länger unbehelligt, wie das bei Hunden oft und bei Wildtieren stets ist, quellen sie langsam durch das eingesaugte Blut auf und wenn sie genug haben, dann etwa erbsengroß sein können, lassen sie sich fallen und schreiten geschwind zur Vermehrung – wozu sie dieses Blut ja benötigen.

Im Zuge gerechter Arbeitsverteilung gehörte es zu Giselas Pflichten, Nelli während der Sommerzeit einmal wöchentlich nach Zecken abzusuchen und durch Herausdrehen von den Plagegeistern zu befreien. Eine Mühe, der er sich erfreut und scheinbar verstehend unterzog, außerdem verursachte sie so etwas wie Gemütlichkeit und Hingabegefühl. Zwar war das Abreißen und Ausdrehen vollgesaugter Zecken etwas schmerzlich, aber zur Belohnung durfte Nelli sie aufessen – womit er das Blut, das sie ihm vorher abgezapft hatten, wieder seinem Kreislauf zufügte.

* * * * * *

Gisela übernahm überhaupt, wie es schon erkenntlich geworden sein dürfte, den angenehmen und charakterbildenden Teil von Nellis Erziehung. Führen wir ein paar Punkte auf.

Zum Beispiel das Baden. Wenn Gisela am Samstagabend den Hauptteil ihres Schaumbades hinter sich gebracht hatte, durfte Nelli einspringen oder wurde ihr, je nach seiner Badelaune, gereicht, und damit entstand ein Theater, das leider nirgendwo in einem Theater gezeigt wird. Dort würde es Ränge füllen! Nelli paddelte in der Wanne wie eine Landschildkröte, die in einen Teich gefallen ist, tauchte unter seiner Kameradin hindurch, schnappte Schaum und prustete wie ein Nilpferd. Gisela schrubbte und bürstete ihn zwischendurch und wischte Augen und Ohren mit einem weichen Lappen nach. Danach sprang Nelli in einem weiten Satz aus der Wanne und fetzte wie ein Irrsinniger aus dem Haus, - außer wintertags, versteht sich -, um einige Runden ums Haus zu drehen. Halb getrocknet kehrte er zurück und ließ sich willig von Gisela föhnen, kämmen und striegeln, bis er im Glanz eines Ausstellungs- oder Schönheitswettbewerbshundes strahlte und ohne weiteres am nächsten Tag zur Kirche hätte mitgenommen werden können.

Zum Beispiel Benehmen. Solches erhält jedes Lebewesen bekanntermaßen nur durch Erziehung, da es im Lehrplan der Evolution nicht vorgesehen ist. Wir haben das Problem Erziehung auf diesem Hof schon angesprochen und mitgeteilt, dass man im Prinzip hier jeden nach seiner Fasson erwachsen werden lassen wollte. Doch ein Hund, der keine Kunststückchen beherrscht und vorführen kann – das hätte Gisela auf keinen Fall hingenommen. Männchenmachen, Pfötchengeben, Apportieren von Zeitungen, Pfeifen,

Pantoffeln, Hosenträgern und Zahnprothesen für Urgroßvater, beim Tischgebet nicht ungeduldig knurren, das sind Momente und Dinge des täglichen Lebens, die man beherrschen, mit denen man hier fertig werden musste. Nelli lernte schneller und williger als Primus oder Prima der Dorfschule und legte, im Gegensatz zu diesen, einmal Gelerntes nicht mehr ab, vergaß nichts davon. Das alles war hauptsächlich ein Verdienst Giselas, die, je älter sie wurde, desto mehr aus dem gewohnten aber ihr allzu einfachen bäuerlichen Leben Lohages auszubrechen gedachte.

Dieses Kapitel wäre unvollständig, wenn wir nicht einen Absatz dem Verhältnis Wilfrieds zu Nelli widmen würden. Während Gisela also aus Nelli ein zivilisiertes Wesen gestaltete und Ewald ihm die praktischen Seiten eines Hundelebens unter menschlicher Obhut beibrachte, beschäftigte sich Wilfried auf andere, nämlich seine Art mit ihm. Wir kennen ja schon seinen fiesen und hinterhältigen Charakter. Wer einmal gründlich die Annalen der Weltgeschichte durchblättert und aufmerksam liest wird erfahren, dass Menschen mit solchen Charakteren stets bemüht sind, ihre Umgebung auch fies und entsprechend ihren Anlagen zu behandeln.

Genauso machte es Wilfried, der große jugendliche Meister perfekter Tierquälerei. Wenn jetzt ein paar seiner Tricks vorgeführt werden, sollte man bedenken und in gewisser Weise auch bewundern, dass alle Ideen seinem Gehirn ohne jegliche Anleitung entsprungen sind. Die Sache mit den Fleischbällchen zum Beispiel, denen ja kein rechter Hund widerstehen kann. Wilfried übte mit Nelli ihr Fangen aus der Luft, wobei Nelli sich sehr begeisterte und akrobatische Leistungen zeigte, aber als er damit ganz vertraut war, praktizierte Wilfried in ein Bällchen eine lebende Honigbiene. Als Nelli zuschnappte und schlucken wollte stach ihn das erboste Insekt in den Hals – nur gut, dass Hunde gegen Schwellungen durch Insektenstiche mehr gefeit sind als Menschen, sonst hätte Nelli hier ersticken oder platzen müssen.

Wilfried ergötzte sich an Nellis Qualen und nannte diese Aktion sinnig „Bienenstich“; dieser war nämlich sein Leib- und Magenkuchen. Oder der Trick „Mausefalle“: Dazu drückte Wilfried ein Stück „jonge hollandse Kas“, Nellis Leibgericht Nummer 5, in eine Mausefalle und platzierte diese, natürlich gespannt, so hin, dass Nelli sie leicht entdecken konnte. Klatsch – der Nasenstüber, den Nelli einstecken musste, erheiterte Wilfried ungemein und befriedigte seinen bösen Tatendrang sehr. Hiergegen erscheint der nächste und letzte Trick, den wir vorstellen möchten, relativ harmlos, beinahe lustig. Er basiert auf Nellis Leibgericht Nummer 4: rohe Eier ausschlabbern. Wilfried besorgte sich nun eines der Massiveier aus Gips, die echten täuschend ähneln und die man benutzte, Hennen zum fleißigen Legen anzuregen, und „schenkte“ Nelli eines davon. Dann freute er sich diebisch an Nellis verzweifelten und zornigen Bemühungen, das Ei zu knacken, die eine Viertelstunde währen konnten, bis Nelli eine Ahnung aufzugehen schien, geprellt worden zu sein.

Es wird jedem Hundekenner klar und geläufig sein, dass Wilfried diese Gemeinheiten und Drangsale nicht lange treiben konnte: Denn natürlich lernte Nelli aus ihnen den Urheber richtig einzuschätzen und in Zukunft in allen Handlungen zu misstrauen. So dass er ihm möglichst auswich, scheel beäugte, kein Essen mehr von ihm nahm, mit ihm auch nicht spazieren ging und ihn gar, wenn er nicht abließ, unmissverständlich das Weiße seiner Augen und das Leuchtende seiner Zähne blicken ließ. Im übrigen bildete Nelli keine Ausnahme: Wir haben schon mitgeteilt, dass alle Tiere Lohages anfingen, Wilfried auszuweichen und seine Gesellschaft zu meiden.

* * * * * *

So lebten denn, nachdem Nellis innerer und äußerer Werdegang im Großen und Ganzen abgeschlossen war, drei Seelen in dieser schmalen Hundebrust. Die erste: Er konnte ein galanter „Hof"-Hund sein, im Sinn von Höfling früherer Epochen, und so perfekt auftreten, dass Angebote aus deutschen Adelshäusern kamen, ihn in diese Kreise zu erhöhen; sie wurden allesamt abgelehnt. Die zweite: Sein durch Wilfrieds Benehmen verursachtes und leider tief verwurzeltes Misstrauen gegen bestimmte Menschen, wenige unter vielen gewiss, aber doch verursachend, dass er Neulingen gegenüber solange reserviert blieb, bis sie Gegenteiliges bewiesen hatten. Die dritte: Erziehung hin und Hundeknigge her – prügelte sich Nelli mit fremden Hunden, bekam er Gelegenheit, Katzen abzumurksen, durfte er gar mit Jägern zur Jagd auf Wildschweine, Füchse und Dachse, dann freilich schüttelte er alle vorherigen Errungenschaften der Zivilisation ab und wurde zur rasenden Furie mit einem Tötungsdrang, der jede Furcht missen ließ und Zehntausende Jahre Evolution und Anpassung an die Menschheit total ignorierte. Wer Hunde wirklich kennt weiß, dass dieses nicht verwunderlich, sogar ganz natürlich ist.

Nachdem Nelli seine Lehren im Umgang mit Ewald, Gisela und Wilfried gezogen hatte, war er alt genug geworden und in der Lage, sich nun auch im Umgang mit fremden Kindern und Jugendlichen zu behaupten und richtig zu verhalten. Er entwickelte ein Gespür dafür, bekam einen guten Riecher, welche von ihnen man tunlichst mied oder wessen Freundschaft man suchen und genießen sollte. Da gab es hier zum Beispiel Klein-Ingrid, Eigentum einer Städterfamilie von nebenan, die eines der ersten verlassenen Heuerhäuser der Region aufgekauft und sich modern hergerichtet hatte – der Beginn einer Tendenz, die in Zukunft ziemliche Ausmaße annehmen sollte. Ingrid, 11 und tierlieb, kam jeden Abend nach Lohage herüber, um euterwarme Milch zu kaufen, und so hatten sie und Nelli sich kennen- und liebengelernt: Liebe auf den dritten Blick! Nelli begleitete Ingrid manchmal nach Hause und lernte in dieser Familie, dass man auch hier andere Tiere, denen er normalerweise rasch den Garaus zu machen pflegte, dann zu schonen und zu achten hatte, wenn sie zur Hausgemeinschaft gehörten und sichtbar allgemein geliebt wurden: hier, jetzt, ein Wurf junger Katzen. Wer hätte es für möglich gehalten, dass Nelli, dereinst „Katzen-Nelli" geheißen, sich mit drei Katzenkindern balgte und auch noch Freude daran hatte!

Nach einem Jahr, Ingrid war soeben 12 geworden, nahm sie Ewald eine Arbeit ab, die ihm allmählich lästig geworden war: das Ausführen Hektors. Weil seine Kräfte nun merklich nachließen war er der ideale Ausgehhund kleiner Mädchen geworden: Er drängte und zog nicht mehr sondern war froh, noch einigermaßen traben und sich nützlich machen zu können. Nelli und er waren inzwischen ein eingespieltes Gespann, heute Team genannt, geworden, was sich besonders im Besuch der Stammbäume ausdrückte.

Hektors Lebensweisheit und Erfahrung trieben seltsame Blüten: Er sparte seine Pipi und die properen Würste, die er in der Nähe seiner Hütte zu drehen pflegte, nun für diese Spaziergänge auf und verteilte sie so gerecht wie möglich in der Umgebung. Wenn Nelli bei diesen Gängen mitmachte lief er voran und markierte durch Beinheben und Wasserlassen all jene Stellen, für die Hektor sich auch interessierte. Oft blieb Nelli auch „bei Fuß“ wie ein richtiger Stadthund, ohne dieses Kommando je gehört zu haben. Hektor, der angekettet einer der größten Hasser aller Briefträger geworden war, gebärdete sich draußen höchst gesittet. Er nahm diesen nützlichen Herren die Post ab, um sie heim zu apportieren und geriet bald in den Ruf des freundlichsten Hundes weit und breit.

Zur endgültigen körperlichen Ertüchtigung Nellis ins Erwachsenendasein hinein trug Hubert, 15 und Erbe eines Hofes jenseits des Dorfes, auf solide Art und Weise bei. Er hatte von Nellis Laufkünsten und seiner Ausdauer dabei gehört und moppste sich Vaters 98er-Motorrad, um ihn zu trainieren. Damals drückte jeder Dorfpolizist auch drei Augen zu, hätte er sie besessen, und der Grüne Plan hatte noch nicht jeden Bauernweg zur Rennstrecke gemacht. So war's gar nicht einfach, ein Motorrad auf sandigen oder sumpfigen Naturwegen flott auszufahren, ohne ins Schlingern zu geraten. Hubert brummte also vor, lud Ewald auf den Rücksitz und Nelli zum Mitlaufen ein, und diesmal ging's auf die asphaltierte Landessstraße, um Nellis Höchstgeschwindigkeit zu messen. Nelli hatte viel von seinen Vorfahren, den Wölfen, geerbt, besonders eine große Lunge und die lange Zunge, die beim Laufen beinahe auf dem Boden schleifte.

Sachte angefahren, Nelli lief rechts nebenher, gelegentlich munter linksschauend als wollte er „gib endlich Gas!“ sagen. Das wurde langsam aber sicher gemacht: 10 Kmh,

15, 20, 25 – Nelli hielt wacker mit. Erst bei 30 Kmh fiel er allmählich zurück, aber wahrscheinlich nur, weil er schon zu lange gelaufen war. Als man anhielt war er zwar stark außer Atem, aber doch bester Laune und wollte keinesfalls auf den Arm genommen und nach Hause gefahren werden.

Ein anderer Dorfjunge namens Johannes und 12 sorgte für eine mehr beschauliche Beschäftigung Nellis: beim Angeln zuzuschauen und zu warten, bis ein Fisch angebissen hatte. Sofern es nicht zu langweilig wurde, weil kein Fisch beißen wollte, hatte Nelli bald begriffen, was es bedeutete, wenn Johannes aufgeregt tat und zu hantieren begann. Kleine Fische, die Johannes sonst ins Wasser zurückgeworfen hätte, bekam Nelli nun zum Verspeisen hingeworfen, doch drei bis vier von ihnen machten ihn pappsatt. Große Brocken, für Mittag- oder Abendtisch bestimmt, Hechte, Karpfen und Schleien, nahm Johannes an Ort und Stelle aus und ließ Nelli die Innereien verputzen. Ein Hecht, nur leicht angeschnitten, flutschte Johannes aus den Händen ins Wasser zurück, doch im Moment des Aufklatschens sprang Nelli nach, schnappte den heftig um sich zappelnden Burschen und brachte ihn ans Land zurück.

Damit sind wir beim Wasser, das wir im Zusammenhang mit unserem Nelli bisher kaum erwähnt haben. Es gibt ja wasserscheue Hunde. Doch Nelli kannte scheinbar keine Angst vor diesem Element, denn als die drei Geschwister im Hochsommer, - Nelli gehörte nun schon fünf Monate zur Familie -, zum Baden an den nicht weit entfernten Kanal fuhren, Nelli flott neben ihnen trabend, und von der Straßenbrücke hinuntersprangen, tat Nelli dies unter Schreien des Entsetzens und der Bewunderung Umstehender augenblicklich auch. Das wurde ein mächtiger Bauchklatscher direkt neben Ewalds Kopf. Nelli war der Held des Tages und aller Badenden.

Es gibt Kinofilme, die zeigen Hunde beim Schach-, Mühle-, Halma- und Menschärgeredichnichtspielen. Das sind immer geschummelte Szenen, wenn die Hundepfote eine Figur schiebt. Wenn die drei Lohagekinder und ein fremdes dazu das Letztgenannte spielten, verwandelte sich die große Diele des Hofes in einen Budenzauber, der alle Zuschauer und Mitmacher in den Bann schlug: die Kinder, Nelli, zuschauende Kühe, von oben äugende und horchende Katzen, ruhende Säue und mahlende Pferde. Die Ratten des Hauses, sehr lärmempfindlich, horchten auf und erwägten den Auszug ins ruhigere Freie. Auf dem nackten Zement der Diele war das Spielbrett aufgeklappt, vier Kinder lagen bäuchlings vor jeder Seite des Bretts und würfelten, setzten vor, gewannen und verloren unter ohrenbetäubendem Geschimpfe und Geschrei, wie sie es von ihren Alten, wenn diese Doppelkopf spielten, gelernt hatten.

„Mensch, ärgere dich doch nicht!“

Keine Spur davon, dass dieser Ratschlag befolgt wurde. Nur Nelli war heiter, ja gelöst, und sorgte dafür, dass Zorn sich immer wieder in Gelächter umwandelte. Wenn nämlich ein Würfel weit über den Boden davonflog, schlug die Stunde seines Eingreifens ins Spiel: Er setzte blitzschnell nach und apportierte stets genau dem, der ihn hatte fahren lassen. So kam man ihm manchmal entgegen und ließ die Würfel absichtlich abzischen. Wurde eines der Kinder vom Verliererzorn übermannt und schleuderte es das komplette Spielfeld nebst Figuren von sich, dann sammelte Nelli eifrig auf und fand mit sicherer Spürnase auch jene „Männchen“, die im Heu der Kühe oder sonstwie unsichtbar gelandet waren. Ja, das waren Augenblicke, in denen ein Hund wie Nelli zur

Höchstform auflaufen konnte.

* * * * * *

An den Schluss dieses Kapitels sei jenes Ereignis gesetzt, das in Lohage für große Aufregung und Empörung sorgte und beinahe zu Wilfrieds Abschiebung ins Exil geführt hätte: wegen bodenloser Gemeinheit. Wilfried neidete den Geschwistern das gute Verhältnis zu Nelli und er beschloss Einsicht und Besserung. Da er einige Wochen keine Streiche an Nelli ausprobiert und zudem nun eine Tasche voller Wegzehrung bei sich hatte, deren Düfte Nelli nicht entgehen konnten, veranstaltete er mit ihm eine Tour durch die Felder. Jetzt rasteten sie am Rand einer Viehweide, die als eine der ersten hier mit dem neumodischen, allmählich aufkommenden elektrischen Weidezaun abgesichert war. Nelli hatte mit dem Strom schon früher seine Bekanntschaft gemacht, unangenehme, überraschende natürlich, und diesen einfachen Draht vom gestachelten zu unterscheiden und ihm auszuweichen gelernt. Aber gegen eines bösen Menschen Tücke, vornehmlich Wilfrieds, ist jeder Hundeverstand machtlos. Wilfrieds krudes Hirn stellte sogleich die Verbindung Elektrodraht-Schinken-Nelli her und formte daraus eine zwar originelle aber dennoch boshafte Idee.

Nun lullte er Nellis Argwohn endgültig ein, indem er ihn vom Schinkenbrot abbeißen und aus der Milchflasche mitnuckeln ließ und dann, als Nellis Appetit auf dieses Fleisch eines toten Schweins ins Höchste gesteigert war, ihm eine Scheibe auf den Draht hängte. Hier mag eine Nachdenkpause angesagt sein! Sie kann zum Begreifen dessen genutzt werden, was ein junger, aus bestem bürgerlichen Haus stammender Mensch hier eingefädelt hat. Niemand hat ihn derartiges gelehrt, nirgendwo kann er so etwas gesehen oder gelesen haben. Es scheint zu beweisen, dass jeder Mensch den Teufel auf dem Nacken trägt und dass es nur wichtig ist, ob man ihn abschütteln kann oder nicht.

Zurück zum Tatort. Es wäre eine „unhundliche“ Denkleistung Nellis gewesen, hätte er Wilfrieds Trick durchschaut. So schnappte er hastig zu und erhielt einen „Stromschlag in die Schnauze“, der's in sich hatte und Zunge, Lefzen, Gaumen und die anderen Innereien zum Kochen zu bringen schien. Nelli jaulte erbärmlich auf und rannte winselnd los, immer weiter, immerzu, bis er zu Hause ankam und Lina, die gerade Kartoffeln schälen wollte, mit einem mächtigen Satz in den Schoß sprang, dass sie beinahe kopfheister gegangen wäre. Großes Rätselraten. Seelischer Schock? Hatte Nelli den Leibhaftigen gesehen wie Tante Grete im Moor immer zu dieser Mondphase? Die Auflösung dieser Frage erfolgte bei Wilfrieds Rückkehr, die vom inzwischen erholten Nelli mit eindeutigem Knurren und sonstigen Gebärden des Grimms angekündigt wurde.

„Aha...!“

Zugegeben und gutgeschrieben, dass Wilfried selbst über die Folgen seines Streiches erschrocken war, aber bekanntlich kommt bei allen Bösewichtern Reue, sofern überhaupt, stets zu spät. Und die Strafe? Sie folgte und war pure Selbstjustiz: Als sich Wilfried um 20 Uhr arglos Nellis Abendmahl auf zwei Meter näherte, musste er einen herzhaften Biss in die linke Wade kassieren, der drei Monate lang Nellis Zahnabdrücke als rote Punkte zeigte und lebenslang die vier der Eckzähne – Andenken auch dann noch, als Nelli längst unter den Heimgegangenen weilen musste. Wilfried, wir teilen es hier schon vertraulich mit, grämte sich sehr darüber, dass Nelli ihm in Zukunft auswich, ihn sozusagen schnitt, und gelobte Besserung und hielt Wort damit. So konnte sich beider Verhältnis im Lauf der Jahre einrenken.

Nelli und die Schweinerei

Über Nellis frühes Verhältnis zu Johannes dem Schweinewirt ist an anderer Stelle bereits berichtet worden, auch dass dieser Mann früher Hunde hasste wie die Schweinepest, was soweit ging, dass sie sich gegenseitig lauthals bekläfften und beinahe bissen. Katzen mit ihren zärtlichen Miau waren Johannes lieber. Dieses Verlangen nach Verhaltenem und Leisem mochte mit seiner Tätigkeit zusammenhängen und erst allmählich, den Umständen entsprechend, gewachsen sein. Denn zweimal am Tag, morgens und abends, musste er sich das fordernde, hungrige, empörte und überaus schrille Gequieke seiner Schützlinge anhören, das nur mit sofortiger Fütterung zu stoppen war. Schweinen ist der Begriff „Geduld“ vollkommen unbekannt, sie werden zu Lärmterroristen, kommt das Futter auch nur eine Minute später als sie es gewohnt sind. Sie würden sich anders verhalten und gewiss manche Mahlzeit verschmähen, wüssten sie, dass all die gutgemeinten Essensdarreichungen nur einen Zweck verfolgen: sie fett und schlachtreif zu machen. Alfred Edmund Brehm, unter anderem auch Schweinekenner, schrieb 1864 über diese Tiere:

„Mit Unrecht hat man geglaubt, daß dem Schweine zu seinem Wohlbefinden Koth und Schmuz unentbehrlich sei... Die neueren Erfahrungen haben bewiesen, daß auch das Schwein bei reinlicher Haltung besser gedeiht, als wenn es beständig im Schmuze liegt; deshalb pferchen jetzt die gebildeten Thierzüchter ihre Schweine nicht mehr in die greulichen Gefängnisse ein, welche man Schweineställe nennt,

sondern weisen ihnen weite, luftige Räume an... Das zahme Hausschwein ist gefräßig, widerspenstig, ungeschickt und zeigt wenig Anhänglichkeit an den Menschen..."
Nun, wäre der gute alte Brehm hundert Jahre später auf Lohage erschienen, hätte er sich zum Thema Anhänglichkeit korrigieren müssen. Seine anderen Darlegungen freilich stimmten verblüffend, auch zu Nellis Zeiten noch und heute wieder geradezu epochemachend. Johannes hatte sich, als er auf Lohage seine Karriere begann, vehement ausbedungen und seinen Antritt davon abhängig gemacht, für seine Tiere „menschenwürdige" Unterkünfte zu schaffen und führte das Argument an, sie würden bei allgemeinem Wohlbefinden und Glücklichsein besser gedeihen und schneller fett werden, damit mehr Profit bringen. Welcher Bauer, der noch alle Sinne beisammen hatte, hätte da widerstehen können!

Der Effekt stellte sich ein: Alle Schweine, ob Ferkel, Läufer, Masttier, Muttersau oder wildgeiler Eber, schlossen Freundschaften zu Johannes, die nicht anders als „schweinisch-glücklich" zu bezeichnen waren. Selbst ihren letzten Gang zum Hausschlachter, den sie in Begleitung Johannes' machten, betrachteten sie als gutgemeinten, gesundheitsfördernden Ausflug, der keine üblen Folgen haben könne. Ihr Vertrauen in die Menschen als Ernährer und ihre damit verbundene Wohllaune bewirkten auch, dass sie, gegenüber anderen Landwirten der Umgebung, gute vierzehn Tage eher schlachtreif wurden und dadurch meist erheblich höhere Preise einbrachten.

* * * * * *

Im Zuge seines Einlebens auf Haus Lohage begann Nelli, - wir wissen es bereits -, Freundschaften und Anschluss zu suchen, auch beim so genannten Dienstbotenvolk, heute Mitarbeiter genannt. Bald wurden Johannes und Nelli immer öfter zusammen gesehen: beim Füttern, Aus- und Eintreiben der Schweine, Reinigen der Ställe, bei der Beschaffung von Futter und in der Geburtshilfe. Nelli wurde ganz närrisch auf rosa Ferkel, die wie aus Marzipan geformt aussehen, niedlich quiekten und an allem nuckeln wollten, was sich hierfür darbot. Die traditionelle Feindschaft zwischen Schwein und Hund war vollkommen aufgehoben, wenn Nelli dem Johannes half, die vielen Schweine, widerwillige, Trotzköpfe dabei, von der Grasweide in die Ställe zu treiben. Zwar musste Nelli mit Gekläff und Scheinattacken nachhelfen, doch diese gutmütigen Tiere nahmen nichts übel und gehorchten schließlich, und Nelli hatte einen Mordsspaß daran. Er lernte dank Johannes auch einige Neuigkeiten, die alle mit der Schweinerei zusammenhingen.

Manchmal, zum Beispiel an einem Sonntagnachmittag, sah man Johannes und Nelli einträchtig und schweinemäßig schnarchend im Stroh schlafen und den Sonntagsfrieden eines Bauernhofes genießen. Jeder heimliche Betrachter solchen Idylls war sich über die hier entstandene Freundschaft im Klaren. Nelli konnte sich aufhalten wo er wollte: In dem Moment, wenn Johannes seinen Namen rief, ließ er alles stehen und liegen und unbeachtet, Essen, Trinken, Katzen, Mäuse und dergleichen, und folgte wie ein Wolf den Rufen, über alle Hindernisse hinweg und sprang vor Freude an Johannes hoch bis an die Ohren. Johannes lehrte Nelli zirkusreife Kunststücke. Zum Beispiel auf dem Eber reiten, Ferkel sachte greifen und apportieren, ein Schweineschlappohr packen und sich vom Besitzer mitziehen lassen, Stalltüren öffnen und in kühnen Sprüngen Lichtschalter ein-

und ausmachen. Im Lauf der Jahre entwickelte Nelli solchen Schweineinstinkt, dass er in Hektik angaloppiert kam, wenn irgendwo ein Schwein quiekte.

Diesem Umstand verdankt Haus Lohage folgendes Erlebnis. Wieder war es an einem Sonntagnachmittag, auf einem Bauernhof wohl Wochenzeit und Tagesstunde besonderer Ereignisse. Nelli ruhte auf Hektors Hütte, als er von der nahen Schweineweide her erschreckte Aufschreie und empörtes Grunzen vernahm. Nichts wie hin! Was er entdeckte, ließ ihn erstarren und sich sein Nackenhaar sträuben wie bei einem Geparden der Serengeti, der den ersten Touristen in seinem Reich bemerkt. Ein fremdes Schwein, dazu ein dunkelborstiges, fast schwarzes und klaviergroß, trieb sich zwischen seinen Lieblingen herum, schubste und bedrängte sie heftig und aggressiv und versuchte gar einige der attraktivsten Muttersauen zu besteigen. Das war ganz und gar unerhört und nicht zu dulden! Sogleich fetzte Nelli zu Johannes' Schlafplatz und zergelte dort an dessen Hosenbeinen solange knurrend und jaulend herum, bis Johannes einsah, dass etwas Ungewöhnliches geschehen sein müsse, und fluchend machte er sich auf die Socken, von Nelli an den Tatort geführt.

Was er dort sah, empörte ihn ebenso wie Nelli, und nachdem er ein paar Minuten hin und herüberlegt und „die Lage gepeilt“ hatte beschloss er, den Schweinebesucher für den heimischen Kochtopf oder die Bratpfanne zu erbeuten. Das musste freilich raffiniert eingefädelt werden und durfte keinesfalls in eine Art von Wilderei ausarten. Wie wär's denn, wenn dieser Keiler aus freien Stücken mit den anderen Schweinen in den Stall gebracht werden könnte? Wäre das dann auch Wilderei? Wenn ja, gewiss eine milde Form derselben und kaum strafbar. Johannes öffnete alle Stalltüren und begann seine Schützlinge, ungewohnt zu dieser Tageszeit, mit schmeichelnden und liebevollen Worten, die wichtigsten beim Namen nennend, herbeizulocken. Zugleich befahl er Nelli, hinzulaufen und ein wenig nachzuhelfen. Dieser war bisher noch keinem wilden Schwein begegnet und wusste nichts über ihre Kampfkraft und Bosheit, besonders der männlichen.

Hier entstand nun Nellis lebenslanger Hass auf Wildschweine., nämlich weil der Keiler so unhöflich war, sich mit ihm anzulegen statt den Hausschweinen in den Stall zu folgen. Mochte er liebestoll vom Rüssel bis zum Bürzel sein, er war und blieb ein scheues Wildtier und gedachte hier natürlich heil davonzukommen. Statt also den Hausschweinen, die er vorhin noch liebevoll schmatzend umworben hatte, nachzueilen, machte er Front gegen Nelli und versuchte ihn mit seinen scharfen Eckzähnen, Hauer genannt, zu attackieren; einen Nelli, der ihn ja nur etwas auf Trab zu bringen gedachte. Ernsthaften Widerstand anderer Tiere hatte Nelli bisher kaum erlebt, meist genügte seine Persönlichkeit, Respekt zu erlangen, und darum geriet er jetzt außerordentlich in Rage und fuhr dem Schwarzkittel wütend an den Hals.

Johannes wurde nun sonntäglicher Zuschauer eines Kampfes, bei dem alle Kunstgriffe und Hinterlist jeder Art erlaubt waren. Der Keiler suchte die alte Wildschweintaktik anzuwenden, seinen Rüssel unter Nelli zu bekommen, um diesen dann mit einem wuchtigen Ruck so hoch wie möglich in die Luft zu schleudern. Die Landung wäre gewiss lebensgefährlich für Nelli gewesen. Beinahe wäre dieser Trick gelungen, wenn Nelli sich nicht rechtzeitig in den empfindlichen Rüssel verbissen hätte. Der Keiler schrie wütend auf und schüttelte sein mächtiges Haupt solange, bis

Nelli loslassen musste, wollte er nicht alle Zähne verlieren. Nun kam er auf den Trick, den jeder gute Saupacker beherrscht, ohne ihn erst im Jagdunterricht lernen zu müssen: ein wildes Schwein von hinten her an den struppigen Ohren zu packen und nicht mehr loszulassen. So ging ein Kampf weiter, in dem Nelli niemals der Sieger sein konnte, denn wie sollte ein mittelstarker Hund einen kapitalen Keiler abmurksen können?

So ist wohl Hilfe nötig, bedachte Johannes besorgt. Flugs ergriff er eine Mistforke und begann, den Keiler von hinten anzuschleichen, um ihm, ähnlich wie es der Stierkämpfer mit seinem Opfer tut, vier Zinken von oben ins Leben zu stechen. Ob der Keiler im Durcheinander des Gefechts mit Nelli den Nahenden bemerkte oder nicht, wurde nie klar, jedenfalls hatte er nun den Rüssel voll und musste einsehen, hier kein Liebestechtelmechtel mehr inszenieren zu können, zumal keine Sau mehr zu sehen und zu riechen war. Also nichts wie weg! Mit einem Kraftakt schüttelte er Nelli ab und begann in Richtung des nahen Waldes abzutrollen. Doch wo war er hergekommen, wo hatte er die dichte Einzäunung überwunden? Er wusste es selbst nicht mehr und geriet durch sein Zögern in Gefahr, vom heranspurtenden Johannes doch noch abgestochen zu werden. Auch verbiss Nelli sich in einen Hinterlauf. So setzte der Keiler zu einem Sturmlauf an, der ihn ohne Aufenthalt direkt durch den Weidezaun brachte. Nichtkenner einer solchen Einrichtung müssen wissen, dass Einzäunungen für Schweine viel dichter und sicherer sind als solche fürs Rindvieh. Bei diesen genügen in der Regel drei Drähte, gar nicht mal immer aus Stacheldraht, um sie einzufrieden, aber für Schweine, die sehr zerstörerisch wirken können, werden Stacheldrähte im engen Abstand von fünfzehn Zentimetern äußerst straff gespannt und mit starken Krampen an den Pfählen befestigt. Da kommt nach bäuerlichem Ermessen keine Sau durch.

Unser Keiler hier schaffte es aber doch, kraft eines ungewöhnlich großen Anlaufs und der Masse seines Körpers flog er wie ein Torpedo hindurch und entfernte sich galoppierend von dieser ungastlichen Stätte. Später, als Johannes alles berichtet hatte, glaubten Bauern, Schweinehändler und Jäger an bäuerliches Jägerlatein, hervorgerufen durch sonntäglichen Mittagsschlaf und Genuss geistiger Getränke. Aber die Ortsbesichtigung bewies die Wahrheit: Im Stacheldraht hingen blutige Fetzen der Schwarte und Borsten waren überall verstreut. Zeuge Nelli wurde leider nicht vernommen. Völlig abgekämpft und außer Atem hatte Nelli sich nach dem Kampf nieder getan und leckte Wunden und Schrammen im Fell. Dies war ein Kampf nach den geheimsten Sehnsüchten seiner Hundeseele gewesen und er hinterließ einen abgrundtiefen Hass, der ihn zum Schrecken aller Wildschweine werden ließ. Darüber wird später berichtet...

* * * * * *

Für die Mutterschweine mit frischem Nachwuchs war auf Lohage eine separate kleinere Weidefläche eingerichtet worden, auf der die ganze quicklebendige Ferkelschar bei gutem Wetter nach Schweineherzenslust herumtollen konnte. Nelli gesellte sich oft zu ihnen, denn spielen und schäkern zählten mit zu seinen Lebensqualitäten, zumal Lohages Kinder größer wurden und anderen Interessen nachzugehen begannen. So entstanden auf dieser Schweineweide jene idyllischen Szenen, die allen Zuschauern für immer im Gedächtnis geblieben sind: Nelli tat, als seien die Ferkel seine Geschwister, umhegte und beschützte sie, trieb sie samt

Mutter spätnachmittags oder bei Regenwetter in den Stall zurück, ließ sich von ihnen grob jagen und derbe knuffen, ohne vergrellt zu werden, und ruhte mit ihnen, wenn allgemeine Müdigkeit sich verbreitete, am warmen, weichen Schweinekörper der Mutter.

„Fehlt nur noch, dass er mit ihnen säugt.“

Aber soweit kam es nicht, Nelli kannte durchaus seine Grenzen. Nur allzu rasch, in wenigen Wochen bei guter Fütterung und Pflege, werden aus netten Ferkeln halbwüchsige Läuferschweine, mit denen auch der geduldigste Hund sich nicht mehr zu unterhalten vermag. Aber vorher hatte der Hauseber bereits ein paar Mal seine Pflicht und Schuldigkeit getan und neue Ferkel erschienen auf der Bildfläche.

Jeder Mensch weiß, dass gemeinsame Erlebnisse zusammenschweißen. Und so glaubte niemand auf Lohage, dass Johannes und Nelli sich jemals würden trennen können, außer irgendwann einmal durch natürlichen Abgang einer der Akteure. Doch das Malheur, - denn für Lohage war es eines -, fand statt, als Johannes' Interessen sich von den Schweinen ab anderen Lebewesen dieser Erde zuwandte; ein Vorgang, den niemand für möglich gehalten hätte. Aber unsere Welt ist im steten Fluss, wie jetzt bewiesen werden wird...

Den Rest eines schönen Sommertages genossen Johannes und Nelli gemeinsam auf der Bank am Einlass zur Schweineweide. Bei solchen Gelegenheiten kamen oft die zutraulichsten Borstentiere, die Johannes und Nelli von Schweinekindsbeinen an kannten und liebten, näher heran, um sich ansprechen, kraulen und bürsten zu lassen und ein wenig an den Schuhen zu knabbern, die Johannes ihnen unter den Draht hindurch darbot. Auch hatte er immer einige Leckereien bei sich, die er ihnen über den Zaun zuwarf: Eicheln,

Kastanien, Nüsse, Äpfel, alte Stullen und Kuchenstücke und Lakritze, ihre Leibspeise, und für Nelli fiel auch immer etwas ab, das seinen Gaumen kitzelte.

In dieses traute Beisammensein lenkte Gott Amor, der auch über Schweineweiden zu wachen scheint, die Schritte dreier Personen, die plötzlich hinter Johannes und Nelli standen und so sachte hergekommen waren, dass Nelli sie nicht anmelden konnte. Nun, es war ja Sonntag. Es kamen also heran: ein Bauer, 51, dessen Bäuerin, 48, beider Tochter, 22. Fein aufgemacht wie Landleute es tun, wenn sie an einem solchen Nachmittag nicht nur eigene, sondern auch fremde Felder, Äcker und Anlagen zu inspizieren gedenken. Sie stammten aus mittlerer Nachbarschaft, taten aber Johannes gegenüber ziemlich fremd.

„Sind das Ihre Schweine?"

Johannes antworte stolz mit „Ja" und wies auf Nelli:

„Seine auch."

Das war so nett gesagt, dass die 22-Jährige sich niederbeugte und mit Nelli zu schmusen begann. Ein Vorgang, den Johannes sehr aufmerksam verfolgte und der den wichtigsten Entschluss seines Lebens mitgestaltete.

„Wer Nelli lieb hat, kann auch sonst kein schlechter Mensch sein!"

Ahnt unsere Leserschaft bereits das Kommende?

Kurz und bündig: Acht Wochen später gestand Johannes seinem Bauern, dass er kündigen müsse, fortziehen und heiraten werde. Alles war auf Lohage erwartet worden, Erdbeben, Überschwemmungen, die Russen und auch ein Weltuntergang – dieses aber nie! Doch „heiraten" war natürlich ein unschlagbares Argument, und außerdem galt auch hier der alte Grundsatz aller Arbeitgeber:

„Wer gehen will, den kann niemand halten.“
Sehr weise. Johannes machte seine Offenbarung: Er und die junge Dame, jungknackig und 22, wie wir erfahren haben, eine Hoferbin wohlgemerkt, hatten nicht nur am besagten Tag über Schweine gesprochen, und späterhin nicht nur über Schweine, noch später nicht nur gesprochen sondern auch gehandelt, waren sich näher und näher und immer noch näher gekommen, bis es gar keinen Abstand mehr zwischen ihnen gab, und gelangten zu der Überzeugung, nicht nur Schweine aufpäppeln und züchten zu können. Nelli wusste alles, hatte es als Dritter im Bunde haarklein beobachtet, aber nichts verraten. Noch einmal versuchte Fritz, Johannes von „einem vielleicht unüberlegten Schritt“ abzuhalten, was töricht genug war, denn Johannes konterte mit Argumenten erster Garnitur:
„Hab's lange genug überlegt.“
„Kann statt für andere Leute genauso gut auch für mich Schweine züchten.“
„Sie (die Braut) und Nelli mögen sich sehr leiden.“
Dem gab's nichts Stichhaltiges entgegenzusetzen. Segen und andere guten Wünsche wurden erteilt, letzter Lohn und Abfindung gezahlt und Johannes mit seinen wenigen Habseligkeiten ins neue Heim kutschiert. Dort war auch Nelli schon heimisch geworden und war so überzeugend an „Clara“, 3, Hofhündin, tätig geworden, dass diese noch vor der jungen Frau niederkam.

Mit Johannes' Abgang fasste man einen schon länger in den bäuerlichen Gehirnen Lohages gärenden Entschluss:
„Weg mit der Schweinerei!“
Zugunsten der Rinder- und Geflügelhaltung, von der man sich mehr Gewinn bei weniger Arbeit, Aufwand, Lärm und

Gestank versprach. Johannes' neuer Wirkungskreis lag drei Kilometer entfernt, für fleißige, ausdauernde Hundebeine keine große Entfernung, besonders wenn am Ende der Strecke Hundekinder und überaus nette Menschen warteten. So sah man Nelli in Zukunft wöchentlich einmal hin und hertraben. Wie lautet doch ein uralter Erfahrungsspruch:

„Echte Freundschaft kennt weder Hindernisse noch Entfernungen!“

Die menschlichen Bewohner Lohages

Welche Mitmenschen pflegten in den 50er-Jahren einen Bauernhof wie den unsrigen aufzusuchen? Wir wollen diese Frage jetzt einmal beantworten.

Täglich: der Briefträger.

Er fuhr noch mit dem Fahrrad seine Klienten ab; etwas später per Moped oder Motorrad; heute mit dem gelben Auto, aber sonntags und feiertags gar nicht mehr. Da er Postkarten komplett, bei den anderen Sachen nur den Absender zu lesen bekam, war er über die private Situation seiner Kunden ziemlich gut informiert. Doch nutzte ihm diese Kenntnis ja wenig, weil er mit ihr nicht hausieren gehen konnte, ohne seinen Kopf zu riskieren.

Wöchentlich: der Eiermann.

Er trottete zu Fuß durchs Land, mit einer riesigen Kiepe, das ist ein aus Weidenzweigen geflochtener Tragekorb, auf dem Rücken, die ihn, wenn er Hundert Eier bei den Bauern eingesammelt hatte, mächtig zu Boden drückte, so dass die Entstehung eines krummen Rückens vorprogrammiert war. Dieser fleißige Sammler kaufte die frischen Eier auf, um sie auf dem Wochenmarkt der nächsten Stadt an die Hausfrauen zu bringen. Außerdem handelte er mit Neuigkeiten, Klatsch und Tratsch und hätte den besten Reporter einer der

damals just entstehenden Boulevardblätter abgeben können.
Vierzehntägig: Augusts Bruder.
Dies war ein kapitaler Schnorrer vor dem Herrn, der zwar der Landwirtschaft den Rücken gekehrt hatte und in der Stadt lebte, aber immer noch der Meinung war, seine Grundnahrungsmittel weiterhin kostenlos vom heimatlichen Hof beziehen zu können. Früher kam er aber wöchentlich und nachdem man angefangen hatte, ihm Geld für die Ware abzuverlangen, verlängerte er den Rhythmus auf vierzehn Tage. Nach der nächsten Preiserhöhung, hoffte man, wird er ganz ausbleiben.
Monatlich: der Stromableser des E-Werks.
Da es noch kein Selbstablesen und keine Vorauszahlungen gab, musste der Stromverbrauch monatlich abgelesen werden.
Alle zwei Monate: der Viehhändler.
Er holte Johannes' Lieblinge zur Exekution im großen städtischen Schlachthaus ab, lieferte neue Ferkel an, wenn man selbst nicht genug gezogen hatte, und beschaffte wenn nötig neue Pferde, Rinder und Bullen, die er außerhalb ersteigert hatte.
Zweimal im Jahr: der Schlachter.
Er murkste die Schweine für den Eigenbedarf ab, „fleischbeschaute“ sie und nahm sie soweit auseinander, bis die Bewohner Lohages sie in einer großen Gemeinschaftsaktion zu Würsten, Schinken, Koteletts, Braten, Wurstebrot und weißen Speckscheiben weiterverarbeiten konnten. Das geschah immer eingangs und ausgangs des Winters.

* * * * * *

Natürlich gab es noch massenhaft Besucher Lohages, die

hier aber nur pauschal genannt sein sollen: fliegende Händler, Familienmitglieder, liebe und böse Nachbarn, Berater der Landwirtschaftskammer, der Tierarzt, Angestellte des Gewerbeaufsichtsamtes, Vertreter von Genossenschaften und Versicherungen, Kunden und Spitzbuben beiderlei Geschlechts. Wie Nelli mit all diesen Leuten klargekommen ist – das ist das Thema dieses Kapitels. Wir gehen wieder der Reihe nach vor...

Briefträger. Natürlich können wir nicht nur über einen berichten in all den Jahren, wo Nelli auf Lohage wohnte, sie wechselten sich ja zeitweise ab. Und im Lauf der Jahre hat Nelli ein halbes Dutzend dieser Sorte Mitmensch hassen, schätzen und lieben gelernt. Zwar sprechen die Legenden aller Dörfer davon, bäuerliche Hof- und Wachhunde könnten mit Briefträgern nichts anderes anfangen als sie zu hassen, aber das stimmt nicht. Es wird wohl so sein, aus der Sicht dieser Hunde, dass die menschliche Qualität der Betreffenden maßgeblich ist. Den 55-jährigen Briefträger Theo zum Beispiel, in den Außendienst verliebt und in diesem noch zehn Jahre bis zur Pension vor sich, verehrte Nelli wie einen Heiligen und lief ihm manchmal eine Strecke entgegen, um erstens die Post anzunehmen und zweitens einen Leckerbissen aus der Proviantasche zu ergattern; die hatte Theo stets gut gefüllt. Als Theo ein anderes Zustellrevier bekam und durch den jüngeren Oskar abgelöst wurde, da ging das befürchtete Theater sogleich los. Man hatte Oskar nämlich gewarnt, hier in dieser Gegend seien alle Dorfköter reißende Bestien, die Waden und Kniekehlen bevorzugten und die größeren unter ihnen hätten schon manchen Radfahrer aus dem Sattel gezerrt. Man könnte sie nur mit einen handfesten Knüppel im Zaum halten. Den beschaffte sich

Oskar und legte ihn mittels einer Halterung quer über die Lenkstange, so dass er wahlweise und nach Bedarf sowohl rechts als auch links Hiebe austeilen konnte.

Nelli empfing Oskar bei seinem Antrittsbesuch mit höflichem und verhaltenem Bellen, das nur „Trara die Post ist da!" bedeuten sollte, und lief sachte neben dem Fahrrad her. Er bekam prompt einen Klapps auf den Kopf, was völlig unnötig war und jedermann, der zuschaute, zeigte, dass Nelli keine bösen Absichten gehabt hatte. Na warte, du bist nicht zum letzten Mal hier gewesen! Und Oskar kam am nächsten Tag wieder. Nelli hatte sich hinterm Torpfeiler versteckt und fiel ihn, von hinten nachsetzend, lautlos an. Ein Biss durch die Uniformhose in eine Beamtenwade, Blutspuren, Zeter und Mordio, der Versuch zu schlagen, aber Nelli wich gewandt aus – das nennt man gelungene Revanche. Empört keifte Oskar herum, drohte Hosenersatzklage an, denn hinter ihm stünde die ganze Macht eines staatlichen Betriebes. Doch Fritz konterte mit dem Bemerken, „Sie haben ja angefangen", erklärte sich aber bereit, die goldenen Regeln und wichtigsten Gebote im Machtverhältnis „Briefträger und Hund" bekannt zu geben:

„Du sollst kein böses Gesicht machen!"

„Du sollst möglichst pfeifend, wenigstens singend auf den Hof geradelt kommen!"

„Du sollst nach leckeren Dingen riechen!"

„Du sollst diese Dinge auch spendieren!"

„Du sollst keine anderen Hunde haben neben dir!"

In den zwei Jahren, in denen Oskar hier seinen Dienst versah, gab es keinen Zwischenfall mit Nelli mehr, aber ihr Verhältnis wollte sich nicht entspannen.

* * * * * *

Fritz' fünftes der soeben gehörten Gebote durfte nicht ganz ernst genommen werden, wenn man Postbote Wilhelm heranradeln sah. Er wurde nämlich von „Markus von der Post“ begleitet, ein richtiger DBP-Hund mit gelbem Halsband und Registrierungsnummer darauf, außerdem Deutsch-Drahthaar und sehr liebenswürdig. Er stellte so etwas wie eine Leibwache dar, zog aber mehr Hunde an als dass er sie vertrieb. Nelli und Markus verstanden sich ausgezeichnet, sie begrüßten sich stets freudig, wenn Herrchen Wilhelm Briefe auslieferte, Geld und Pakete brachte, manchmal lief Nelli eine Strecke mit zum nächsten Kunden und lernte so Land und Leute kennen. Markus war seinem Herrn ein recht nützlicher Gehilfe: Er brachte einigen seiner speziellen Freunde die Post direkt, die ihm Wilhelm behutsam ins Gebiss geschoben hatte, trabte über die meist offene Dielentür ins Haus, wo er entweder in der Küche einen Bewohner antraf und die Post ausgab oder, wenn niemand anzutreffen war, sie einfach auf den Fußboden legte. Sein Herrchen war derweil zum nächsten Abnehmer weitergefahren, wo sie wieder zusammentrafen.

Als Briefträger Otto am ersten Montagmorgen seines Dienstes auf Lohage einbiegen wollte, stand Nelli mitten in der Südeinfahrt und schaute ihm mit der ihm eigenen kritischen Art Neulingen gegenüber ins Gesicht. Das kam Otto, der seit einem Biss während seiner Kindheit am sonst eher seltenen Hundesyndrom litt, äußerst gefährlich vor, und er fuhr einen Bogen, um von der Nordeinfahrt in den Hof zu kommen. Nelli lief ihm dorthin entgegen. Da drehte Otto zurück zur vorigen Stelle, Nelli lief auch dahin – und das hätte vielleicht bis Mittag so weitergehen können, wenn Ewald nicht mit den Worten „Der tut dir nichts“ Nelli auf den Arm genommen und ihn auf den Gepäckträger des

Postfahrrads gesetzt hätte. Das Ende vom Lied war, dass Otto und Nelli eine wilde Freundschaft schlossen und Otto ein richtiger Hundefan wurde.

Schon aus diesen wenigen Briefträgerszenen ersehen wir, dass Nelli mit ihnen dann keine Probleme hatte, wenn sie selbst keine machten. Als zehn Jahre später die ersten Post-VWs übers Land kamen, wünschte die Post Briefkästen an den Straßenrändern – klar, dass es nun überhaupt keine zwischenhundlichen und -menschlichen Beziehungen mehr geben konnte. Wieder war eine Idylle dahingegangen...

Der Eiermann. Frantisek Karlowitz, dieser biedere Landmann östlicher Abstammung, eine Mischung aus Original, Schlitzohr und Hofnarr, in einem Atemzug verschlagen und doof tuend, war das gefundene Fressen der Hof- und Wachhunde aller Art. Diese Hunde kamen gar nicht auf die Idee, dass er ein Bösewicht sein könnte, und schenkten ihm alles Vertrauen, das sie zu vergeben hatten. Hektor zum Beispiel stellte sich wolfsheulend und fuchskläffend in der Kette aufrecht, um Frantisek zu empfangen und mit seinen riesigen Vorderläufen in Brusthöhe zu umschlingen. Nach der alten Faustregel von Hökern, fliegenden und reisenden Händlern, die bestimmt, dass nur der seine zahlende Kundschaft zum Geldausgeben verlocken kann, der sich mit ihren Kindern und Haustieren gut stellt, hatte er die Taschen voller Süßigkeiten, Hundeknochen und alter, hart gewordener Mettwürste und Fleischstücke, die er nun entsprechend ihrer Nutzung verteilte. Er hieß auch der „Lakritzfritze“ oder „Salmiakpastillenheini“, weil er diese Sachen immer bei sich hatte und zum Schlickern und als Medizin verkaufte. Seine Empfehlungen an jeden Viehhalter lauteten:

„Hat deine Kuh 'nen dicken Bauch,

gib ihr Lakritz mit einem Schlauch!“

Er meinte damit, Lakritz in Wasser aufzulösen und einzuflößen.

„Wenn Muttersau nicht pupen kann,
dann geh'st mit meinen Pillen ran!“

Er praktizierte es einmal vor und schüttete einer kränklichen Sau, die nicht fressen wollte, eine Handvoll Salmiakpastillen in den Rachen. Und siehe da: Sie schmatzte entzückt auf und genas.

„Will dein Pferd nur ungern ziehn,
halt ihm meine Stange hien!“

Er meinte eine der kapitalen Lakritzstangen, wie man sie vornehmlich auf Jahrmärkten kaufen kann. Ihre Wirkung ist verblüffend, denn Pferde können ganz jeck werden, wenn sie sie einmal verkostet haben. Und schließlich:

„Alle Kinder werden froh mit Lakritz von ....!“

(Neutralität gebietet diese vielen Pünktchen). Mit dieser so offen zur Schau getragenen Originalität schuf Frantisek das notwendige Wohlgelittensein als Vorfeld zu den Kaufverhandlungen. Denn man darf nicht glauben, dass Eierkauf damals ein leichtes konkurrenzloses Unternehmen war. Während nun Fritz und Lina auf der einen und Frantisek auf der anderen Seite mit einer Erbitterung sondergleichen und unter Flüchen, Beleidigungen und derben Anwürfen, - in höheren Kreisen Verbalinjurien genannt -, um den Preis der hundert Eier, die heute verkauft werden sollten, mindestens eine Viertelstunde feilschten, bildeten Ewald, Gisela, Wilfried, Hektor und Nelli eine nette, friedliche Runde trauten Beisammenseins unter dem gemeinsamen Verzehr von Lakritz und Salmiakpastillen. Die Kinder hatten je eine Mark Taschengeld geopfert, für die man damals zehnmal mehr dieser Süßigkeiten erhalten konnte als heutzutage. Das war ein lustiges Fangen und Haschen nach Beute, wenn die Kinder einzelne Pastillen in die Luft warfen und die Hunde zuschnappen mussten. Besonders Nelli mit seiner Fixigkeit und seinem schon sagenhaften Reaktionsvermögen fing auch jene Pastillen auf, die Ewald bis drei Meter hoch in die Luft warf. Urig war anzusehen, wie Hektor sich bediente: Er nahm eine Stange Lakritz aufrecht zwischen seine Pfoten und benagte sie mit seinen stumpf gewordenen Zähnen bei seitlich gehaltenem Kopf. Ewald und Nelli teilten sich eine Stange, mal nagte der, dann jener daran – Orgie der Lust und des Genießens.

Erst, während die Erwachsenen nebenan sich beschimpften, dass die nahe Heide wackelte, war Nelli sehr nervös: Noch wusste er nicht, dass hier laute und böse Worte zum Alltag gehören konnten. Um seine Aufmerksamkeit zu zeigen, pinkelte er Frantisek an die Holzschuhe und begleitete ihn später 500 Meter weit aus dem Hof ins Feld hinaus – eine seltene Gunstbezeugung, die Frantisek durchaus zu würdigen verstand. Im übrigen erging es diesem fleißigen Kaufmann wie vielen seinesgleichen in diesen Zeiten von Wirtschaftswunder und Aufschwung: Jetzt kam er zu Fuß, ein halbes Jahr später mit einem Vorkriegs-DKW-Dreirad, dann mit einem Kombi und schließlich, nach einem Jahr nur, per Opel-Blitz, und da fuhr er selbst nicht mehr, sondern hatte seine Leute dafür, und handelte mit mehr als nur Eiern.

* * * * * *

Der Stromableser. Noch dachte niemand daran, seinen Arbeitsplatz wegzurationalisieren, und er radelte vergnügt von Haus zu Haus. Im Gegensatz zu anderen Beamteten musste er diese Häuser betreten, um die Zähler ablesen zu können, was eine gewisse Intimität mit den Bewohnern und bestimmten Haustieren ergab. Schon ein Jahr später setzte man ihn auf ein knatterndes Motorrad, damit er „mehr schaffe", und das Geknatter dieses Gefährts war so hundeähnlich, dass empörte und beleidigte Dorfköter ihn kilometerweit in die freie Landschaft, zu den einzelnen Gehöften hin, verfolgten. An solchen plebejischen Vorstellungen beteiligte sich Nelli aber nicht, vielmehr versuchte er durch Beschnüffeln der Hosenbeine und Schuhe und Bepinkeln des Motorrads Beziehungen anzuknüpfen; sie lohnten nicht, da sich die Besuchsabstände auf zwei Monate verlängerten.

Viehhändler. Sie sind jene besondere Abart des Homo sapiens, die nicht anders auftreten kann als forsch, laut und brutal; gehört wohl zum Handwerk solcher Individuen. Der erste, den Nelli kennenlernte, hieß Robert, genannt „Seelenverkäufer", und wenn er vorfuhr, musste Hektor in seiner Hütte vernagelt werden, sonst hätte man wegen seines permanenten Gebells keine Verkaufsverhandlungen führen können. In einer Art Wildwestbewaffnung trug Robert stets jenen Apparat in der Linken, mit dem er störrischen Viechern Elektroschocks verpassen konnte, wenn sie beim Verladen nicht parieren wollten. Er hatte nicht nur einen finsteren Partisanenblick an sich, sondern musste wohl, - für menschliche Nasen unzugänglich -, empörend und ekelhaft riechen, denn Katzen stellten vor ihm ihre Haare auf und machten Buckel, Hunde klemmten Schwänze ein, alles Vieh, das er abholte, begann gottergeben dreinzuschauen wie Delinquenten auf ihren letztem Gängen.

Wieso er die Hundewelt des ganzen Landkreises gegen sich aufbrachte, ist allen Beteiligten ein Geheimnis geblieben. Ihn hassten die großen, ihn fürchteten die kleinen Hunde, allen gemeinsam war der Drang, diesen Kerl einmal packen und ordentlich zausen zu können. Und ob man es glaubt oder nicht: es geschah. Freilich waren nur zwei Hunde daran beteiligt. Es kam jener monatlich einmalige Abend heran, an dem Robert sein am selben Tag eingesammeltes Geld in einer wüsten Orgie in der Dorfkneipe zu versaufen pflegte. In letzter Dämmerung bestieg Robert sein Fahrrad, das ihn aber nicht, wie es früher sein getreuer Gaul getan hatte, brav und zügig nach Hause brachte.

Er näherte sich fälschlich, ohne es zu bemerken, Haus Lohage, und wir nähern uns damit der letzten Heldentat Hektors. Dieser sah ihn über den Feldweg, der einige Äcker und Wiesen mit Lohage verband, herantorkeln und herbeisingen. Hektor mochte wohl zuerst seinen Augen und Ohren nicht trauen, als er den heißersehnten Feind immer näher kommen, dann schon fast in seiner Reichweite sah. Und er verhoffte starr und atemlos, nicht einmal sein Schwanz klopfte das Holz der Hütte, und als Robert erreichbar war, warf er sich kraft seines Gewichts mit ungeheurer Wucht auf ihn. Robert stürzte um, sein Fahrrad fiel auf ihn und rettete damit wahrscheinlich sein Leben. Denn Hektor war zu verbiestert, um zwischen all dem Metall des Rahmens und der Speichen die richtige Bissstelle zu finden, die Robert den Garaus hätte machen können. Hektors Geknurr und Gebell lockte Nelli aus dem Haus, er fing so hell und stakkato an zu bellen, dass auch Fritz und Ewald herbei stürmten. Das war die Rettung. Allerdings nicht der Hosen und Socken. Nelli leckte dem Geschundenen bereits die Wunden an Beinen und Armen, Hundespucke und -geifer ist antiseptisch bis dorthinaus! Ewald wies klug auf den in der Hütte verschüchtert wirkenden Hektor:
„Er wollte doch nur mit Ihnen spielen.“

* * * * * *

Der Schlachter. Alfons Fahrenhorst, genannt „Meister Haarmann von der Koe“, war das Aushängeschild dieses Gewerbes, eines der ältesten der Welt: Ein Klotz von Kerl, einsachtundneunzig hoch, Schulterbreite hundertzehn, Armlänge hundert, Handgröße wie Bratpfannen, Schuhgröße 49, Kopf wie ein kapitaler Kürbis und einen Bauchumfang wie der Wolf mit seinen sieben Wackersteinen. Er zwang widerborstige Bullen, die den letzten Gang zum Richtplatz nicht weitergehen wollten, an den Hörnern zu Boden und nahm Schweine, die sich stur zur Erde warfen und jedes Fortkommen verweigerten, kurzerhand auf die Schultern. Wo er hintrat kam nie wieder das Unkraut hoch, aber er arbeitete zweckmäßig, ja elegant von der Exekution bis zur Zerstückelung seiner Opfer. Ihn umgab eine Aura von Fleisch-, Wurst- und Bratengeruch, dass es Hektor das Gebell verschlug und Nelli sich auf seiner Schürze wälzte, wenn diese in Arbeitspausen abgelegt war.

Bis zum Abhängen und Auskühlen des aufgeklappten Schweins auf einer starken hölzernen Leiter fanden alle Arbeiten im Freien statt. Hektor und Nelli schauten gebannt zu. Nelli ließ keinerlei Anteilnahme mit Mastsau Veronika erkennen, die er gestern noch wohlwollend beschnüffelt hatte, die jetzt am Strick herbeigeführt wurde. Als hauptsächlich Grünzeug fressendes Tier ekelte sie sich vor dem Geruch des fremden Mannes, der ihr freilich nett zusprach und ihr ein kühles Eisen auf die Stirn setzte – das letzte Bewusste, was Veronika wahrnehmen durfte. Der Schussbolzen drang tief in ihr Gehirn, sie klatschte schwer aufs Pflaster und während ihr Gestrampel allmählich verebbte, schnitt man die Gurgel auf und ließ einen breiten Blutstrom in bereitgehaltene Eimer rinnen. Den Duft des warmen Blutes sogen Hektor und Nelli genüsslich und stumm ein, Wildheit, von Zucht und Menschengesellschaft in Jahrtausenden unterdrückt, trat in ihre Augen und vielleicht hielt sie nur die Gewissheit, bald ein paar Happen hingeworfen zu bekommen, von entfesselter Raserei zurück. Als Veronika ausgeblutet war, wurde sie mit Hilfe heißen Wassers und scharfer Schrapper an allen Stellen ihres Körpers blitzblank glattrasiert, wonach sie schon ziemlich appetitlich aussah. Dann wuchtete man sie auf eine Leiter, band sie an den Füßen fest und richtete sie samt Leiter an der Giebelmauer auf. Nachfolgendes sieht weniger appetitlich aus: Das Aufsäbeln ihres Bauches, so dass die Eingeweide und sonstigen Innereien sich selbständig machen und zu Boden stürzen wollen. Nur wenig war unverwertbar.

Bis hierhin hatte Nelli brav stillgehalten, nun bellte er zum ersten Mal, weil auch Hektor, der erfahrene der beiden, es ebenfalls tat. Alfons verstand gar wohl und warf den Hunden ein paar fettige Brocken hin. So sicherte er sich ihr Wohlwollen fürs Wiederkommen und er lebte mit allen Hunden in guter Freundschaft.

Die fliegenden Händler aller Nationalitäten und Hautfarben nach Art des Eiermanns taten es der Hundeschaft des Dorfes und der Einzelgehöfte besonders an. Woran mochte das liegen? Sie traten doch meist sehr schmeichlerisch und gegen jede Kreatur höflich, ja mitfühlend auf, hatten nicht nur für Kinder sondern auch für andere Lieblinge wie Katzen, Hunde, Lämmer und Fohlen stets leckere Happen bei sich und verteilten diese recht großzügig. Ahnten Schlaubergerhunde wie Nelli vielleicht, dass ihnen nicht ganz zu trauen war? Dass etwa Spitzbuben unter ihnen waren?

Nelli war nicht die Persönlichkeit, um unbeliebte und verdächtige Leute unter Todesverachtung anzugreifen, wenn sich die Sache anders regeln ließ. Und er hatte einen Verbündeten, nämlich Hektor. Diese beiden Schelme „dachten" sich nun folgendes aus und setzten es in die Tat um. Schon seit ein paar Monaten waren sie überein gekommen, die Mittagspausen gemeinsam in Hektors Hütte zu verbringen. Das sah dann so aus und täuschte über den wahren Sachverhalt hinweg: Hektor kroch bis nach hinten an die Rückwand und Nelli legte sich so in den Eingang, dass Kopf und Vorderläufe herausragten – „Wachhund-Hundehütten-Lauerstellung" nannte man das hier. Sie machte einen vertrauenerweckenden Eindruck auf alle Besucher, die Hektor und Nelli nicht kannten.

Die Mittagspausen auf dem Land von eins bis halbdrei waren schon immer die Zeiten übler Machenschaften übler Leute. Die Landleute schliefen wie die Murmeltiere, eine Angewohnheit ferner Jahrzehnte, als Ruhestunden auch dem dunklen Gewerbe noch heilig waren. Jetzt und heute aber... Ein Pärchen betrat den Hof, das äußerlich den Anschein frommer und notleidender Bettler erweckte, innerlich jedoch den dringenden Wunsch hegte, hier unauffällig etwas mitgehen zu lassen. Es umrundete das Wohnhaus nebst Garten, mit geübten Augen Fenster und Türen beurteilend und horchend, ob innen Leben sei oder nicht. So kamen sie auch Hektor und Nelli näher, von denen sie längst erkannt und mit scharfen Lichtern verfolgt wurden. Auf Bauernhöfen tätige Spitzbuben sollten, ja müssten eigentlich beste Hundekenner sein, möglichst Hundepsychologen, wenn sie erfolgreich sein und ohne Schaden davonkommen wollen.

Hektors Augen glühten, als die beiden Leute näher kamen, Nelli machte ein gleichgültiges Gesicht und wedelte mit dem Schwanz, als die Frau ein paar Kekse aus der Tüte kramte und ihm anbot. Noch ahnte das Paar nichts von der Anwesenheit eines zweiten, mächtigen Hundes. Nelli aß die Kekse auf und entfernte sich zwei Schritt von der Hütte – da bekam Hektor Platz und schoss wie ein Leopard, der eine Gazelle packen möchte, hervor auf den Mann zu und warf ihn mit wuchtigem Ansprung zu Boden. Es war nur gut, dass er im Grund seiner Hundeseele gutmütig und kein fanatischer Packer war und seinen Opfern nicht an den Hals ging. Nelli machte leichtfüßig mit und biss der Frau in die Waden. Dass die heilige Mittagsruhe hiermit schlagartig gestört war, braucht kaum erwähnt zu werden: Geheul, Gejammer, Gezeter, helles Kläffen und sonores Bellen. Da kam denn Fritz herbei gestürmt und befreite diese Leute aus den Klauen böser Hunde. Solche dramatischen Ereignisse spielten sich natürlich nur selten ab, denn erstens wimmelte es ja nicht von Spitzbuben und zweitens ließen sich nicht alle derartig von den beiden Hunden übertölpeln.

* * * * * *

Umgekehrt übertölpelte Tierarzt Immelmann Hektor und Nelli, doch für einen guten und nützlichen Zweck. Er war zu der Zeit für Lohage zuständig, als Nelli hier seinen Einzug hielt, und gewann bei allen Tieren Vertrauen durch seinen für ihre empfindlichen Nasen unübertroffen heimeligen Geruch. Dies war der komprimierte Duft aller Tiere, die er in der letzten Woche verarztet hatte, der tief in seinen Kleidern steckte und von den erwähnten Nasen fünfzig Meter gegen den Wind wahrgenommen werden konnte. Nicht nur deswegen liebte Nelli diesen Mann, es lag wohl in seiner

Art, wie er mit Tieren umgehen, sie ansprechen und liebevoll kosen konnte. Einmal jährlich „impfte“ er Hektor und Nelli gegen Würmer. Aber da beide sich beharrlich weigerten, irgendwelche Medizin auf irgendwelche Weise bewusst und freiwillig zu sich nehmen, musste er seinen uralten, stets bewährten Trick anwenden. Zuerst lobte und streichelte er beide, dann ging er in die Küche, um sich von Lina etwas Gehacktes geben zu lassen. Aus diesem formte er vier Bällchen, zwei normale und zwei präparierte. Die beiden ersten warf er den Hunden beiläufig zu, die sie begeistert auffingen, rasch verschlangen und flugs neue erwarteten. Dann folgten die zwei anderen Bällchen, die Immelmann mit der Medizin gefüllt hatte – klar, dass Hektor und Nelli nichts merkten, weil Hunde ja solche Sachen gar nicht kauen sondern sofort herunterschlucken.

An den zahlreichen Besuchern Lohages konnte man die Leistungsfähigkeit eines Hundegehirns erkennen und beurteilen. Beispiel Johannes. Nach seinem Abgang trieben ihn Heimweh und Interesse am Schicksal seiner ehemaligen Schützlinge und Nellis alle paar Wochen nach Lohage zurück. Das waren Feststunden für Nelli, der ihn überschwänglich und völlig außer Rand und Band und vor Begeisterung begrüßte, sich dabei auf dem Rücken wälzt und ausgiebig Wasser lassen musste. Dann wurden die Besuche seltener, aber es war für Nelli keine Schwierigkeit, seinen Freund noch nach Monaten, nach einem halben Jahr gar, sofort an Stimme, Figur und Geruch wiederzuerkennen. Erst später, nach zwölf Jahren, als Johannes sich zwei Jahre nicht hatte blicken lassen und seine Figur sich zum Feisten hin verändert hatte, seine Stimme vom Biertrinken heiser geworden war, da war es mit dem Erkennen doch vorbei. Das Gedächtnis der Tiere braucht öfter die Auffrischung als das menschliche.

In seinem Wächteramt, das Nelli nach dem Heimgang Hektors allein versehen musste, ging er äußerst sparsam und effektiv zu Werk: kein unnützes Bellen und Toben. Ewald mit seinem Gehör und Gespür für die Anliegen der Tiere deutete am besten die unterschiedlichen Anschläge und Lautäußerungen Nellis. Zweimaliger Anschlag ohne besondere Tonlage bedeutete, dass auf der nahen Straße Leute, Radfahrer, Fußgänger herankamen, die keine Absicht hatten, das Grundstück zu betreten; dreimaliges Anbellen, dass ein entfernter Bekannter das Grundstück betrat; vier- bis fünfmaliges Kläffen in höherer Tonlage deutete an, dass Leute vorm Eingang stehen blieben oder diesen bereits erreicht hatten; nicht aufhörendes „Meldegebell" verkündete, dass Fremde Lohage betraten, die nach Meinung Nellis hier nichts zu suchen hatten; „Gift-und-Galle-Bellen", diskanthell und mit Knurren und Zähneknacken vermischt, zeigte an, dass Nelli seine Aufgabe als Verteidiger des Anwesens wahrnahm. Keinesfalls betätigte er sich ungereizt als Aggressor, so dass wegen zerrissener Socken, angebissener Hosen und roter Druckstellen an den Beinen vorstellig werdende Passanten und deren Wiedergutmachungsansprüche prompt mit dem Bemerken zurückgewiesen werden konnten, dass dieser Hund niemals, ohne provoziert zu werden, zubeißen würde. Außerdem empfahl man, die Schilder an beiden Eingängen ernst zu nehmen:
„Vorsicht! Wachsamer Hund!"
Wenn Nelli dann so dastand und treuherzig blickte, kam wohl selten jemand auf die Idee, dass er mehr könne als nur bellen.

* * * * * *

Nellis Umgang mit Kindern haben wir schon ein wenig beschrieben, hier sollen nur jene Szenen vorgestellt werden, in denen Kleinst- und Kleinkinder nur kurzzeitig, etwa zu Besuch hier weilten oder von Nelli auch auf der Straße vorm Grundstück kennengelernt wurden. In ihnen kommt seine überwältigende Kinderliebe zum Ausdruck. Fremde Kinder wurden nie bebellt, höchstens ihre Eltern und sonstigen Begleiter, und rollte ein Kinderwagen am Hof vorbei, gar herein, dann kam Nelli flott herbei, richtete sich auf und schaute sehr angetan und freudig erregt hinein. Auf dem Arm ihm hingereichte Säuglinge starrte er minutenlang an, zog sein freudigstes Gesicht und fiepte leise mit schräg gehaltenem Kopf. Von etwas älteren Babys, solche, die schon auf dem Boden und krabbeln konnten, ließ er sich necken und manchmal derbe ins Gesicht greifen und am Schwanz packen, „ohne eine Miene zu verziehen".

Da Nelli so gut mit Kindern umzugehen verstand und damit beispielgebend war, schluckte Hektor seinen alten Groll gegen sie und ließ sich von ihnen necken und foppen. Unter zehn Kindern ist immer eines nach Art von Wilfried, das nach kurzem Streicheln und Kosen dem Drang verfällt, weiterzugehen und zu quälen. Ihnen ging es dann auch wie Wilfried: Im Nu wurden sie von Hektor und Nelli durchschaut und bestenfalls gemieden oder, wenn das nicht wirkte, mit unmissverständlichem Knurren und Zähnezeigen in ihre Schranken verwiesen. Köstliche Situationen entstanden, die fotografiert und in der Presse veröffentlicht wurden: Zwei Kinder schliefen auf dem sonnigen Grasstück vor der Haustür, zwischen ihnen Nelli, dem zeitweise zwar die Augen zufielen, der aber dennoch wachsam blieb – wehe allen zwei- oder vierbeinigen Fremden, die sich den Kindern hätten nähern wollen!

Klein-Hermann oder „Hermännken“, 2, war ein Besucher, der sich auf Lohage beschäftigen konnte, bis er vor Müdigkeit an Ort und Stelle umfiel und von Nelli bewacht werden musste. Er strafte all jene Eltern Lügen, die behaupten, Kinder müssten ein reichhaltiges Sortiment an Spielsachen zur Verfügung haben: massenhaft Autos und Eisenbahnen, Puppen, Figuren, Bauklötze und dergleichen mehr oder weniger. Hermann war, jedenfalls hier auf Lohage, mit Bescheidenem zufrieden: eine kleine verrostete Schippe zum Beispiel, die vielleicht schon Urgroßvaters Urgroßvater zum Spielen im Sand oder Korn benutzt hatte. Hermann kramte sie bei der Untersuchung des Schuppens hervor und beschlagnahmte sie. Dann suchte er den nächsten Maulwurfshaufen auf und nahm ihn auseinander, wobei Nelli Gesellschaft leistete und das Erdreich weit hinter sich scharrte. Auch fanden sich die zutraulichsten Hühner hier ein, um die freigelegten Regenwürmer und Erdinsekten aufzupicken. Und was die konnten, vermochte Hermann nachzumachen: Es wurde nie ganz geklärt, ob er die Regenwürmer zerkaute oder ob sie freiwillig die Speiseröhre hinab seinen kindlichen Magen aufsuchten. Ewald war, außer Nelli und die Hühner, einziger Augenzeuge dieser Mahlzeiten, fand aber nichts Ungewöhnliches an ihnen. Sie wurden erst dann gewaltsam unterbunden, als er, weil Hermann am Kaffeetisch seine Stückchen Sahnetorte anzunehmen verweigerte, unbedacht äußerte:

„Der muss ja pappsatt sein.“

Nun, Regenwürmer sind sehr nahrhaft, das Gedeihen von Maulwürfen und Amseln beweist es ja deutlich genug, und Lohages Erdreich, das Hermann mitaß, war damals noch keim- und rückstandsfrei.

* * * * * *

Wie Nelli sein tolles Temperament zu zügeln vermochte, zeigte sein unterschiedliches Verhalten Jungen und Alten gegenüber. Ging er mit Kindern aus, dann tobte er wild herum und legte die zehnfache Strecke des Spaziergangs durch Quer-, Rück- und Widergänge zurück. Ganz anders bei Touren mit Senioren. Als Großvater August noch marschieren konnte, bekam er häufig Besuch von Altersgenossen aus Nachbarschaft und Dorf, und sie alle machten im Seniorentrab, auch Drömmeln oder Bummeln genannt, ihren Besuch der angrenzenden Felder und Weiden, am liebsten in Begleitung Nellis. Dieser lief brav vorneweg und schaute sich teilnehmend um, ob auch alle mitkamen, ein richtiger Altensitter sozusagen. Und wenn er meinte, nun sei's genug gelaufen für diese alten Knacker, kehrte er um und lockte die ganze Bande hinter sich her nach Hause. Dort wurde er von allen gelobt und mit Leckerbissen wie Priem (verweigert), wochenlang in Hosentaschen gelegenen Keksen und vergessenen Butterbroten belohnt.

Nachdem Nelli einmal den Aufwand eines großen bäuerlichen Festes kennengelernt hatte, wusste er Bescheid: Es kamen so viele fremde Menschen, dass er sich nicht nur hätte heiser- sondern sogar totbellen müssen, wollte er der Pflicht des Meldens nachkommen. So verkroch er sich lieber in Hektors vertraute Hundehütte oder machte sich zu einer seiner ausgedehnten Wanderungen auf die Socken. Denn Erfahrung lehrte ihn, dass solche menschlichen Festivitäten zwar zivilisiert und geordnet beginnen, aber in jenen

Orgien weitergehen und enden, in denen viele Teilnehmer sich unkontrolliert benehmen und auf die Idee kommen, eigentlich famose Tierquäler zu sein. Dann möchten sie Hektor in seiner Hütte vernageln oder ihn solange ärgern, bis er einem Kollaps nahe rötlichweißen Schaum vorm Maul produziert und später für Tage nicht mehr ansprechbar ist. Oder sie versuchen ihn, Nelli, zu fassen und Konservendosen an den Schwanz zu binden und durch die Landschaft zu jagen. Andere machen's subtiler und tränken Tiere mit Bier und Schnaps bis obenhin voll und ergötzen sich an ihrem ulkig aussehenden Leiden. Wer einem besoffenen Hühnerhahn zusieht, mag sich vor Lachen den Bauch halten müssen, auch Katzen, denen man eine tote Maus an den Schwanz gebunden hat, vollführen erheiternde Veits- und andere Tänze, aber all diese Streiche beweisen doch nur, dass Menschen in Bierstimmung, Sektlaune und Schnapsverklärung keine Partner für Tiere sein können – also schnellstens fort von ihnen!

Als Nelli fünf Jahre auf Lohage weilte, kam ein Besucher, den selbst er nicht bemerkte, den noch niemand gesehen hatte: Jener, der zwar menschliche Formen hat aber viel zu abgemagert ist, um unsere Sympathien genießen zu können; wer nur als Skelett einhergeht, darf sich über Antipathien nicht wundern. Man saß an einem Sommerferientag fröhlich am Frühstückstisch und ließ es sich behaglich sein, als plötzlich alle aufhorchten und in der Tätigkeit verharrten, die sie gerade verrichteten. So blieben Stullen ungeschmiert, Kuchen ungegessen und Kaffee ungetrunken, Mettwürste und Schinkenscheiben durften sich noch eine Weile ihres Daseins erfreuen, und eins war allen Teilnehmern des Frühstücks gemeinsam: Sie rissen Münder und Augen weiter auf als sonst, schlossen sie auch vorerst nicht wieder, spitzten aber, - was man nicht sehen konnte -, wie Luchse die Ohren, um die vom Hof hereinbrechende Musik nicht zu verpassen. Diese war ein Wolfsgeheul, wie es seit 1834, als der letzte Wolf hier erlegt wurde, nicht mehr gehört worden war; tagsüber schon gar nicht, sondern nur in klaren Mondnächten.

„Nelli!“

Ewalds Aufschrei ließ die Stimmung platzen, er selbst fetzte wie angestochen nach draußen und kam eine Minute später zurück:

„Das müsst ihr euch ansehen!“

Man tat es und sah und hörte folgendes: Nelli hockte auf Hektors Hütte und heulte, heulte und heulte zum Erbarmen im reinen, ungetrübten und ziemlich verklärten Hundesopran, den Kopf halbschräg in den Himmel gereckt und offenbar anderen Ereignissen um ihn herum unzugänglich.

„Zum Erbarmen?“

Ja, denn er sang Hektors Totenklage, der, schien's, wie immer im Eingang seiner Hütte ruhte, kaum anders als sonst, nur eben tot, mausetot, hundetot mit allem Drum und Dran. Mehr als fünfzehn Lebensjahre kann so ein nervöser und die meiste Zeit an der Kette lebender Hund schwerlich schaffen, und alle fühlten sich froh und erleichtert, dass seine letzten Jahre in Gemeinschaft mit Nelli aus ihm noch einen richtigen lebensfrohen Hund gemacht hatten. Seine Beerdigung fand im nahen Eigenwald statt, denn natürlich wollte man die Kosten für den Tierkörperbeseitiger sparen. Ewalds Vorschlag,

„Kochen wir ihn doch im großen Kessel und verfüttern ihn an Nelli und die Hühner, die gerne Fleisch essen, dann lebt er sozusagen ewig weiter“,

wurde verworfen. Nelli schaute stumm zu, wie Hektor in

die Grube fuhr und zugeschaufelt wurde...

Am Schluss dieses Kapitels können wir getrost feststellen, dass Nelli gegenüber Besuchern Lohages durchaus aufgeschlossen war. Er kannte seine Pflichten, entzog sich ihnen nicht und schien manchmal froh zu sein, wenn ein langweiliger Tag durch Neuankömmlinge aufgelockert wurde.

Die tierischen Bewohner Lohages

Ein Bauernhof damaliger Zeit war nicht nur Anziehungspunkt für Haus- sondern auch für Wildtiere. Wir werden es erleben. Auf einem Bauernhof gibt es immer etwas zu finden, zu schnorren und zu erbeuten, nachbarliche Katzen und Hunde, und aus der freien Wildbahn Füchse, Dachse, Marder und Wiesel finden ihre Wege hierher. Die Abenteuer, die Nelli mit Katzen erlebte, sind im separaten Kapitel nachzulesen. Hektor ist, wie wir schon erfahren haben, ein ausgezeichneter Melder, aber Menschen, die seinen Hof betreten, können ihn so in Rage bringen wie vierbeinige Fremde. Sie sollen sich nicht unterstehen, sein geheiligtes Reich zu betreten...

Stellen wir als ersten Übeltäter in dieser Beziehung jenen Burschen vor, den Nelli schon zur Genüge kennengelernt hat. An einem Tag, als Hektor friedlich in seiner Hütte schlummerte, kam ihm unerwartet ein Windzug entgegen, der Abscheuliches herantrug und seine Nase schwer beleidigte. Johannes Schweine, deren Geruch ihm vertraut war, wirkten parfümiert dagegen, und wie mit einem deftigen Nasenstüber versehen torkelte Hektor aus seiner Behausung. Donnerwetter! So etwas war ihm noch nie vorgekommen! In Reichweite seiner Kette stand ein Klavier. Natürlich kein richtiges, sondern eines der Sorte, das Waidmänner mit solchem Namen zu belegen pflegen, wenn sie ein wenig Jägerlatein sprechen. Ein Wildschwein also. Ein Keiler. Kapital, monströs und stinkend. Ob es derselbe „von damals“ war, den Nelli rupfte und beutelte, bleibe dahingestellt, einer ähnelt dem anderen, und ob auch er erotischen Ambitionen nachging, soll ebenfalls nicht untersucht werden.

Es blieb wenig Zeit zum Wiedererkennen. Denn nur kurz währte Hektors Verblüffung und aufsteigender Zorn befahl ihm den sofortigen Angriff. Der schwarze Fremdling wich einfach einen Meter zurück, Hektor stoppte sich selbst, indem die Kette ihm am Hals die Luft abschnürte. Sein Kopf schien abzubrechen, er knallte unsanft zu Boden und fing ein Gebell an, das die Gegend erschütterte und Nelli herbeilockte. So sah sich das verwunderte Wildschwein von zwei Seiten umstellt. Nelli besaß, wie wir wissen, Erfahrung mit wilden Schweinen, er wusste, wie gefährlich sie sein konnten und dementsprechend versuchte er gar keinen direkten Angriff. Das Schwein trollte gemächlich in Richtung Kuhweide davon, als Wilfried, angelockt vom Spektakel, auf der Bühne erschien und die Idee hatte, Hektor freizumachen und das Schwein verfolgen zu lassen. Der arme Hektor! Zwar ging er mutig und aufjauchzend diesen Auftrag an und stürmte wie ein Wolf los, doch sein Opfer drehte sich ihm zu, ließ ihn kaltblütig auflaufen und schleuderte ihn mit seinem mächtigen Rüssel zwei Meter hoch in die Luft. Eine Wiese ist ein weicher Teppich, aber als Hektor landete glaubte Wilfried, nun sei er perdu. Doch trug er nichts anderes als die kluge Auffassung davon, sich nicht mehr hinter Wildschweine hetzen zu lassen.

Einmal machten Nelli und Hektor gemeinsam Jagd auf

ein weißes Hermelin, das sich im Eifer einer Mäusejagd nach Lohage verirrt hatte. Sowohl nach menschlichem Ermessen als auch nach tierischen Verhältnissen hätte es verratzt sein müssen, aber es ging schließlich aus dem Gefecht mit den beiden Hunden unversehrt hervor. Nelli stöberte es in der Nähe des Holzschuppens auf, wo es gerade eine Waldmaus gefangen hatte und diese verzehren wollte. Nun flüchtete es in weiten hektischen Sprüngen und Zickzacklauf, der Nelli ganz konfus machte, an der Scheunenwand entlang und rettete sich im letzten Moment vor Nellis zupackbereitem Gebiss in Hektors Hütte. Hektor lag mit dem Kopf im Eingang und bekam seinen Besuch gar nicht mit. Nun wollte Nelli ebenfalls hinein, um den kleinen Flitzer abzuwürgen, aber sein Freund glaubte, zum Toben und Balgen aufgefordert zu sein und verwickelte Nelli in einen Box-, Ring- und Beißkampf. Derweil huschte das Hermelin, das vielleicht in der Hütte einen zweiten Ausgang vermutet hatte, vorn wieder nach draußen und wollte über die Freifläche des Hofes die nächste Wiese mit ihren vielen Mäuselöchern erreichen. Nelli löste sich vom albernen Hektor und setzte erneut dem Wiesel nach, das nun tatsächlich verloren gewesen wäre, hätte es sich im letzten verzweifelten Augenblick nicht zur Gegenwehr entschieden. Es fuhr herum und Nelli mit einem derart geifernden Gekecker ins Gesicht, dass er völlig verdattert jedes Zubeißen vergaß. Das tapfere Tierchen tauchte in der nächsten Strauchhecke unter.

* * * * * *

Auch ein anderes jetzt einheimisches, früher fremdländisches Wildtier verschaffte sich den Respekt Nellis und passierte Lohage ungeschoren: ein Nutria, auch Biberratte genannt. Diese Tierart, ursprünglich aus Südamerika stammend, war in den 50er-Jahren neu hier und fing erst an, sich durch fleißige Vermehrung an Bächen und Flüssen auszubreiten. Die Bauern nannten ihn fälschlich Biber. Nelli wurde auf den kapitalen, fetten Nager durch das Geschimpfe der Vogelwelt aufmerksam und sah ihn dann im typischen Watschelgang über den Hof kommen. Seine Größe imponierte ihm, im hellen Licht leuchteten gelbe, eindrucksvolle Nagezähne, und Nelli unterdrückte seine Kampfgier und stellte sich dem Besucher erst einmal in den Weg. Dieser verhoffte auf kurze Distanz, blinzelte kurzsichtig aus halbgeöffneten Äuglein und zeigte vorsichtshalber seine Bewaffnung voll und ganz: ungepflegte, unsympathische, unheilvoll aussehende von Gelb bis Orange gefärbte mächtige Nagezähne, deren Bekanntschaft zu machen für niemanden vorteilhaft sein konnte. Das verstand Nelli sofort. Er umging den Nutria, um seine schwache Körperstelle auszuspähen, aber dieser drehte sich mit und fauchte zudem unmissverständlich warnend. So bellte Nelli um Hilfe. Lina, alle Männer waren außer Haus, eilte erregt herbei und hätte den Besucher erledigen, zum Beispiel mit einer Forke aufspießen können, während Nelli ihn hinhielt und an der Flucht hinderte. Dies freilich ließ ihr gutes Herz nicht zu.

„Lass ihn doch laufen, Nelli.“

Der Nutria wartete die Befolgung dieses guten Rates nicht ab und zog den bewaffneten Rückzug in den nahen Teich vor. Fasziniert beobachtete Nelli sein sachtes Eingleiten ins Wasser, sein Unter- und Wiederauftauchen und die an der Oberfläche gemächlich gedrehten Runden. Wieder hatte er ein Tier kennengelernt, dessen Erbeutung und Tötung Frauchen nicht wünschte...

Auch in der Tierwelt gilt der uralte Grundsatz menschlicher Geschichte: Die Großen lässt man laufen, die Kleinen packt man. Das folgende Ereignis liefert den Beweis. Der Bisam, auch Bisamratte genannt, ist der kleinere Verwandte des Nutria, sie leben gemeinsam im gleichen Biotop, nur dass der Bisam häufiger ist und als arger Schädling an Gewässereinrichtungen und Uferbefestigungen gilt; er wird sogar offiziell durch Fallenjagden verfolgt. Nun ergab es sich, dass ein Bisam auf den Spuren des Nutria ebenfalls Lohage queren wollte, um von einem Gewässer ins andere zu gelangen. Nelli warf einen kurzen Blick auf Lina, die weder abwinkte noch zustimmte, und so machte er kurzen Prozess und fackelte nicht lange: Er packte den Nager im Nacken und ungeachtet dessen quiekendem Todesgeschrei und Gezappel beutelte er ihn solange durch, bis er verstummte und einem nassen Waschlappen glich. Dann trennte Ewald den Schwanz des Toten ab – die Behörde zahlte immerhin eine Mark dafür.

* * * * * *

Nellis helle Aufmerksamkeit auch für Geschehnisse der Umgebung, die ja Heimat der Wildtiere war, führte zu einer der hübschesten und lehrreichsten Episoden auf Haus Lohage. Eines Abends Ende Mai hockte er so intensiv und andächtig lauschend, gelegentlich knurrend und starren Blicks in Richtung Gehölz auf einem Holzstapel am Hühnerstall, dass Ewald und Gisela Anteil nahmen und sich um sein Anliegen kümmerten. Sofort, als Nelli dies bemerkte, lief er fünfzig Meter ins Gehölz, kehrte zurück und sprang bettelnd und jaulend an den Kindern hoch.
„Er meint, wir sollten mitkommen."

So folgten sie dem wieder vorlaufenden Nelli und er führte sie an eine Stelle, von der klagendes, leise ziehendes Fiepen erklang; das die groben Ohren der Menschen vorher nicht vernehmen konnten. Es klang nach Hilfe, Hilflosigkeit. Und was fanden die Kinder, als sie Nelli folgend tiefer in das Dorngebüsch eindrangen? Ein Rehkitz, vielleicht einen Tag alt, das sich im Geranke von Brombeeren, Efeu und Unterholz verhakt hatte und nicht weiterkonnte. Da kann das Muttertier nicht helfen, nicht lange hätte es gedauert, bis ein Fuchs das Gejammer vernommen und fette Beute gemacht hätte. Also was tun? Als Landkinder, die Kontakt mit Jägern hatten, wussten Ewald und Gisela, dass man Jungtiere der freien Wildbahn nicht anzurühren hat. Aber hier herrschte doch ein Sonderfall, oder nicht?
„Wir müssen es freimachen und dann mitnehmen."
Zur Erklärung sei mitgeteilt: Es besteht in Jäger- und Naturfreundekreisen die Ansicht, dass ein einmal von Menschenhand berührtes Rehkitz nicht mehr von der Mutter angenommen würde und damit elend verkommen müsste, ließe man es, wie hier etwa, nach der Befreiung allein. Davon ist freilich nichts bewiesen, aber natürlich sollte man es nicht darauf ankommen lassen und Jungtiere nie berühren. Nelli war sehr interessiert und zeigte keinerlei jagdliche Instinkte, als Ewald das Kitz aus der Umklammerung der Pflanzen löste und Gisela es auf den Arm nahm. Gibt es aus der freien Natur etwas Ergreifenderes als ein Rehkitz? Schwerlich. Die Erwachsenen Lohages machten freilich ein bedenkliches Gesicht und meinten, es hätte sich gewiss selbst befreien können, aber nun, da es hier sei, müsse man es behalten und aufziehen und später dem Revier zurückgeben. Der zuständige Förster wurde verständigt und machte keine Einwände.

Nelli erkannte als kluger Hofhund natürlich sofort, dass dieses Kitz als neues Mitglied der Lohager Hofgemeinschaft nicht gehetzt, gejagt und gebissen werden durfte, es war gar nicht notwendig, ihn darauf hinzuweisen. Denn zwischen ihm und dem Neuling entwickelte sich eine der reizendsten Spielgemeinschaften, die Lohage je gesehen hat. Wer hier nun wen jagte und trainierte ist nie entschieden worden, auf jeden Fall mauserte sich das Kitz unter bester Pflege in wenigen Wochen zu einem spurtschnellen, springlebendigen Rehlein, das den guten Nelli sowohl im Kurz- als auch im Langstreckenlauf hinter sich ließ. Obwohl es alle Freiheit genoss und jederzeit hätte in diese zurückkehren können, wollte es Lohage partout nicht verlassen. Man versuchte es erst auf sanfte Art, indem Ewald und Nelli mit ihm weite Spaziergänge an Kornschlägen entlang und sogar quer durch Wälder unternahmen, wo es sich richtig austobte und satt äsen konnte, auch durchaus richtiges Verhalten lernte und sich vor den vielen fremden Menschen, die entgegenkamen, ziemlich scheu und zaghaft verhielt. Aber selbst eine Begegnung, schon im Herbst, mit anderen Rehen, die verlockend den Weg kreuzten, vermochte das anhängliche Tier nicht davon abzuhalten, immer wieder mit Nelli und Ewald den Heimweg anzutreten. So musste an einem sonnigen Oktobertag, rechtzeitig vorm Winter, zur Tat geschritten werden. Man packte Bambi ins Auto, transportierte es unter Anleitung des Försters in ein fernes Revier, ließ es aussteigen und brauste sogleich davon, ein verdutzt dreinschauendes, ratloses Tier zurücklassend – es wurde nie wiedergesehen und wird sich wohl eingelebt haben.

In ihrer heißesten Liebesphase im Frühjahr vergessen Hasenherren manchmal alle sonst übliche Vorsicht und hoppeln auf der Suche nach Häsinnen auch dort herum, wo sie eigentlich nichts zu suchen haben: auf Straßen und Wegen, in Dörfern und auf Höfen. Auf Lohage kannte jedermann diese Rammelzeit aus Erfahrung genau und es soll auch nicht verschwiegen werden, dass früher, zu Urgroßvaters und Großvaters Jugendzeiten etwa, so mancher Hase Lohage zwar betreten aber nicht verlassen hat. Jetzt ist Wilderei weder Mundraub noch ein Kavaliersdelikt mehr.

Nun an diesem Abend, als alle Raucher mit ihren Pfeifchen und sämtliche Trinker mit ihren Flaschen beisammen standen und klönten, als auch manch frische Maid sich hinzugesellte und Nelli ebenfalls mit von der Partie war, just in diesem Moment gefiel es Meister Lampe, den Hofplatz vor der Diele als Abkürzung auf dem Weg in einen anderen Revierteil zu nehmen. Da verhoffte er auf zwanzig Schritt und baute sein Männchen, jagerisch Kegel genannt, die typische Osterhasendarstellung, und irritierte sich wohl daran, dass in der menschlichen Gesellschaft urplötzlich Ruhe eingekehrt war, gebannte, gespannte Ruhe sogar. Diese Ruhe machte auch unseren Nelli aufmerksam, er folgte den Blicken seiner Freunde und entdeckte den Hasen. Empört kläffend stürmte er los, den uneingeladenen Zaungast beim Wickel zu nehmen, aber dieser sprang rechtzeitig kurz und heftig in die Luft, so dass Nelli ihn unterlief. Umkehr und neuer Versuch, diesmal schlug der Hase einen seiner bekannten Haken. Dieses wiederholte sich dreimal, bis dem Hasen wohl das Licht aufging, hier nicht unter seinesgleichen und in der freien Natur zu sein. Und unter einer Staubwolke empfahl er sich, von Nelli vergeblich eine Strecke weit verfolgt.

Einmal, als Hektor eben von Ewald ausgeführt wurde und

seine Hütte deshalb verwaist war, entdeckte man Nelli, wie er geifernd und empört bellend davor stand, sozusagen hineinbellte, aber selbst nicht hinein wollte. Also war klar, dass sich jemand, der ihn stark aufregte, einquartiert hatte. Fritz stocherte mit dem Besen und ein Marder schoss quiekend hervor, Nelli direkt ins Gesicht, aber so flott, dass dieser sein Gebiss nicht rechtzeitig schließen konnte. Der Marder flüchtete in die nächste Eiche und schaute von oben auf den noch immer rasend bellenden Nelli.

* * * * * *

Das größte Höllenspektakel von allen Wildtieren, die Lohage je besuchten, veranstaltete Meister Grimbart, ein Dachs. Wenn die Lohager bedachten, welch riesiges Gebiet, nämlich die vielen Quadratkilometer um ihren Hof herum, einem doch sonst scheuen Dachs zum Buddeln, Höhlenwühlen und Graben zur Verfügung stand, mussten sie sich schon sehr wundern, dass er sich ausgerechnet unter der Bodenplatte des ehemaligen Schweinestalles seine Behausung einzurichten gedachte. Ewald mit seinen wachen, aufs Tierische geprägten Augen entdeckte den Erdauswurf als erster: Ein dunkelrunder Eingang, von den Jägern Ein- oder Ausfahrt genannt, führte unter dem Grundmauerbalken in die Tiefe, ausgeworfene Steine und mächtige Erdbrocken zeugten von der Kraft, die der Dachs für diese Pionierarbeiten hatte aufwenden müssen – und das alles in einer Nacht! In der unser Nelli nichts bemerkte!

Ewald führte ihn behutsam heran, denn Dachse galten hier als aggressiv und echte Knochenbrecher. Nelli nahm interessiert und intensiv den ausströmenden Wind auf, kroch ein Stück in die Röhre, horchte hinein, bis für ihn

feststand: Der Kerl sitzt noch drin! Mit hasserfülltem Bellen teilte er diese Entdeckung Ewald mit. Statt nun alles auf sich beruhen zu lassen und abzuwarten, ob der Dachs am Abend ausfuhr und am Morgen vielleicht gar nicht wiederkam, stattdessen suchte man die Eskalation. Zunächst in Gestalt von „Waldi“, 3, Nachbardackel und frech wie ein Gros Spatzen, aber ohne einschlägige Erfahrung mit Dachsen. Auch er beschnüffelte eifrig den Eingang zum Bau, bildete danach Falten der Bedenklichkeit auf der Stirn und schaute seinen Herrn zweifelnd an; er schien das einzig vernünftige Wesen hier zu sein und hätte gewiss, könnte er reden, zur Mäßigung geraten. Aber sein Herrchen packte ihn und schob und schubste ihn brutal nach unten. Ob Waldi, der nur soweit einkroch, dass man sein Hinterteil noch sehen konnte, in der Höhle mit dem Dachs eine Weile korrespondiert, gar ein ernsthaftes Schwätzchen geführt hat, wurde nicht geklärt, aber vermutet – jedenfalls kam er kleinlaut zurück und auch unter Androhung sofortiger Todesstrafe durch seinen rabiaten Herrn war er nicht mehr zu bewegen, noch einmal und dann tiefer einzukriechen. Er lief einfach nach Hause.
„Den hole ich mir.“
Sagte sein Herr und meinte den Dachs dort unten.

Was nun aber an diesem Abend auf Lohage geschah, ist in die Jagdannalen der Provinz eingegangen. Jäger erzählen noch heute davon, blättern den Bericht in der Jagdzeitung durch und schütteln ihre Bierbäuche vor Lachen. Streng genommen war das, was Karl, der Herr Waldis, an diesem Abend veranstaltete, eine Straftat der Wilderei, wenn sie auch nicht vollkommen zur Ausführung gekommen ist. Er kam nämlich auf die grandiose Idee, den Dachs lebend einzufangen. Zu diesem Zweck legte er eine Schlinge aus Hanfseil in den Eingang, der ja auch Ausgang war, bezog in der Dämmerung klammheimlich Posten, so dass er neben dem Eingang stand, das Ende des Seils ums Handgelenk geschlungen, und harrte geduldig der Dinge, die sich bald ereignen mussten. Nelli nahm auf einem Stein in der Nähe Platz und harrte auch, schien jedenfalls zu wissen, dass absolute Ruhe zu herrschen habe.

Der gute Dachs, von den vorherigen Unruhen und Belästigungen im höchsten Grad misstrauisch und vorsichtig gemacht, erschien erst kurz vor Dunkelheit, jedoch gut erkennbar, in der Röhre und prüfte nach Art seiner Art den Wind. Sehen können seine kleinen Äuglein nicht sonderlich gut, er verlässt sich durchweg auf seine Nase. Auch Nelli, dem Dachse noch unbekannt waren, sah den hübsch schwarzweiß gefärbten Kopf aus dem Boden lugen und verhielt sich instinktiv ganz ruhig. Nun schien der Dachs zu einer guten Beurteilung des Abends gekommen zu sein, der Hunger mochte ihn treiben, und langsam schob er sich zehn Zentimeter weiter vor, um dann noch einmal zu verhoffen. Somit hatte ihn Karl dort, wer er nach seiner Meinung hingehörte: mitten in der geöffneten Schlinge. Diese riss er nun mit einer gewaltigen Kraftanstrengung zu. So schloss sie sich nicht wie üblich um den Hals des Dachses, sondern um seinen Körper mitten zwischen Vorder- und Hinterbranten, und würgte ihn nicht. Ein Umstand, der von Bedeutung werden sollte.

Nachdem der Dachs die Gefahr erkannt hatte, machte er einen machtvollen Satz vom Bau weg und riss mit dieser Bewegung Karl beinahe den Arm aus. Dachse sind Berserker und Raser, wenn sie gereizt oder in die Enge getrieben werden. Vielleicht wäre der Dachs noch von Karl eisern festgehalten worden, wenn Nelli sich nicht eingemischt hätte. Er fuhr dem Dachs an die Gurgel, beinahe seine letzte Heldentat, aber dem raschen Biss konnte er soweit ausweichen, dass nur sein Hinterteil erwischt wurde. Er heulte auf wie ein Schlosshund, vergaß sogleich alle jagdlichen Ambitionen und stürmte, noch immer klagend, ins Haus. Damit holte er jene Zuschauer herbei, die nachher authentisch berichten konnten.

Sie sahen das Schauspiel, wie Karl verzweifelt seine Beute zu halten versuchte, die ihn unerbittlich über die Wiese in Richtung Wald zog. Aber er wollte sie nicht aufgeben, warf sich rückwärts zu Boden und stemmte seine Füße ins Gras. Gegen diese Fußbremse war der Dachs machtlos, er zog und zerrte, keuchte und schnaufte wie ein Nilpferd und hätte doch mit Leichtigkeit das Seil durchbeißen können. Dieses war zwischen Karl und dem Dachs stramm gespannt und zitterte unter den Anstrengungen des Dachses. Nelli, wieder herbeigekommen, schätzte diese an sich ruhige Szenerie falsch ein und griff den Dachs erneut an. Dieser wich zurück und fuhr statt Nelli Karl, der noch auf dem Boden lag, heftig ins Gebein und biss oberhalb des Knöchels zu; da konnte Karl von Glück reden und tat es bald auch, nicht weiter oben am Arm oder Kopf erwischt worden zu sein.

Dennoch war er jetzt der Schreier und Brüller, im Reflex ließ er das Seil los, so dass sich der Dachs im unnachahmlichen Galopp, ohne Blicke zurück, doch prustend und atemrasselnd in Richtung Wald empfahl. Man empfand Anteilnahme und hoffte, dass er sein Anhängsel bald irgendwie loswerden würde. Nellis Wunden heilten schnell dank Linas und des Tierarztes Hilfe, aber Karl, der nicht krankenversichert aber selbsternannter Heilpraktiker war, sparte den Arzt und half sich mit Naturprodukten: Indem er Blätter der

Knoblauchsrauke, Brennnesseln und frischgrüne und warme Kuhkacke im Mund zerkaute und ordentlich mischte und den Brei dann auf die Wunde schmierte, den Verband darüber machte und das Ganze mit einem festen Verband aus Sackleinen und mit einem Strumpf abdeckte. Die Wunde hatte übel ausgesehen, die spitzen Zähne des Dachses waren bis auf die Knochen gegangen, aber es dauerte keine drei Wochen, bis sie bestens abgeheilt war und Karl wieder seine gewohnten Gänge in die Dorfkneipe antreten konnte. Dort bauschte er das Abenteuer zu einer lebensgefährlichen Angelegenheit auf und vergaß auch nicht, Nellis Mut und Tollkühnheit lobend zu erwähnen und seine Kur dringlich für ähnliche Fälle anzupreisen. Aber seine bäuerlichen Kollegen konnten sich deswegen nicht für sie begeistern, weil nach Karls Vorschrift „jedermann selbst kauen musste, weil nur der Zusatz eigener Spucke und Rotze und körpereigener Schnott“ die endgültige Heilung ausmachen würde. Karl und Nelli waren seitdem dicke und oft das Frühstück gemeinsam verzehrende Freunde.

* * * * * *

Es gibt Situationen in Nellis Lebenslauf, die ihm nicht sehr zu Ehre und Ansehen gereichen – aus der Sicht kurzsichtiger Menschen beurteilt. Denn was konnte er dafür, wenn diese für Vorkommnisse verantwortlich waren, die seine Anlagen aus jener grauen Vorzeit, als aus Wolf Hund wurde, geradezu durchbrechen ließen, durchbrechen lassen mussten. Nicht oft kam so etwas vor, schließlich lag Lohage in den Grenzen eines zivilisierten Landes, aber wenn, dann wackelten die Wände; was diesmal ganz und gar wörtlich zu nehmen ist.

Wenden wir uns nun Nellis Abenteuern mit Haustieren zu, sie sind nicht weniger aufregend als die vorhergehenden. Haustiere können auch Koller und Rappel kriegen und verspüren dabei meistens den Drang, der Enge ihrer Behausungen und Ställe, der Vormundschaft des Menschen und der Langeweile eines unfreien Daseins zu entrinnen. Heutige Psychologen meinen, gerade daran erkenne man die Urverwandtschaft zwischen Hausmensch und Haustier. Wie dem auch sei: Der kapitale Schafbock Boris, von derartig tiefsinnigen Betrachtungen natürlich unbelastet, beschloss nun dennoch, den Fehler seines Herrn, die Stalltür nicht ordentlich verriegelt zu haben, gehörig zu nutzen und sich in der Welt ein wenig umzusehen. Dass es hier keine Wölfe mehr gab, hatten ihn frühere Aufenthalte auf Wiesen und Weiden gelehrt – was also sollte ihm passieren!

Er trabte los, äste und beknabberte am Wegrand bisher ungenossene Spezialitäten und näherte sich wie vom Magnet angezogen seinem Schicksalsort Lohage. Dort ruhte alles im Frieden einer ländlichen Mittagspause, einschließlich Hektor, dieser jedoch nur solange, bis er Boris' Trippelschritte auf dem Pflaster vernahm. Da öffnete er die Augen zu Schlitzen, erkannte einen Fremdling und beschloss, die in ihm wie in jedem anderen Lebewesen dieser Welt latent schlummernde Heimtücke einmal zum Vorschein kommen zu lassen. Der etwas unorientiert wirkende Boris geriet somit in Hektors Wirkungskreis und musste zu seinem Leidwesen feststellen, dass Wölfe doch noch nicht ausgestorben waren: Hektor fuhr ihm an den Hals und hätte ihn wohl erwürgt, wenn er nicht selbst unangenehm zu würgen gehabt hätte – nämlich an der dichten Wolle, die wie ein Schutzpanzer wirkte. Diese hinderte also den Biss ins Leben, Boris riss sich blökend los und alles wäre vorüber gewesen, wenn Nelli nicht just auf dem Kampfplatz erschienen wäre. Sofort setzte er sich hinter Boris.

Dies war der Anfang eines für den Haushalt Lohages ungeheuren und sehr kostspieligen Unternehmens. Nachdem Boris, sehr irritiert und panisch, auf der Grünfläche vorm Haus ein paar Runden gedreht hatte, verfolgt von Nelli, der ihm in die Hacksen biss und Wolle aus seinem Pelz zerrte, entdeckte er endlich die offenstehende Haustür. Ob sie ihn an eine Stalltür erinnerte und Rettung versprach mag dahingestellt bleiben, er nahm sie jedoch in vollem Lauf an und donnerte hinein auf den Flur. Der natürlich in seiner Eigenschaft als Flur hier eine Falle vor einem Flüchtenden darstellte. Wohin? Alles so dämmerig und unvertraut! Und dieser furchtbare Köter in den Hacken, jetzt gar am Hals! Dort noch eine Tür! Sie stand offen. Boris stürmte hinein und befand sich im Wohnzimmer, wo Bernhardine über ihrem Strickzeug eingenickt war und sich Träumen vergangener Zeiten hingab. Sie wurde durch das Gepolter jäh geweckt, mit dem der prachtvolle, mit wertvollem Geschirr bestückte Kannenschrank nach vorn zu Boden stürzte, so dass erst das Porzellan zerklirrte, ehe der Schrank selbst auf den Wohnzimmertisch schlug.

Man stelle sich diese Szene bildlich vor: In einem Zimmer von 25 Quadratmeter Fläche jammert eine hilflos Oma, brüllt ein toll gewordener Schafbock und bellt ein in Jagdraserei entfesselter Hund! Niemand dieser drei Akteure steht stur herum, alles ist in Bewegung, schließlich neben dem erwähnten Kannenschrank auch seine Kollegen Regal, Wandschrank, Servierwagen, Stühle, Bilder, Vasen, Tischdecken, Kissen und Aschenbecher. Schließlich konnte nichts mehr zu Boden gehen außer den Hauptdarstellern:

Großmutter lag in halber Ohnmacht zwischen ihren Erbstücken, Boris kauerte apathisch und kollapsähnlich atmend unterm schweren Eichentisch, der als einziger unversehrt war, und Nelli lag, ebenfalls aus dem letzten Lungenloch pfeifend, direkt vor Boris, um ihn an einer etwaigen Flucht zu hindern. Er war Sieger auf der ganzen Linie und schaute stolz, Anerkennung heischend, auf seine entsetzt herbeigeeilten Herrschaften. Belobigte man ihn? Nein. Beschimpfte man ihn? Nein. Was ganz in Ordnung schien.

* * * * * *

Solche Streiche konnte sich Nelli gegenüber Fabian niemals erlauben, denn dieser war an seiner Vorderfront mit zwei ungemein tückisch und gemein wirkenden, nach oben gebogenen Waffen bestückt, die nur darauf zu warten schienen, endlich sinnvoll eingesetzt zu werden: jemanden zu rammen, zu stoßen, auf die Schippe zu nehmen und das Fürchten und Laufen zu lehren. Die Rede ist natürlich, - wer mag's schon erraten haben? -, von einem hochkapitalen Ziegenbock. Damals, zehn Jahre nach dem Krieg, gab es zwar noch zahlreiche Ziegen hier, Kuh des kleinen Mannes genannt, aber ihre Population sank von Jahr zu Jahr so dramatisch und folgerichtig ab, dass sich ein Ziegenzüchterverein nach dem anderen auflösen musste: Nach Einkehr des allgemeinen Wohlstands auch in Heuerhäuser und Kleinkaten fanden deren Bewohner plötzlich, dass Ziegen die großen Stinker der Gegend seien und dass ihre Milch und Butter und ihr Fleisch ebenfalls wie die Vorhölle stanken und schmeckten. Das war das Ende der großen Ziegenzuchten vergangener Zeiten.

Fabian, sein Gnadenbrot von Büschen und Hecken

knabbernd, war einst mächtiger erster Chef eines enormen Ziegendamenharems gewesen und kannte die sonst üblichen sexuellen Frustrationen gar nicht. Nun war's aus damit und er begann nach erotischen Abenteuern außerhalb seines Herrschaftsbereichs zu suchen und auch, welch ein Skandal, im wahren Sinn des Wortes fremdzugehen: bei Schafen, großen Hunden, Schweinen und wilden Rehen. Überall wurde er aber abgewiesen. Dabei war sein Erbgut wirklich gut und hatte ihm viele, jetzt an einer Zimmerwand hängende Diplome eingebracht. Nun trabte Fabian, - wir ahnen das Unheil wohl schon? -, auf den Spuren von Boris Lohage entgegen. Wieder war Hektor die erste Begegnung. Aber auch er erkannte auf den ersten Blick die schwere Bewaffnung Fabians und er beschloss, sich friedlich zu verhalten und nur ein wenig zu bellen, um Nelli als Unterstützung herbeizulocken. Wie sagt doch der Volksmund:

„Es kann ein Nachbar nicht in Frieden leben, wenn's..."
Oder so ähnlich. Nelli erschien so rechtzeitig auf der Szene, dass er erschreckt und konsterniert beobachten konnte, wie Hektor panisch in seine Hütte floh und dennoch ziemlich mörderisch attackiert wurde. Dumpfe, bisher nie gehörte Klänge durchzogen Lohage, als Fabian immer und immer wieder gegen Hektors Hütte anrannte und diese bereits im Fundament erschütterte. Der arme Hektor, dessen Trommelfelle platzen müssten. Diesem ganzen Ziegen- und Hundetheater vermochte Nelli nicht länger tatenlos zuzusehen, er griff an und biss Fabian tief ins Sprunggelenk. Was wohl ein Fehler war, wenn man bedachte, dass unser kaum renoviertes Wohnzimmer erneut an die Reihe kam: Denn dorthin flüchtete Nelli vor dem außerordentlich erbosten Fabian, und wiederum war Bernhardine das unschuldige Opfer. Fabian stand bockig vor ihr, seine Ziegenäuglein funkelten

böse auf der Suche nach Nelli, der sich unter die Couch verkrochen hatte. Schließlich ließ Fabian seine Wut an den Sesseln aus und spießte sich einige Kissen auf die Hörner, ehe er verschwand wie hergekommen und eilig heim trabte.

Ereignisse wie die geschilderten gehörten auch auf Lohage nicht zu den alltäglichen, aber sie zeigen doch, dass ein Bauernhof nicht immer jene friedliche Ort sein kann, als den ihn Romane und Ölgemälde darstellen. Zu viele verschieden veranlagte und gestaltete Individuen leben auf und von ihm. Wenn woanders entlaufene Kühe den Hof kreuzten ging's durchweg friedlich zu, entsprechend der Mentalität der Besucher, obwohl Nelli immer furchtbar aufgeregt tat, um seine Rolle als Wächter zu demonstrieren. Wenn man bedenkt, dass es durchaus eine enge Verwandtschaft zwischen friedfertigen norddeutschen Kühen und den bekannten Stieren Spaniens gibt, dann kann die folgende Begebenheit nicht verwundern. Da war zum Beispiel Jungbulle Georg, der von einem Schwarm Hornissen, deren Nest er bloß getreten hatte, weit verfolgt wurde, so dass er als letzte Rettung die geöffnete Scheune Lohages sah. Tatsächlich kehrten die erbosten Insekten vor ihr zurück, Georg schüttelte sich und tat sich ziemlich erschöpft auf einem Heuhaufen nieder. Dort entdeckte ihn Nelli und tänzelte solange kläffend und zähneschnappend um ihn herum, bis die Bullengeduld zu Ende ging. Flink erhob sich Georg und folgte blindwütig gesenkten Bumskopfs mit knospenden Hörnern dem Störenfried nach draußen, diesem immer nach bis in Hektors Beißnähe. Das wäre beinahe Hektors vorzeitiges und sehr unrühmliches Ende gewesen, denn erstens kassierte er einen überraschenden und schweren Hinterhufkinnhaken, dass er soweit flog wie die Kette es zuließ, und zweitens war Georg so kurzsichtig, dass er glaubte, Hektor in der Hütte verschwinden zu sehen – die er nun zu Kleinholz zerdonnerte. Das war tatsächlich und eindeutig gröbere Musik als diejenige Fabians und sie imponierte Nelli so enorm, dass er sich bis zur Dielentür zurückzog. Zum Glück für Hektor war Georg kaum rachsüchtig, er verschnaufte und schnaufte, dass der schaumige Schnotter flog und trollte sich von dannen.

* * * * * *

Milchkuh Susi, eine der ergiebigsten der Region und Liebling aller Angestellten des Rinderstammbuchs, strahlte die allen Friedtieren eigene Ruhe und Abgeklärtheit aus: Wer jeden Tag einen Eimer voll Milch gibt, Wasser, Heu, Runkelrüben, Silage und Kraftfutter vorgesetzt bekommt, im Frühjahr auf saftig grüne Weiden geleitet und im Herbst von Bullen wie August der Starke gedeckt wird, kann wahrlich mit seiner Welt im Einklang stehen. Was bedeutet dann ein kleiner Hund mit frecher Schnauze, der wie ein Tanzbär hüpft und verhalten knurrt, nur weil man einmal durch Lohages Gefilde spazieren möchte! Susis Aura war so dominierend, erfüllte sozusagen die Landluft umher, dass Nelli selbst sich hätte wundern dürfen, - sofern er dazu in der Lage war -, nicht aggressiv zu werden und im Gegensatz dazu Susi über Lohage begleitete und führte, bis sie genug Grashalme hier und dort abgerupft hatte und von ihrem sie sehnlichst suchenden Herrn gefunden und nach Hause gebracht wurde.

Es gab im Lauf der vielen Jahre noch einige tierische Besucher mehr auf Lohage, doch wir haben nur jene Höhepunkte herausgegriffen, deren Überlieferung in die Geschichte lohnt. Über eine andere Gruppe Besucher, die Hunde nämlich, wird in einem späteren Kapitel berichtet.

Nelli und August der Starke

Wissenschaftler haben einmal folgendes anschauliches Beispiel zum besseren Verständnis unserer Erdgeschichte zusammengestellt: Das gesamte Bestehen unseres Erdballs, also jene sagenumwobenen geschätzten vier Milliarden Jahre als Zifferblatt einer Uhr. Die verschiedenen Zeiten und Zeigerstellungen stellen die Erdzeiten und das Erscheinen der allmählich diese Erde besiedelnden Pflanzen und Lebewesen dar. Es ist „wenige Sekunden vor Zwölf" – da erst taucht der Mensch auf!

Nehmen wir nun das ähnliche Beispiel für ein anderes, hier aktuelles Thema: Jahrhunderttausende, solange der Mensch sie mit Geduld, Ausdauer und liebevoller Kleinarbeit domestiziert hat, sind seine Rindviecher in den Genuss der natürlichen Paarung gekommen, die der menschlichen ja ziemlich nahe verwandt ist. Im 20. Jahrhundert mit seiner betont und bevorzugten wirtschaftlichen Denkweise ist das plötzlich anders geworden! Zurück zum Zifferblatt unserer Uhr: Bis eine tausendstel Sekunde vor Zwölf paaren sich Kuh und Bulle in hergebrachter, sympathischer Weise – da erst taucht die künstliche Besamung auf!

Über diese weiß man auf Haus Lohage um diese Zeit reichlich wenig, sehr Ungenaues nur aus dem Landwirtschaftlichen Wochenblatt. Würde man sich sonst entschlossen haben, August anzuschaffen, der wegen seiner tollen Kapazität bald „August der Starke" heißen wird. Hätte noch vor fünf Jahren im Dorf jemand behauptet, man könne Kälber ohne direkte Teilnahme des Vaters schaffen, so wäre ihm eines von beiden sicher gewesen: Entweder sofortige Einweisung in eines jener Häuser, die man heute Psychiatrische Klinik nennt, oder die spontan-augenblickliche öffentliche Kreuzigung auf dem Dorfplatz. Urteil: Sakrileg! Höchstens eine kapitale Trunkenheit, hätte er die Äußerung in ihr gemacht, hätte die Hinrichtung auf achtundvierzig Stunden ununterbrochener harter Folterung mildern können. Zu diesen Rückschritten in die Zeiten inquisitorischer Maßnahmen ist es im Umkreis von Haus Lohage allerdings nicht mehr gekommen.

August also trabte eines Nachmittags unter Führung von Fritz auf den Hof und wurde an seinem Stand auf der Diele festgemacht. „Führung“ eines Bullen sah damals folgendermaßen aus: Schon die Jungbullen, sofern sie der Gnade zuteil wurden, sich demnächst fortpflanzen zu dürfen und nicht der allgemeinen Berufung anheim fielen, zu Gehacktem und Schnitzeln verarbeitet zu werden, bekamen einen eisernen Ring in die Nüstern zwischen die Nasenlöcher „geknallt“, ohne dass viel gefackelt wurde. Hätte man sie bei diesem Tun an Schmerzmessgeräte angeschlossen – die verfügbare Skala hätte wohl nicht ausgereicht, der Zeiger wäre über den Anschlag hinausgesprungen. Die Bullen wurden dabei schmerzstarr wie Denkmäler, ließen ihre Glotzaugen aus dem Kopf treten und zitterten anschließend am ganzen massigen Körper. Doch jede Pein lässt nach, haben Mensch und Tier in Jahrtausenden erfahren, der Durchbruch des Nasenstegs heilt aus und so haben sich die Herren Jungbullen bald an ihr Anhängsel gewöhnt.

Dieses hat tatsächlich einen sehr vernünftigen und praktischen Zweck: Nämlich den in ein paar Monaten vom Kalb zum Jungmann herangewachsenen Bullen überhaupt bändigen, ihn also führen zu können. In den Nasenring wird dann per Karabinerhaken ein etwa einen Meter langer Stock eingeklinkt, den der Führer in die Hand nimmt, an dem er zieht, wenn's vorwärts, den er stößt, wenn's rückwärts gehen soll. Bald hat auch ein störrischer und aufgebrachter Bulle gelernt, folgsam zu sein statt stets Nasenbluten und Nüsternschmerzen zu bekommen. Dem Führer bietet diese Methode die Sicherheit, - den ein gewöhnlicher Strick wie bei Kühen nicht geben könnte -, sich den Bullen bei etwaigen Meinungsverschiedenheiten vom Leib halten zu können.

* * * * * *

Als August auf Lohage Einzug hielt war er bereits ein bewährter und vernünftiger Vermehrer, in den besten Bullenjahren und sogar im Stammbuch registriert, wenn auch seine äußere Erscheinung nicht ganz den Vorstellungen der Stammbuchverwalter entsprach. Von solchen Edelprodukten der Züchtung gab es sowieso nur wenige und diese waren auf den Auktionen für Leute wie die Lohager unerschwinglich teuer. August besaß ein sonniges, kinderliebes Gemüt wie ein alpiner Bernhardiner, aber, wie sich bald zeigen sollte, auch ein gutes, rachsüchtiges Gedächtnis. Keinesfalls entsprach er jenen zur Raserei aufgeputschten pechschwarzen Kollegen, die in Espanias Arenen getrieben und zu Tode gequält werden.

Städter und andere Unkundige ländlichen Sexualtreibens haben manchmal die Vorstellung, ein Zuchtbulle sei der reine Casanova, Don Juan oder „echte“ August der Starke (jener aus Sachsen) auf vier Beinen, der sich auf seine Geliebten stürze wo er sie antreffe. Weit gefehlt, für unseren August hier jedenfalls. Er führte auf der Diele die Reihe der angeketteten Rindviecher an und war natürlich Hahn im Korb, was aber nur bedeuten kann, dass er der einzige Mann unter Weibern war. In der ländlichen Biologie nicht Versierte sollten wissen, dass es unter Tieren Vergewaltigungen und andere sexuelle Absonderlichkeiten nicht geben kann, weil ja die Damen, nicht die Herren „den Zeitpunkt" bestimmen.

Darum können in einem tierischen Schlafsaal Männlein und Weiblein bedenkenlos gemeinsam untergebracht werden. August ist hauptsächlich deswegen angeschafft worden, um Geld mit ihm zu verdienen, er macht's ja nicht umsonst, gegen Bares, versteht sich, das bei Landwirten traditionell knapp ist. Also sollten ihm soviel Damen wie möglich, von nah und fern, zugeführt werden. Eines Tages wird er seinen Einstandspreis erbracht haben, müde und impotent geworden sein und den Weg allen leckeren Fleisches antreten müssen.

Der gute Nelli, von einem seiner Streifzüge zurückgekehrt, sah August den Starken erst am nächsten Tag, als dieser eben auf seine Viehweide nahe am Hof gebracht wurde. Nelli lief hinzu und baute sich in seiner bekannten Drohstellung vor August auf, und beide schauten sich eine Weile stumm und andächtig in die Augen. Würden sie Hofkonkurrenten werden? Auch Edmund Alfred Brehm, den wir schon zitiert haben, scheint so einem Bullen gegenübergestanden zu haben:

„Ueber das geistige Wesen des Hausrindes brauche ich nicht viel zu sagen Das Thier steht unzweifelhaft auf niederer Stufe; neben dem Schaf ist es das dümmste unserer Hausthiere. Seinen Pfleger lernt es kennen und in gewisser Weise lieben; es gehorcht dem Rufe und folgt der Lockung, es beweist auch eine gewisse Theilnahme gegen Den, welcher sich viel mit ihm beschäftigt. Der Stier ist vorzüglicher als die geistigste Kuh. Er hat weit mehr Körperkräfte, schärfere Sinne, mehr Kraftgefühl, Muth, Gewandtheit, Raschheit. Er schaut viel frischer in die Welt und sieht mit Verstand um sich..."

Na, da haben wir's ja! Dann wird uns das Nachfolgende nicht mehr verwundern. Augusts Stimmung war am besten an seinen Augen abzulesen, er schien außerstande zu sein, sich zu verstellen: runde, kugelige und tiefbraune Glotzpupillen, die sich gewandt, wie bei einem Ochsenfrosch, in ihren Halterungen hin und herdrehten und ihm ein ziemlich starkes Rundumsehen ermöglichten. Jetzt sog seine Triefnase, breit wie ein mittlerer Kürbis, von glänzender Lülle überzogen, in tiefen genussvollen Atemzügen Nellis Lebensduft ein. Nelli tat's ihm nach, nur troff's bei ihm nicht, zog die Stirn kraus, was stets rege Hirntätigkeit anzeigte, und plötzlich war beider wohlwollende Akzeptanz beschlossene Sache – es bedurfte nur noch der Besiegelung, um Freundschaft zu werden: August ging vor und leckte Nelli einmal über den Kopf, Nelli machte es etwas unfeiner, aber handfester, indem er um August herumging und sein linkes Hinterbein ausgiebig bepinkelte. Das war ein gewisses Wagnis, denn sie kannten sich doch kaum und ein Rinderfuß kann so blitzschnell und effektiv nach hinten ausschlagen und treffen, dass man für alle Zeiten ausgepinkelt hat.

* * * * * *

Doch geschah nichts dergleichen. Im Gegenteil: eine Freundschaft ward geboren – zwei Männer hatten sich gefunden! Wenn es sich einrichten ließ, die Interessen sozusagen gleich liefen, verbrachten sie in Zukunft täglich ein paar Stunden miteinander. Das sah immer sehr niedlich und traulich aus. Wenn man unser Rindvieh gewähren lässt, läuft sein Tagesrhythmus hauptsächlich mit Fressen, Ruhen und Wiederkäuen ab. Zu letzterem tun sie sich nieder, im Stall oder auf der Weide, und bieten damit ein Bild stiller Zufriedenheit. Diese liebte bekanntlich auch Nelli und was lag für ihn näher, als sich Fleischklotz August zuzugesellen, wenn dieser ruhte. Da lagen sie nun beieinander, Nelli meist an der Sonnen- oder Windschattenseite und so, dass er sein Umfeld beobachten konnte. Diese Stellung, so sehr sie friedlich erscheinen mochte, entpuppte sich als Ausgangsbasis für einige raffinierte Jagdabenteuer Nellis. August lag dösend dabei und begriff nichts.

Es kam gar nicht selten vor, dass freilebende Wildtiere sich Haustieren näherten, die auf der Weide standen, grasten oder ruhten. Sie erkannten rasch eine gewisse Sicherheit in dieser Situation, die darin lag, dass Jäger sich hüteten, auf Wild zu schießen, das sich zwischen dem Vieh bewegte. Kaninchen und Hasen machen das gern so, ebenfalls Fasane, die auch die Gesellschaft von häuslichem Federvieh aufsuchen. Aber Füchse? Jedenfalls trabte einer dieser dreisten und neunmalklugen Reinekes bis auf zwei Meter an August heran, der vielleicht schon glaubte, wieder einen neuen Freund willkommen heißen zu können. Der Fuchs horchte so intensiv auf Wühlmäuse, dass ihm Nelli entging, der sogleich von Ruhen und Rasten auf Angriff schaltete. Eine Heldentat aus Unkenntnis sozusagen, denn der Fuchs war deutlich stärker als Nelli. Selbst gegen ausgebildete und todesmutige Jagdterrier und Deutschdrahthaar haben Füchse gute Chancen. Aber Nelli hatte diesen, einen heurigen Unerfahrenen, sofort fest an der Gurgel gegriffen und würgte ihn in einer wüsten Balgerei ab, der August staunend zuschaute.

Wie diesem Rotrock erging es später ein paar Jungfasanen, Kaninchen und Hasen, die sich alle dem guten August arglos genähert hatten und doch am nächsten Tag den Speiseplan Lohages aufbessern halfen. Das wurde nicht als Wilderei betrachtet, da die Tiere ja auf eigenem Grund und Boden erlegt wurden – eine Ansicht, zu der sich heute kein Amtsrichter mehr bekehren ließe. Bald hatte Nelli auch begriffen, dass sein neuer Freund Schutz bieten und Schild sein konnte: Dann nämlich, wenn große, weit überlegene Hunde ihn selbst verfolgten und ihm an den Kragen wollten. Da schaltete Augusts etwas träges Gehirn zügig und richtig, er ließ Nelli zwischen seinen vier Tretern Asyl nehmen und wandte sein Haupt den Angreifern zu, mit dem rechten Vorderlauf Erde aufwühlend und hochwerfend, und seine Stimme teilte deutlich mit: Bis hierhin und nicht weiter! Diese Sprache verstand der giftigste Dorfhund und Landstraßenköter.

Die meisten Deckakte, die August zelebrierte, fanden unter Nellis Aufsicht statt. Bald wusste Nelli, dass Leute, die eine Kuh auf den Hof führten oder sie im Gefährt antransportierten, nur leicht, der Vorschrift halber, anzubellen waren. Eine Anmeldung, an deren Ton August erkannte, dass man ihn benötigen würde. Nelli bestaunte gebannt die imponierende Eleganz, mit der August sich vorn anhob und sich auf den Rücken der Kuh wuchtete. Bekam Nelli eine ungefähre Ahnung dessen, was hier vorging? Es schien so, denn nach Beendigung des Deckaktes und Abführung der Hauptdarsteller inspizierte er den Tatort kleinlich und zentimeterweise mit der Nase und warf anschließend die Oberlippe auf, flämte also. Genau wie August es tat, nachdem er sich von der Bereitschaft der vorgeführten Kuh überzeugt hatte. Keineswegs war August ein dumpfer, gefühlloser Besteiger, wozu die heutigen Zuchtbullen befördert worden sind; nein, er beroch seine Braut intensiv, wie werbend, stupste sie mit seiner nassen Riesennase an und scheuerte seine Hörner an ihrem Hinterteil blank, flämte himmelwärts und brummte vergnügt – ein richtiger vierbeiniger Kavalier. Manchmal kam es vor, dass eine Kuhjungfrau, noch keine zwei Jahre alt oder sonstwie zarter als üblich gebaut, seinen Zentnern nicht gewachsen war und langsam, wie im Zeitlupentempo, zusammensackte.

* * * * * *

Im Winter verbrachte Nelli gern die Zeit im warmen Kuhstall, eng an den ruhenden August geschmiegt. Er musste stets nur bei dessen Aufstehen acht geben, nicht erdrückt zu werden. Sollte er sich vorgestellt haben, auch hier innen diese Lage als Hinterhalt nutzen zu können, so wurde er wenigstens einmal nicht enttäuscht. Denn ein Landspitzbube, - noch waren sie nicht alle in die Städte abgewandert - , betrat in ruhiger Mittagszeit auf leisesten Sohlen, die es gibt, nämlich barfuß, die Diele vom Hof her und schaute beutegierigen Blicks um sich. Zwar bemerkten ihn August und seine Kühe, die Pferde ebenfalls, aber was wissen Friedtiere von bösen menschlichen Absichten! Nelli als geborener Beutegreifer und Verfolger kannte die Welt natürlich besser, was er mit einem zwar stummen aber unter äußerster Wut geführten Angriff sogleich unter Beweis stellte. Hunde, zumal sie nach Partisanenregeln vorgehen, können auch hartgesottene Diebesherzen zum Stillstand, gewiss nahe an den Infarkt bringen: so geschah es hier nämlich. Schon hatte sich Nelli seit über fünf Sekunden in den linken Barfuß verbissen, dass die Hornhäute rissen und Hühneraugen aus den Fassungen sprangen, da erst reagierte der Spitzbube mit höllischem Geschrei und Veitstänzen über die halbe Diele, die Nelli mit giftigem Zuschnappen in Zehen, Hacken, Waden und Kniekehlen noch anheizte und erst richtig in Takt und Schwung brachte. So etwas hatte das Rindvieh, das ja die besten Zuschauerplätze innehatte und sich wie zum Applaus im Stehen erhob, noch nie gesehen, es bölkte im tiefem Bass, August, bis zum Tenor und hellen Altus laut und anhaltend um die Wette. Das war auch für die menschlichen Bewohner Lohages ein herbes Erwachen aus wohligem Mittagsschlaf. Als Fritz schließlich als erster erschien, konnte er noch die hübsche Verfolgungsjagd Nellis beobachten, der den Barfußtausendmeter-und-mehr-Läufer bis weit übers Weichbild Lohages trieb, dabei immer wieder Bisse in die Hacken landend. Was blieb waren ein paar Schuhe und Strümpfe vor der Dielentür, die man ganz gut gebrauchen konnte...

August der Starke hatte ja in der langen Reihe seiner Weiber den ersten Platz inne, lebte also mit dem Plumpsklo, - das freilich bald durch ein modernes am anderen Ort ersetzt werden sollte -, Wand an Wand, konnte alle Gänge sozusagen kontrollieren. Wenn er seinen dicken Dreiecksschädel mit den kurzen Hörnern daran dann manchmal ein wenig nach rechts hievte, behinderte er das Öffnen der Klotür; keine böse Absicht, natürlich nicht. Jedermann von Lohage, der nun mal musste, richtete ein nettes Wort an August oder drehte, ein Horn anfassend, sein Haupt ein Stück beiseite. Fast jedermann! Sohn Wilfried, uns bereits durch mangelnde Tierliebe unangenehm aufgefallen, fühlte sich bedroht und behindert und gedachte seine Autorität als Hoferbe durchzusetzen und ein „Exempel für alle Zeiten“ zu statuieren. Er knallte August, als dessen Horn beim nächsten Mal die Klotür blockierte, seinen rechten Fuß samt Holzschuh auf den Nasenring. Können Tiere Sterne sehen? Keiner weiß es genau. Aber wenn es so sein sollte, dann sah August jetzt viele tausend Stück von ihnen. Der Schmerz ließ seine Augen bis zum Rausflutschen vorquellen, er röchelte stumm und ließ lautlos Ströme klaren Schnotts aus den Nasenlöchern fließen, den er meist wieder mit der Zunge auffing – alles in allem machte er einen sehr bemitleidenswerten Eindruck. Können Tiere wie er, beschränkt denkend und langsam handelnd, vergeltungssüchtig sein? Diese Frage beantwortete August selbst, schon am nächsten Tag.

Da ahnte Wilfried nichts Böses, als er wieder aus den Hosen musste, denn August mampfte stehend sein Heu und schien ebenfalls an nichts Böses zu denken. Rums, fuhr sein rechtes Horn in Wilfrieds Hüfte, als dieser die Klotür öffnen wollte. Nun war's an ihm, Sterne zu sehen, sich vor Schreck und Schmerz in die Hose zu machen und ein halbes Jahr lang einen riesigen blauen Fleck allen Zuschauern präsentieren zu können, die Interesse zeigten; er war noch billig davongekommen – wie oft las man im Bauernblatt, dass wieder einmal ein Bulle einen Menschen in die ewigen Jagdgründe geschickt hatte!

Ja, so war der gute und starke August: höflich aber konsequent. Charakterlich seinem besten Freund sehr ähnlich. Sie haben, Nelli und er, noch eine Menge fröhlicher, unterhaltsamer Stunden erlebt, bis das Unabwendbare zu geschehen hatte: August der Starke, nun nicht mehr ganz so stark und sehr seniorenhaft wirkend, wurde behutsam und unter Blicken von Anteilnahme und Verständnis auf einen Viehwagen geladen und fortgebracht.

„Aus den Augen – aus dem Sinn!“

Wolfsblut

Wieviel vom Wolf ist noch im Haushund? Wieviel davon in unserem Nelli? Unser Schreibgenosse Alfred Edmund Brehm schrieb aus seiner Sicht der Dinge 1864 im „Illustrirtes Thierleben“:

„...Nicht die dunkelste Sage kann uns über seine Vorfahren Aufschluß geben, und auch die genaueste und sorgfältigste Forschung hat Dies bis jetzt noch nicht vermocht. Ueber die Abstammung des wichtigsten aller Hausthiere liegt ein scheinbar undurchdringliches Dunkel. Es gibt kein anderes Thier weiter, über welches soviele Muthmaßungen, soviele Annahmen herrschen als über den Hund. Nach der Ansicht der Einen gehören alle Hunde der ganzen Erde nur zu einer einzigen Art, die Anderen nehmen, und jedenfalls mit Recht, mehrere Stammeltern an. Die Ersteren betrachten alle Hunde als Abkömmling vom Wolf, vom Schakal, vom Dingo, vom Dole und Buansu; die Anderen glauben, daß er ein Erzeugniß mehrfacher Kreuzungen zwischen diesen oder jenen der genannten, ein Blendling verschiedener wilder Hunde sei. Wir vermögen Dies nicht zu unterscheiden...“

Nun, unsere zweite Frage lautet ja: „Wieviel vom Wolf ist noch in unserem Nelli?“

Dieses dramatische Kapitel gibt eine Antwort...

Bildseite 1
Weil es von Nelli weder Fotos noch Abbildungen gibt, auch von seinen Kameraden und Spielgenossen nicht, haben wir eine Zusammenstellung von Fotos gemacht, die in etwa seine Zeitgenossen treffen sollen. Hier seine sechsbesten Freunde

Bildseite 2
Hier Nellis sechs zweitbeste Freunde

Bildseite 3
Nellis „große“ Freunde

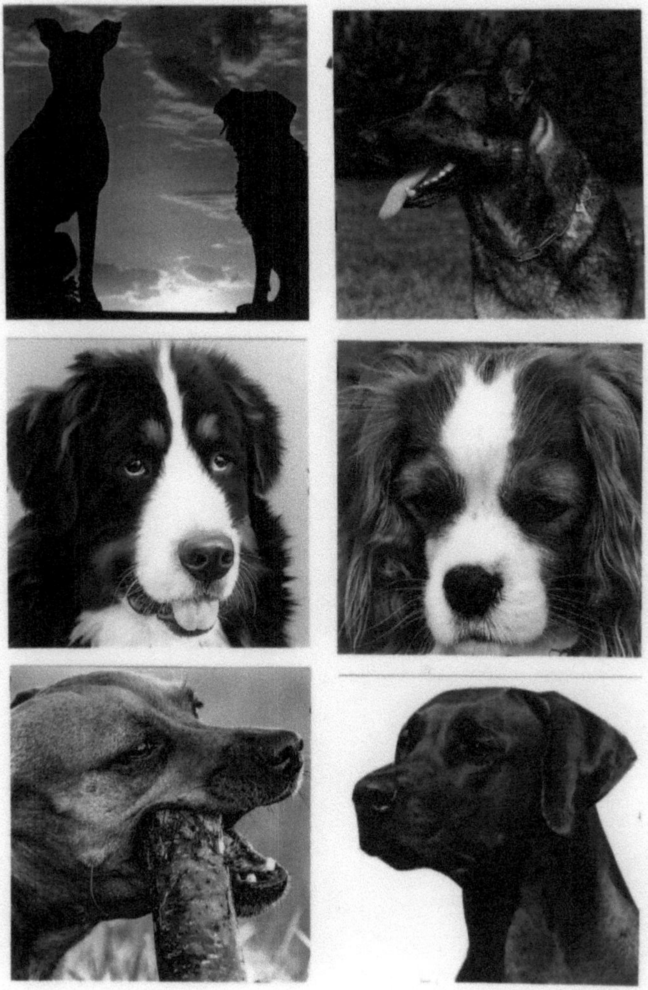

Bildseite 4
Nellis „mittelgroße“ Freunde

Bildseite 5
Nellis „kleine" Freunde

Bildseite 6
Hundenachwuchs um Nelli herum

Bildseite 7
Vierbeinige Wassersportler um Nelli herum

Bildseite 8
Mobile Kameraden um Nelli herum

* * * * * *

Es spielt in der Zeit, da Nelli fünf Jahre auf Lohage lebte und damit der gute Urgroßvater neunundachtzig Jahre älter war als er. Obwohl eine Nachbarin gutgemeint seit langem verlauten ließ: „Schrecklich, dass Menschen so alt werden können“.

Dabei galt Urgroßvater Bernhardt durchaus nicht als Last der Familie oder des Betriebes, da er sich pflegeleicht gab und Ärzte partout nicht sehen wollte; damals war kaum jemand der alten Leute krankenversichert. Man starb „wie es Gott gefiel“ und mochte seinen weisen Fügungen nicht allzu viel in den Weg legen. Eines Tages oder Nachts hatte ein alter Mensch ausgehaucht, der Doktor kam stracks herbei, schrieb den Totenschein, kassierte bar eine minimale Gebühr (5 Mark) und vier Tage später ging's ab in die Grube des Dorffriedhofes, wo schon die Ahnen ruhten und warteten. Man diskutierte noch nicht über eine Gesundheitsreform (was für ein Unwort!), weil damals viel weniger Leute als heute an Gesundheit, Krankwerden und -sein, Pillen, Siechtum, Intensivstation, Tod und Beisetzung verdienten.

Uropa Bernhardt lag zwar in letzter Zeit reichlich häufig zu Bett, konnte aber noch viel Alltäglichkeiten selbst besorgen: große und kleine Geschäfte im alten „Geschäftshaus“ mit Herzchen in der Tür auf der Diele, das er dem neuen Klo „mit dem vielen Wasser- und Papierverbrauch“ demonstrativ vorzog; Wegschlabbern von Kraftbrühe oder Hühnersuppe; Aufmampfen von Kartoffelbrei mit Gehacktem; Zerknabbern von hausgebackenem Stuten nebst dessen Kruste – man bedenke hierbei, dass, wenn die natürlichen Beißer langsam aber sicher, so ab 50, ausgefallen waren, es aus

Gründen der Sparsamkeit keine neuen künstlichen gab. So läpperte dieser alte Mann sich dahin, ziemlich zufrieden und gelassen, und jedermann wusste, dass es erst dann mit ihm bedenklich sein werde, wenn er beiläufig sagen würde:

„Ich kann die Milchsuppe nicht mehr beißen!"

(Hier ins Hochdeutsche übersetzt.) Wenn Bernhardt tagsüber im Bett lag, das Landwirtschaftliche Wochenblatt erst studierend und nach dem Lesen in DIN-5-Stücke für „sein" Klo zerreißend, dann leistete Nelli ihm gern Gesellschaft, einerseits der Ruhe wegen, andererseits weil er vertilgen durfte, was vom Essen übrig blieb. Nelli hockte dann in Bettkantenhöhe auf dem beigestellten Sessel und schlief auch hier, wenn ihm danach war. Uropa sprach nicht nur gern mit sich selbst, sondern auch mit Nelli, von uralten Zeiten, Annodazumal und den Eskapaden seiner bewegten Jugend – er war gerade 7 geworden, als es wieder einen Deutschen Kaiser gab! Und im Gegensatz zu anderen Zuhörern blieb Nelli stets höflich und aufmerksam, grinste, lachte, kritisierte und unterbrach nicht. Seine Beteiligung an der Konversation war stumm doch sehr beredt: Ohrenspitzen, den Kopf in Schieflage bringen, was überaus artig aussah, Schwanzklopfen an die Bettkante, Hecheln und Sehnsuchtsblicke auf etwaige Reste der Mahlzeit. Die Familie wunderte sich immer über Uropas gesunden Appetit.

* * * * * *

Für das, was an seinem letzten Tag geschah, gibt es zwei Zeugen: Wilfried und Nelli. Der Urenkel hat auch alle Geschehnisse der Nachwelt überliefert. Er saß nämlich in Bernhardts Zimmer, um in dieser klausurähnlichen Abgeschiedenheit, fern vom Lärm des Hofes, wichtige Schul-

arbeiten zu machen. Konzentration auf Denkarbeit mag Landkindern schwerer fallen als Stadtkindern, da sie früher in der Familie mithelfen müssen und ihr Umfeld wesentlich lehrreicher und interessanter ist als in der Stadt. Wilfried saß also am Tisch, mit dem Rücken zu Nelli und Urgroßvater, las, schrieb, radierte, rechnete und kaute am Stift, kratzte sich hinter den Ohren und war ganz vertieft in seine Arbeiten. Das Gebrabbel hinter ihm, - es sind in Wirklichkeit letzte Worte -, störte ihn nicht, lenkte ihn kaum ab, und so kam ihm Urgroßvaters Schlusssatz, der eines langen Lebens, erst später, als er Aussage machte, wieder als Rückerinnerung in den Sinn:
„Hier, lieber und guter Katzen-Nelli, dieses ist noch einmal und zum letzten Mal für dich. Ich muss jetzt sterben. Auf Wiedersehen!"
Damit reichte er Nelli seinen letzten Fleischkloß, legte den Kopf aufs Kissen und verstarb.

Eine ziemliche Zeitlang muss Nelli unbeweglich dagesessen haben, ehe ihm irgendetwas an der Situation anders, unheimlich oder gar bedrohlich vorgekommen sein mag. Was kann er bemerkt haben? Natürlich dass der Mensch dort, vorher noch lebhaft und sprechend, sich nicht mehr bewegte, nichts sagte, kein Atmen mehr, absolute Stille um ihn herum. Auch die Stechmücken, hier ab Sommer stets so dreist, in die Wohnungen einzudringen, setzten sich nicht mehr zwecks Blutsaugerei auf Urgroßvaters Gesicht. Hat sich ein Tier wie Nelli, ein Raubtier doch, wenn auch domestiziert, die Wahrnehmungsfähigkeit für das Außergewöhnliche erhalten? Spürt Nelli, einen Freund verloren zu haben? Mag durch die allmähliche Erkaltung des Körpers für ihn eine bemerkenswerte Lage entstanden sein? Wie dem auch war: Wilfried jedenfalls fährt voller Entsetzen aus seiner Kopfarbeit hoch, dass der Bleistift vom Tisch rollt – Wolfsgeheul im Zimmer! Und das in einem Flecken Mitteleuropas, wo Wölfe längst ausgerottet sind!

Wilfried kannte noch nicht die heutzutage häufigen Fernsehfilme, die konzertierende Wölfe zeigen, sein Weltbild über diese Urfeinde der Menschheit entsprach dem seit Jahrhunderten üblichen – was blieb ihm anders übrig, als in höchster Panik und ohne weitere Blicke das Zimmer zu verlassen. Nellis Geheul war auch andernorts vernommen worden, einige Leute hatten noch Nellis Geheul beim Abgang Hektors in den Ohren, andere erinnerten sich nur vage oder wussten es vom Hörensagen, alle aber ließen Arbeit Arbeit sein und begaben sich rasch zum Tatort. Dort stand Nelli in Wolfshockstellung auf dem Sessel und heulte unablässig, nur zwischendurch tief Luft holend, zum Gotterbarmen, den Kopf gegen einen fiktiven Mond gerichtet, die Öffnung seines sonst ganz aparten Schnäuzchens zu einem Kreis gestülpt, wodurch wahrscheinlich der helle Sopranton erzeugt wurde.

„Urgroßvaters Abgesang!"

Kann ein Mensch besser verabschiedet werden als durch seinen besten und treuesten Freund!

Bass vor Staunen und instinktiver Ehrfurcht standen die Landleute vor dieser Szene. Trostvoller Zuspruch Linas an Nelli ließ das Konzert langsam abebben, schließlich mit ein paar Schluchzern ausklingen. Nelli weigerte sich jedoch den Raum zu verlassen und beobachtete in der Folge interessiert die unumgänglichen Arbeiten und Verrichtungen, die ein Todesfall mit sich bringt: die Tätigkeit des Doktors als offizielle Bestätigung des Ablebens, das Aufräumen des Zimmers, das Feinmachen des Verblichenen für die zu erwartenden Besuche. Denn noch galt in jenen Tagen nicht der heutige Grundsatz, einen Toten so schnell wie möglich aus einer Wohnung loszuwerden. Kondolenzler aus vielen Teilen der Welt reisten an, denn beinahe Hundertjährige pflegten bekannt zu sein wie bunte Kühe.

Von allen, die hier in den nächsten Tagen ein und ausgingen, benahm sich unser Nelli am angemessensten. Er bellte die vielen Fremden nicht an, hielt aber Abstand, störte sich auch nicht an einigen Meckerern und Nörglern, die meinten, er habe im Totenzimmer nichts zu suchen. Meist saß er am Fußende des Aufgebahrten, schnappte nach respektlosen Fliegen, begrüßte Bekannte und Freunde mit zagem Schwanzschlag und ernst-verstehenden Blicken. Niemand hielt so ausdauernde Totenwacht wie er. Auch schien er Verständnis dafür zu haben, dass nun kein Essen mehr hergebracht wurde.

Dann wurde Urgroßvater eingesargt und fortgebracht. Auch diesen Vorgang beobachtete Nelli gründlich und feinfühlig, ohne irgendwo im Weg zu stehen, niemand von Lohage kam auf den Gedanken, dass er fehl am Platz sein könnte. Er inspizierte äußerst gründlich das leere, noch nicht gewechselte Bett mit seiner Nase so, wie er draußen dieselbe in Mäuselöcher zu stecken pflegte, sog die Luft tief ein, setzte sich noch einmal auf die Keulen und begann zu heulen; ein paar Kadenzen nur.

„Seit dem Aussterben der Klageweiber in Mitteleuropa ist nie jemand so lautstark und melodisch verabschiedet worden wie unser guter Urgroßvater Bernhardt.“

Der Leichenwagen, der seine Fracht zur Leichenhalle des Friedhofs brachte, verließ den Hof – damit, glaubte jeder und musste jedermann glauben, müsste für Nelli die Angelegenheit ausgestanden und abgeschlossen sein.

* * * * * *

Doch irrt der Mensch solang er denkt. Es war nicht so, dass man gegen Nellis Anwesenheit auf dem Friedhof etwas einzuwenden gehabt hätte; natürlich nicht! Die meisten Trauergäste jedenfalls nicht. Wer mit Tieren aufwächst, sie nutzt, von ihnen lebt und bedient wird, für den sind sie stete Teilhaber seines öffentlichen Lebens. Aber ungewöhnlich war's doch, was nun stattfand. Nach der Trauerfeier in der Friedhofskapelle formierte sich der Trauerzug hinterm Wagen, auf dem der Sarg stand. Hier, auf diesem Friedhof der kurzen Entfernungen, waren Pferdegespanne unüblich, aber Bernhardt hatte sich schon früher ausbedungen, „dass zwei dicke Westfälische Kaltblüter, die mit den runden Popos, mich von der Kapelle zum Grab ziehen sollen“. Sie wurden ausgeliehen, ein Wagen stand noch in der Remise. Die örtliche Zehn-Mann-Blaskapelle ging „Ich hatt' einen Kameraden“ intonierend voran, der Pastor folgte, die Hufe der Gäule klapperten auf dem Kopfsteinpflaster, der Wagen rollte an, alle Trauergäste, geführt von der Familie, setzten sich in Bewegung – da flutschte Nelli von irgendwoher heran unter den Leichenwagen „und ging mit“. Ja, er ging richtig, wie Menschen es tun, nur vierbeinig natürlich, und schien sich nach dem Trauermarschtakt zu richten.

„Wie, zum Donner und Doria, hat er hergefunden?!“

Das dachte Fritz ganz profan, Lina dachte ähnlich, jedoch im Wortlaut moderater. Sicher war nur, dass Nelli von den Trauergästen von Haus Lohage, die teils mit der Kutsche, einige schon mit dem Auto fuhren, nicht mitgenommen worden war, auch hatte ihn niemand fortlaufen oder unterwegs auf der Straße gesehen.

Der Zug ging weiter und war nach wenigen Minuten beim vorbereiteten Grab angelangt. Noch hatte der Herr Pastor den ungewöhnlichen Gast nicht bemerkt. Da nahmen die Träger den Sarg hoch und stellten ihn auf die Holzbalken über der Gruft, der Pastor ging am Kopfende in Positur, schlug die Bibel auf – jetzt gewahrte er Nelli gegenüber auf dem Erdauswurf in seiner üblichen, ihm natürlich unbekannten Habachtstellung. Fritz, dessen Jägerauge wenig entging, das sogar berühmt-berüchtigt war, behauptete später folgendes, ihn ganz und gar Überzeugendes: Er habe genau gesehen, wie der Geistliche zwischen seiner Pflicht, gegen alle Störenfriede christlicher Riten unbarmherzig vorgehen zu müssen und der Erkenntnis, alle Lebewesen seien ja Geschöpfe Gottes, zwei bis drei Sekunden lang geschwankt habe.

„Dann hat er doch den richtigen Weg gefunden."

Sein Blick nahm die angemessene Milde an und er zelebrierte seine Worte und den Segen. Noch schwebte der Sarg über der Grube, über diesen beiden, Nelli und allen anderen Anwesenden noch der Segen des Herrn, da traten die vier bekannten Männer herbei und ließen Urgroßvater hinab. Nelli schaute dem Sarg nach und hätte sich wohl auch für die vielen Schippchen Sand und Erde interessiert, die nun polternd ins Grab fielen, auch für die Blumensträuße wohl, wenn jetzt nicht just die Musik mit ihrer bekannten, unendlich traurigen, weil betont langsam gezogenen Melodie eingefallen wäre:

„Befiehl du deine Wege und was dein Herze kränkt..."

Da hob nicht nur das allgemeine und durchaus erwartete Weinen derjenigen an, die ans Grab traten, sondern auch Nellis Geheul. Unbekümmert um die Zeremonien des Erdeeinwerfens, der persönlichen Handreichungen und diverser

Tränenflüsse der engsten Verwandten stimmte Nelli seinen voll tönenden und sehr melodischen Trauer- und Abschiedsgesang an, und als Ewald hinging und ihn zu trösten versuchte, steigerte er sich noch in der Lautstärke. Nun, Ewald war so schlau, ihn nun auf den Arm zu nehmen, und in dieser Stellung vermag auch der musikalischste Hund nicht zu heulen. Ruhe kehrte ein, die ersten Trauergäste verließen den Friedhof, gingen heim oder zum Kaffeetrinken und Kuchenessen in den naheliegenden Gasthof.

Dort wurde Urgroßvaters Fell versoffen. Tatsache ist, dass diese Beisetzung allen Teilnehmern länger im Gedächtnis haften blieb als die vorletzte, die dem langjährigen Bürgermeister des Dorfes gegolten hatte. Flüsterworte der Empörung? Ja, einige. Kopfschütteln des Nichtverstehens? Ja, etwas davon. Getuschel der Missbilligung? Ja, auch das. Blicke der Rührung über das Einmalige? Ja, viele! Ist der Mensch im Grund seines Denkens vielleicht doch toleranter als die meisten seiner Institutionen es ihn glauben machen wollen? Beim Gang zum Leichenschmaus machte Nelli sich selbständig und ging auf und davon.

In der Folgezeit „erlebte“ Nelli noch die natürlichen, drei Jahre auseinanderliegenden Abgänge von August und Bernhardine. Auch diese Mitglieder Lohages hat er überaus gern gehabt, doch mit seinem raumfüllenden Wolfsgeheul hat er niemanden mehr bedacht. Georges Baron de Cuvier hat geschrieben:

„Der Hund ist die merkwürdigste, vollendetste und nützlichste Eroberung, welche der Mensch jemals gemacht hat, denn die ganze Art ist unser Eigentum geworden; jedes Einzelwesen derselben gehört dem Menschen, seinem Herrn, gänzlich an, richtet sich nach seinen Gebräuchen, kennt und verteidigt dessen Eigentum und bleibt ihm ergeben bis zum

Tod. Und alles dieses entspringt weder aus Not noch aus Furcht, sondern aus reiner Liebe und Anhänglichkeit...“

Hundekollegen - Kollegenhunde

Einer der Nellischen Charakterzüge ist durch und durch menschlich, als sei er im Lauf der langen Zusammenarbeit zwischen beiden übergesprungen: sich vor Großen fürchten – die Kleinen beißen. Wie sonst wohl soll sich ein Hund mittlerer Größe unter seinesgleichen behaupten können! Heutzutage führen uns Fernseh-Tierfilme im Wohnzimmer vor, wie es bei den nächsten Verwandten unseres Hundes, den Wölfen, gesellschaftlich zugeht: Es ist ein dauerndes Kabbeln, Kämpfen, Raufen und Beißen, nur um die Rangordnung in der Gruppe festzulegen, aufrechtzuerhalten und zu verteidigen – vor den Oberen kuschen, die Unteren quälen; Radfahren nennt man das innerhalb unserer Gemeinschaften...

Dieses alles perfekt zu beherrschen ist wichtig, wenn Nelli im Konzert der Dorfköter, der Hof-, Jagd-, Liebhaber- und Schoßhunde, ein Wort mitbellen möchte. Dass ihm dieses im Großen und Ganzen gelungen ist, soll dieses Kapitel aufzeigen. Es handelt demzufolge von Banalitäten, Rivalitäten, Konkurrenz, Stellungskämpfen, Eifersucht und ein wenig Liebe. Welcher Hundefreund sich schon einmal die große Mühe gemacht hat, die Zusammensetzung der Hundeeinwohnerschaft eines Dorfes und der Umgebung, also eine komplette Hundepopulation zu erforschen, wird wohl überrascht gewesen sein ob der Vielfältigkeit der Persönlichkeiten und Charaktere: feiste und fette, große, mittlere und kleine, aggressive und defensive, träge, flinke, flotte, phlegmatische und hysterische, aufrichtige und hinterlistige, abweisende und anschmiegsame, verfressene und kultivierte – wohlgemerkt, wir beschreiben hier nicht die Bevölkerung Lohages! Es ist ein Kreuz und Quer aller Rassen und ihrer möglichen Vermischungen.

Viele der hier angedeuteten Hunde hatten freien Auslauf, andere beschafften sich diesen, jene, - wie Nelli auch später -, benötigten monatlich einmal einen Zug durch die Gemeinde, diese befanden sich auf Brautschau, - wie Nelli selbst hin und wieder -, schließlich gab's die neugierigen Bummler, die zu einem Schwatz die Nachbarschaft aufsuchten. Lohage schien offenbar auf einem uralten, vielleicht sogar eiszeitlichen Wolfs- und Hundefernwechsel errichtet worden zu sein, man vermutet, im Schnittpunkt mehrerer dieser Weitwege, die sich über den ganzen Kontinent hinziehen. Nur so ließe sich nämlich der rege, beinahe regelmäßige Hundeverkehr erklären, der auf Lohage und in seinem Weichbild eingelaufen war. Tritt-, Scharr-, Pinkel- und Kackspuren überall, im Winter war der Schnee von ihnen gezeichnet, manche Jungbäume kümmerten dahin, weil sie zuviel angepinkelt wurden, auf vielen Quadratmetern mehr Hundeküttel, -würste und -haufen als in großstädtischen Parkanlagen. An bestimmten Tages- und Nachtzeiten hatten Katzen keine Chance, von ihren Spaziergängen heil heimzukehren, schlaue unter ihnen mieden folglich alle Wege und Straßen, die nicht mit Bäumen bestanden waren.

* * * * * *

Wir stellen hier in der Folge einige Hundepersönlichkeiten der Region vor und berichten über ihre Schicksale und Abenteuer, soweit sie mit Nelli in Verbindung gebracht werden können. Eines seiner ersten ernsthaften Gefechte erlebte Nelli mit Riesenköter Bambi, und überlebte es nur, weil Freund Hektor ihm zu Hilfe eilte. Da hatte es Nelli aber schon geschafft, seinen Gegner zeugungsunfähig zu beißen. Alles in allem ist es eine heikle und unappetitliche Geschichte. Bambi, der seinen Namen wegen seiner in der Kindheit überzeugend kitzartig aussehenden Augen bekommen hatte, wurde, als er heranwuchs, alles andere als sanftmütig, er war der Killer in Hundeperson. Wenn er sich jeden Monat einmal von zu Hause fortstahl, - einer Familie, deren Mitglieder „alle einen Knacks in der Birne hatten" -, da konnte er es einfach nicht mehr ertragen, mit „unser Liebster" und „unser Schnuckelchen" angesprochen und außerdem geherzt und gekost zu werden, dass ihm die Luft ausging, und mit Dingen vollgestopft zu werden, die kein Hundemagen auf Dauer ertragen konnte – frei nach dem Familienmotto: „Was uns schmeckt muss auch Bambi schmecken". Printen, Kekse, Käse, Mettwurst, Schokolade, Marzipan, Bonbons und Pfannkuchen wurden ihm im Überfluss gereicht – klar, dass er rein närrisch auf echte und leckere Hundehausmannskost wurde. Also: Zeitweise und notgedrungen nahmen in vierwöchigen Abständen Abenteuer- und Mordlust in einer Art und Weise von ihm Besitz, dass er als unkontrollierbar angesprochen werden musste. Einer der dörflichen Jäger hatte sich zwar vorgenommen, ihn in bessere, nämlich ewige Jagdgründe zu expedieren, aber das konnte natürlich nur klammheimlich im hintersten Winkel des Reviers geschehen – den Bambi aber nur klammheimlich aufsuchte.

Nellis erste Bekanntschaft mit Bambi wäre unter normalen Umständen seine letzte gewesen. Der anormale Umstand bestand darin, dass eine helfende Hand rechtzeitig zur Stelle war, Hektor von der Kette zu lassen. Bambi trabte mit dem raumfördernden Schritt großer Hunde und versessen auf Abenteuer und andere Lustbarkeiten, vielleicht gar Hektor den Napf leer zu fressen, durchs Lohager Tor auf den Hof und wurde, während er rundum blickend verhoffte, von Nelli nicht unfreundlich empfangen: Nämlich auf dessen Art mit halblautem zweimaligem Anschlag, Andeutung eines Schwanzwedelns und anmutigem Schieflegen des Kopfes. Wie es auch beim Menschen passieren kann, deutete Bambi diese Freundlichkeiten als Schwäche und stürzte sich ohne Vorwarnung, Gebell oder Knurren auf Nelli. Flucht war aussichtslos, denn mit einem Schritt legte Bambi eine Strecke zurück, für die Nelli fünf benötigte.

So blieb er standhaft und erwartete das Ungeheuer, immerhin war's ja möglich, dass Bambi nur auf eine grobe Art balgen und spielen wollte. Mitnichten – er überrannte Nelli sehr ungeschickt und versäumte dadurch, ihn im ersten Anprall zwischen seinen riesigen Zähnen zu zerknautschen. Nelli fiel auf den Rücken und hatte somit seinen schrecklichen Gegner so über sich, dass er ihm mit aller Macht seines kleinen aber feinen Gebisses in die Klöten beißen konnte. Diese bildeten offensichtlich die empfindlichste aller erreichbaren Stellen Bambis, und der Erfolg war nicht nur überwältigend sondern auch lebensrettend für Nelli. Solche Kaskaden eines Schmerzgeheuls waren selbst in Sirenenzeiten auf Lohage nicht vernommen worden, es klang weit in alle Richtungen über Feld und Wald und ließ aufhorchen, wer hören konnte: das Vieh, die wilden Tiere, die Vogelwelt, die in ihrem morgendlichen Konzert abrupt verstummte. Wichtig aber war, dass es Gustav den Pflüger an den Tatort lockte, der die Situation zwar sofort richtig einschätzte, aber, - und das ist verständlich und war gut entschieden -

, gegen Bambi nicht antreten mochte. Doch noch war Reserve in der Hinterhand: Hektor. Dieser tobte unterdessen wie ein Verrückter, zum Zuschauen verdammt, an seiner Kette. Gustav löste ihn. Und Hektor zeigte sofort, wozu ein kameradschaftlicher Hund fähig war, der seinen besten Freund in Gefahr sah. Bambi hatte seine erste Höllenpein soweit überwunden, dass er Nelli erneut angehen konnte, da fuhr ihm Hektor an den Hals, verbiss sich und warf ihn zu Boden, ohne seinen Biss zu lockern. Einen solchen Hundekampf, zwei gegen einen, denn Nelli griff nun tatkräftig ein, hatte noch niemand hier auf Lohage erlebt, und Gustav war so baff und hingerissen, dass er vergaß, mit einer inzwischen hergeholten Mistgabel auf Bambi einzustechen. Das war schließlich dessen Rettung. Nach einer allgemeinen Erschöpfung ruhte der Kampf, Gustav schritt als Schiedsrichter ein und trennte die Kampfhähne, es war klar ersichtlich, dass Hektor und Nelli zwar gerupft aber als Sieger dastanden und verschnauften, während Bambi heftig blutete, humpelte, fiepte und auch sonst so erbärmlich klagte, dass bei allen, - inzwischen waren ein paar Lohager hinzugekommen -, Hass in Mitleid umschlug und man Bambi zu helfen wünschte. Doch dieser schnappte unwirsch um sich und begann sich davon zu trollen. Später erfuhr man, dass er für die zwei Kilometer weite Strecke bis zu seinem Zuhause fünf Stunden gebraucht hatte. Er genas in wenigen Tagen und nahm seine Wanderungen wieder auf, jedoch freilich mit großen Bögen um Lohage herum...

* * * * * *

Seit dieser Lehrstunde zum Thema „große Hunde“ mied Nelli sehr peinlich diese Gesellen, wenn sie Freundschaft und Entgegenkommen nicht sogleich und eindeutig kundtaten. Kam es unvermeidlich zum Kampf, dann verbiss sich Nelli regelmäßig an der beschriebenen Körperstelle, soweit es sich um Rüden handelte. Diese überaus schmerzliche Erfahrung musste auch Mischlingsschäferhund Wotan machen, der ebenfalls, wie Bambi, Lohage ohne besondere Einladung oder Erlaubnis betrat. Er war ein mürrischer Bummler, der ohne feste Vorsätze oder Absichten die Gegend durchstreifte, hier eine Katze auf den Baum trieb, dort einen Hasen kurz verfolgte, die meisten Radfahrer bekläffte und überallhin seine Markierung setzte. Sein Herrchen, ein Handwerker im Dorf, suchte ihn des öfteren laut rufend per Fahrrad, aber nur, wenn er sturzbesoffen und dann besonders tierlieb war. Kein Wunder, dass Wotan gelegentlich auszuspannen gedachte und sich auf die Socken machte.

Hektor, der ihn als erster antraben sah, vermeldete ihn auch gehorsam mit leichtem Gebell, worauf Nelli von der Diele her auftauchte. Am Beginn dieses historischen Treffens herrschte Eintracht: Wotan bewindete und bepinkelte Hektors Hütte, Hektor und Nelli machten's ihm nach. Dann kam die Zeremonie des Absetzens und Verscharrens der Küttel, hiernach begehrte Wotan Einlass in Hektors Hütte – verweigert. Knurren, Scharren, Zähneblecken, die üblichen Warnungen vor Ausbruch von Feindseligkeiten – verweigert. Da fuhr Wotan Hektor an den Hals, der aber auswich und seinerseits zubiss: krachend in Wotans linken Vorderlauf. Nelli mischte sich ein und im Nu wälzte sich ein Dreihundeknäuel vor der Hundehütte. Wieder kam Nelli unter einen großen Hund zu liegen und er bediente ihn wie einstmals Bambi. Wenn die meisten unserer Dorf-, Stadt- und Schoßhunde auch das Mondan- und Signalheulen im Lauf ihrer Evolution verlernt haben, manchmal lernen sie's ganz rasch wieder, wenn die Umstände es erfordern: wie Wotan jetzt, freilich mit Schmerzgeheul erster Güte! Er ließ von allen Aggressionen ab und drehte mit geducktem Hinterteil, es zwischendurch sogar schleifen lassend, eingeklemmtem Schwanz und staksig gesetzten Hinterläufen zwei Runden auf dem Pflaster vor der Dielentür und kam damit aus Hektors Wirkungsbereich. Nelli begnügte sich mit Beobachtung und mahnendem Knurren. Zehn Minuten lang leckte Wotan desinfizierend seine Wunden, die in zwei Tagen ausheilten, so dass er – wiederkam!

Irgendwie wurden die drei Hunde gute Freunde, Wotan freilich gab alle Ansprüche auf, Erster unter dreien zu sein und wurde kriecherisch und devot wie ein Halbstarkenwolf im Rudel. Aber immerhin: Im Gegensatz zu uns Menschen vergeben sich Tiere hierbei ja nichts, sie verlieren nur Kommandogewalt, und dieser Verlust machte aus Wotan ein umgängliches, sich nach Streicheleinheiten und Lohager Bratkartoffeln sehnendes Individuum.

* * * * * *

Eines Morgens stand Leo im Tor, das zu den Ländereien führte. Vielmehr: Er stand wohl, war aber dorthin gestellt worden; ein Findelkind! Ähnlich Nellis Schicksal, angebunden an den Torpfeiler und alleingelassen. Er hockte auf seinen Keulen und starrte nur aufs Wohnhaus, spitzte die Ohren auf alle Geräusche innen und schien auf den Moment zu warten, dass sich die Haustür einmal öffne. Vielleicht hatten seine Herrschaften, ehe sie ihn endgültig verließen, ihm Tipps fürs anständige und seiner Rasse angemessene Verhalten gegeben. Wenn dieser neuerliche Vorfall auch Empörung auslöste und zornige Kommentare Ewalds fand, so bedachte man in Lohage doch, dass er nicht einer gewissen Humanität entbehrte: Die daran zu sehen war, dass man Leo, - eine Marke am Halsband wies diesen Namen aus -, nicht einfach ausgesetzt hatte, sondern ihn weithin bekannten Hundefreunden und -kennern überließ.

Leo war ein Mittelding zwischen zwei verwandten Rassen, Berner Sennhund und Bernhardiner, auch im Format zwischen ihnen stehend und machte auf die Dörfler, die noch nie „solch berserkerhaften Köter“ gesehen hatten, mächtigen Eindruck, sah er doch furchterweckend und diktatorisch aus und hatte Pfoten wie Löwen. Doch waren dies nur Äußerlichkeiten, die seinen Inhalt umschlossen: einen tierischen Philantropen in Reinkultur. Man hätte Leo an diesem Sonntag vielleicht erst beim Aufbruch zum Kirchgang entdeckt, wenn er nicht einmal, ein einziges Mal nur, gebellt hätte. Da klirrten die Scheiben, Ratten und Mäuse flüchteten panisch in ihre Verstecke, Sommeräpfel fielen vom Baum, das gesamte Vieh im Stall hörte auf zu kauen, die um den Frühstückstisch versammelte Familie vergaß sprachlos das Kauen und eine Stille breitete sich über dem Anwesen aus, die es eigentlich auf dieser Welt nicht gab. Nur Nelli behielt kühlen Kopf und preschte aus der Diele ins Freie.

So einen Klotz von Hund hatte auch er noch nie gesehen – „dass es so etwas überhaupt gab und dass man es Hund nannte!“. Am merkwürdigsten war jedoch, dass Nelli trotz lauter warnender Zurufe Ewalds auf diesen Neuankömmling zulief und ihn wie einen alten Bekannten begrüßte. Eine Aura von Frieden und Gutmütigkeit schien ihn zu umwehen und wie eine angenehme Witterung in Nellis Nase zu ziehen. Diese erste Begegnung sah aus, als würden sich Vater (Leo) und Sohn (Nelli) nach vielen Jahren schmerzlicher Trennung endlich wiedersehen: Das intensive und innige

Schwanzwedeln, Beschnuppern, Umkreisen und Bepinkeln der umstehenden erreichbaren Bäume und des Torpfostens wollte kein Ende nehmen, bis Ewald herankam, den Neuen begrüßte, losband und an der Leine durch die Diele ins Haus geleitete. Leo bekam erst einmal einen strammen Napf voll Pellkartoffeln vorgesetzt, die für die Schweine gerade gar geworden waren, zwei Dutzend etwa, die er in einer Minute verschlang. Bescheidenheit im Essen kannte er wohl nicht, Schüchternheit und Fremdeln ebenfalls kaum, und man konnte noch selbigentags feststellen, dass er sich in Lohage zu Hause fühlte.

Dass dieses kein Dauerzustand sein konnte, war allen Lohagern, außer Leo selbst natürlich, von vornherein klar. Denn erstens war man nach dem Ableben des letzten Hektor froh, keinen Großhund mehr durchfüttern zu müssen, und zweitens genügte Nelli als Wächter und Aufpasser vollauf. Auf einem wirtschaftlich geführten Bauernhof gab's keinen Platz für einen unnützen Esser, ja Vielfraß, der mehr Futter brauchte, dabei noch wählerisch war, als ein zu mästendes Schwein. Bevor Leo aber auf einen anderen Hof vermittelt wurde, genoss man doch seine Anwesenheit, indem man bisher unbekannten Szenen von Harmonie, Freundschaft und Kumpanei zusah, die von Leo und Nelli auf Lohage vorgeführt wurden.

Etwa so: Ewald nahm Leo, beim ersten Mal nur aus Vorsichtsgründen, an der Leine mit, Nelli lief frei nebenher, und dieses Trio machte ausgedehnte Spaziergänge in der freien Natur, bei denen Leo, der wohl als Stadthund aufgewachsen war, das Ausbuddeln von Mäusen lernte. Seine riesigen Pfoten, mehr Tatzen gleich, schafften die Erdarbeit viel schneller als Nellis zarte und kleinere, er wühlte perfekt mit den Vorderläufen, die die Erde durch die gespreizten Hinterläufe fünf Meter weit nach hinten schleuderten. Dann wälzte er sich ausgiebig auf der feuchten, schwarzen Erde und geriet vor Begeisterung ganz außer sich.

Leo war auf kurzen Strecken erstaunlich schnell und Nelli hatte Mühe mitzuhalten, wenn sie auf dem Sandweg Rennen veranstalteten. Leos sonorer Bellbass war feld-, acker-, wiesen- und waldfüllend und bei entsprechendem Wind bis ins Dorf zu hören. Hübsch anzuschauen war auch, wenn Leo in der unnachahmlichen Grazie, die seinem leichten Trab eigen war, die Kuhweide aufsuchte und sich unter das gutmütige Rindvieh gesellte, das selbst gar nicht gutmütig tat, wenn Hunde herankamen. Kann sein, dass es in ihm ein Kalb seinesgleichen sah. Bei einer anderen Szene war Nelli freilich sehr pikiert: Als Leo und Kater Moses, Nellis Hassliebe aus der Nachbarschaft, friedlich zusammengerollt ihm Heu der Scheune ruhten, als seien sie ein Liebespaar, wobei Moses freche Blicke auf Nelli warf – der ihn natürlich in solch heikler Lage nicht anzugehen wagte.

Alle Leute auf Lohage meinten, Leo brächte gewohnte Riten ins Wanken und Tagesabläufe durcheinander.

„Wir sollten ihn weggeben.“

„Er muss so schnell wie möglich fort von hier.“

„Wenn wir ihn verschenken, werden wir ihn auch los.“

Letzteres erwies sich als richtig. Man pries ihn als treu, wachsam und stark an und ein Bauer der Nachbarschaft war bei seinem Anblick so hingerissen, dass er ihn flugs in seine Kutsche lud und mitnahm. Leo verließ Lohage ohne einen Blick zurück und bei starkem Ostwind war sein markantes und unverwechselbares Gebell aus seiner neuen Heimat zu hören. Nur Nelli besuchte ihn gelegentlich...

* * * * * *

Das Gegenstück Leos, nämlich der kleine Spitz Fräulein Lotte, hätte auf Lohage ohne weiteres mitgefüttert werden können. Doch auch daraus wurde aus anderen Gründen als bei Leo nichts: Eine Nervensäge auf vier Pfoten war das Allerletzte, was man hier zu tolerieren gedachte. Lottes Frauchen, eine uralte verschrobene Vettel aus einem Nachbardorf, hatte schon beinahe ein Dutzend Vierbeiner und ein halbes davon Zweibeiner überlebt, als sie selbst in jenes Gras beißen musste, auf das sie Lotte täglich einmal kacken ließ; damit war diese Waise geworden. Ein Zustand, der auch weniger sensiblen Schoßhunden nicht zugemutet werden kann. So kam es, dass die Erben der Alten „für einen entzückenden, friedfertigen, charakterfesten, anpassungsfähigen und überaus ruhigen wohlerzogenen Kleinhund“ ein neues Zuhause suchten. Als dieses Schwierigkeiten machte und man argwöhnen musste, dass Lotte dann eines schlechten Tages wie Leo illegal „verkauft“ werden würde, war man unter Einschränkungen bereit:
„Vorläufig, bis Lotte eine passende Heimat mit netten Herrchen findet.“
Dieses „Vorläufig“ zog sich vier Wochen hin, in denen fast das bisher voll funktionierende Biotop Lohage so verändert wurde, dass einige Bewohner ans Auswandern dachten. Und eine solche Absicht war bei diesen im Prinzip sesshaften Bewohnern ernst zu nehmen.

Greifen wir ein paar Beispiele heraus, die Lotte charakterisieren und erklären können, warum man sie so schnell wie möglich wieder lossein wollte. Beispiel eins: In den Wach- und Meldedienst hatten sich bisher immer Hektor und Nelli geteilt, und als Hektor ausfiel zeigte sich, dass Nelli mit dieser Arbeit auch allein fertig werden konnte. Hektors Bass-

und Nellis Tenorstimme fanden überall Anklang, füllten den Raum und zeigten für alle Eingeweihten die Situation an. Lottes Diskantsopran, untermalt mit heftigen Dissonanzen und schrägen Harmonien, wurde wirklich, nach ein paar Tagen schon, für jedermann unerträglich, ob er nun feine Ohren wie Ratten, Mäuse und Perlhühner besaß oder etwas gedämpftere wie Ewald und Bernhardine. Ein allgemeines schmerzliches Zusammenzucken war stets die erste Folge von Lottes Einsatz, und andere Erscheinungen waren: Die Kühe hielten im Wiederkäuen inne, was ihre Milchleistung senkte, Großvater August verkroch sich unter die Bettdecke, was seine Laune trübte, Großmutter Bernhardine blieb länger im Keller als üblich, was den Stromverbrauch steigerte, andere Mitglieder der Familie drehten das Radio rasch auf Dorflautstärke, was dessen Abnützung förderte, und Onkel Max, rabiat und nervös, hier vorübergehend Ruhe suchend, bekam Mordgelüste und suchte nach einem Wurfgeschoss. Doch Lotte schien zu wissen, dass sie es nicht zu lange treiben durfte, sie verstummte vor der ersten Gewaltanwendung.

Beispiel zwei: Generationen von Lohagern war es in mühevoller Klein- und Erziehungsarbeit gelungen, bei Generationen von Hofhunden das Betteln während des Essens gar nicht erst aufkommen zu lassen. Nun geschah, unter Lottes beharrlichem Betteln und weinerlichem Winseln, das jeden Appetit verderben konnte, der Bruch; sie bekam Kartoffeln und Fleischstücke unter den Tisch gereicht, weil sie während des Fressens dann ruhig blieb. Man stelle sich jedoch Nellis Gedankengänge vor, wenn er dies mit ansehen musste, was ihm bisher nicht gewährt wurde. Und es spricht für seinen Anstand und für seine Würde, dass er keinerlei Nutzen aus dieser Situation zog.

Beispiel drei: Pottlecker, Topfkratzer und Flaschenleerer jeder Art, außer Kindern und Jungtieren, galten auf Lohage seit jeher als Schnorrer und unsympathische Zeitgenossen – Lotte gehörte eindeutig zu ihnen. Allerdings muss zu ihren Gunsten berichtet werden, dass noch nie in der Geschichte Lohages Fressnäpfe, Essnäpfe, Tröge, Schälchen, Teller, Untertassen, Tassen, Becher, Töpfe, Pfannen, Löffel und Gabeln so sauber, richtig blitzblank aussahen wie zu Lottes Zeiten. Diese Aussage soll der Ehre der Hausfrau keinen Abbruch tun, es war einfach nur so, dass Lotte als notorischer Nimmersatt und Vielfraß nicht eher Ruhe gab, bis alle diese Utensilien mit ihrem Mundgeruch behaftet waren.

Beispiel vier:

„Unter allen Dächern ist wieder Ruh' -
nirgends noch muht eine Kuh -
kein Pferd stampft mehr im Stall -
keine Sau macht mehr Krawall.
Es bellen die Hunde
nicht diese Stunde -
selbst geile Katzen
auf leisen Tatzen
und samtenen Sohlen
sich Beute holen
ohne zu jammern.
Es schlafen die Bauern in ihren Kammern -
Unter allen Dächern ist wieder Ruh':
Schlafe auch du!“

Doch hiervon wollte einer auf Lohage nichts wissen: Lotte. Sie war ein Vierundzwanzigstundenrabauke ohne Ermüdungserscheinungen und Rücksicht auf andere Lebewesen, der so schnell und lautlos wie möglich Lohage zu verlassen hatte.

Und das letzte Beispiel. Burgfrieden gibt es sogar unter Wildtieren, dann nämlich, wenn eine Fuchsmutter in unmittelbarer Umgebung ihres Baues nicht jagt. Ähnlich hielt man es auch in Lohage. Notorische Feindschaften, beispielsweise Nellis gegen Katzen, endeten auf dem Grundstück. Lotte blieben solche Feinheiten der Toleranz gänzlich unbekannt. Frei nach Lust und Laune stürzte sie sich auf jeden, der ihr vors kläffende Maul kam, ohne Rücksicht auf dessen Größe und Überlegenheit. Das empfand man gelegentlich als höchst unfair, denn wie sollte es Nelli wagen, Lotte all die fiesen Hinterhältigkeiten heimzuzahlen, die sie mit ihm angestellt hatte. So blieb Nelli der große Dulder. Doch solche Großzügigkeit konnte Lotte von jenen Kühen, denen sie bevorzugt an die Beine ging, nicht erwarten. Eine von ihnen schlug so überraschend und treffsicher nach hinten aus, dass Lotte in hohem Bogen durch die Luft flog und gegen die Stalltür knallte und erledigt schien. Aber sie kam zu sich und versuchte ihren Mut einige Tage später am Truthahn: Dieser versetzte ihr zwei derbe Schnabelhiebe zwischen die Augen, dass sie sie schmerzhaft schließen musste und bedeppert davonschlich. Just zu der Zeit, als man dachte, so könne es nicht mehr weitergehen, da fiel Lotte auf dem Hauptweg einen Fußgänger an – damit geriet sie an den Richtigen ihres Lebens, der sie für ein paar Mark kaufte und mit nach Hause nahm. Nie wieder wurde etwas von ihr gehört.

* * * * * *

Hundedamenbesuch auf Lohage gab's des öfteren, aber nie hat Nelli sich mit einer Besucherin eingelassen. Stand ihm der Sinn zur Fortpflanzung, begab er sich nach auswärts –

hierüber berichtet ein separates Kapitel. Hektor aber kannte solche Skrupel nicht, für einen Kettenhund wäre das wohl auch zuviel verlangt gewesen, und so hatte er die Genugtuung, seinen Stamm ziemlich oft bei holden Hundedamen fortzupflanzen. Deutsch-Drahthaar-Dame Irene von Feuerstein, ein passionierter Jagdhund, war ihrem Herrn, ein passionierter Jäger, ausgebüxt und kreuzte auf ihrer Suche nach Liebe auch den Hof Lohage. Nelli wich ihr aus, kannte er doch inzwischen aus seiner jagdlichen Tätigkeit die Lust am herzhaften Zupacken, die allen Jagdhunden eigen ist. Hektor aber fiepte bei Irenes Anblick erbärmlich und prostituierte sich so eindeutig, dass Irene auf ihn zutrabte und sich von ihm beschlagen ließ. Diesen Vorgang beobachtete der verfolgende Jäger durch sein Fernglas, eilte aufgeregt herbei und beschimpfte den Verführer solange, bis Fritz einschritt und drohte, gerade diesen auf ihn zu hetzen. So zog er mit der seit wenigen Minuten trächtigen Irene von dannen. Ende gut – diesmal alles besonders gut: Irene gebar sechs Kinder einer völlig neuen Rasse, die sich so gut machten und verkaufen ließen, dass Hektor noch einmal in Aktion treten sollte; aber da war er schon in die ewigen Jagdgründe aller Hunde eingegangen.

Ewalds Tierliebe ist bereits bekannt gemacht worden – er lief Tieren nach, sie suchten ihn auf. Er war einfach nicht in der Lage, ihnen böse zu sein und etwas abzuschlagen. Und Tierfreunde wie er sind meistens auch Menschenfreunde. Das nutzte ein Schulkamerad aus und drückte ihm ein niedliches Knäuel in die Hand und machte sich davon. Dieses Knäuel hätte dem Aussehen nach ein Kind Nellis sein können und musste schon deswegen großgezogen werden. Es wurde auf den Namen Plum getauft, und als Plum soweit gediehen war, dass er auf Lohage herumtollen konnte, nahm sich Nelli seiner an und führte ihn an Vaters statt ins hiesige Leben ein. Doch aus dieser hoffnungsvollen Beziehung wurde leider nichts, weil Plum, nach etwa einem halben Jahr, sich eines Abends winselnd ins Körbchen legte und am anderen Morgen tot war. Nelli begutachtete den kleinen Leichnam mit zugekniffenen Augen und sah seiner Beisetzung hinterm Holzschuppen ohne Anzeichen von Teilnahme zu.

Dass Bauernhochzeiten auch Hundehochzeiten sein können, wurde auf Lohage eindrucksvoll bewiesen. Fritz' Schwester Frieda, längst dem Bauerndasein und Landleben entwöhnt, fand es dennoch lukrativer, ihre Hochzeit im Vaterhaus zu feiern. Neben ihrem Zukünftigen und einigen Bekannten brachte sie die Hundezwillingsdamen Loki und Koki mit, zwei Pudel, die es nicht gewohnt waren, zu Hause allein gelassen zu werden. Außerdem, so sagte man,
„wird ihnen die frische Landluft gut tun, schon mancher Hund ist von hier wie neugeboren zurückgekommen“.
Dies traf dann auch vollkommen zu. Die Hochzeitsfeier fand an einem Freitagnachmittag statt, das Brautpaar blieb bis zum nächsten Tag, mit ihm das Paar Loki & Koki. Als diese beiden bei der Ankunft aus dem Auto stiegen, hielten alle Zuschauer den Atem an: Adel, zumal wenn er vornehm, gemessen und angemessen aufzutreten weiß, fasziniert den demokratischen Bürger heute noch, und wenn er aufgedonnert ist wie diese Pudel, gibt's eigentlich kein Halten mehr vor lauter Begeisterung. Mit Loki & Koki wurden, jeweils ebenfalls paarweise, ausgeladen: Pinkelpötte, Essnäpfe, Schlafkörbe, Hundeknochen und -kuchen, Spielbälle, und Pantoffeln zum Benagen und Zerknautschen. Zusammen

mit allen anderen Bewohnern Lohages riss auch Nelli hierüber die Augen auf und machte sich ans intensive Beschnüffeln der Utensilien. Doch sei vorab mitgeteilt, dass Loki & Koki hier nichts von diesen in einem Hunde-Stadthaushalt vielleicht unumgänglichen Dingen anrührten. Denn ihnen ging es ja kaum anders als den biederen Landleuten, die über diese Hundeerscheinungen aus dem Staunen nicht herauskamen: Eine ganz neue, in einer beengten Hundeseele kaum für möglich gehaltene Welt tat sich ihnen auf, mit Gerüchen, Geräuschen, Tier- und Menschenstimmen und einem Blick zum Horizont, der endlos schien.

* * * * * *

Hundechefin Frieda fürchtete nichts um ihre Lieblinge und gab ihnen keine Verhaltensregeln, ließ Loki & Koki freie Hand beziehungsweise Pfote; sie hätte es als Kind des Hauses eigentlich besser wissen müssen. Wer die Bauernhochzeiten jener Zeit kennt, noch in Erinnerung oder über sie ausgiebig gelesen hat weiß, dass auf ihnen stets die Grundsteine weiterer Hochzeiten gelegt wurden: Junge Paare, als Gäste geladen, fanden und wälzten sich im Heu und im Stroh, besetzten die dunkelsten Stellen der Scheunen und Ställe, und in warmer Jahreszeit schwärmten sie aus in die nachbarlichen Kornfelder und Gebüsche. Von dieser löblichen und alle Welt erhaltenden Tätigkeit ließen sich Loki & Koki offensichtlich inspirieren, und da sie weniger Auswahl hatten als die erwähnten Zweibeiner untereinander, fiel ihre Wahl auf den einzigen Kandidaten Nelli. Dieser war beileibe kein Kostverächter und bediente beide Jungfrauen prompt und gewissenhaft unter Ausschluss jeglicher Öffentlichkeit.

Niemand hegte Argwohn, zu sehr hatte Frieda versichert, ihre Lieblinge zögen höhnische Gesichter und machten ganz auf Arroganz, wenn ein Stadtrüde nur in Sicht- und Riechweite geriet und keiften wie Hexen bei der Verbrennung, wenn er näher als zwei Meter heranrückte. Nun, es war wohl bisher nicht der Richtige gekommen, warum soll es bei Hunden anders verlaufen als beim Menschen. Nun war Nelli jedoch, wir wissen es bereits, ein Typ Persönlichkeit, wie er in einer Großstadt schwerlich zu finden sein dürfte: Zwar ohne Stammbaum, aber durch und durch adelig und untadelig, wohlerzogen, dezent in allen Extremen, dabei versiert auf Gebieten, von denen Stadthunde nur träumen konnten – Loki & Koki erkannten dies offenbar und verfielen der ganzen Liebe, zu der Hundedamen fähig sind.

Über das, was in dieser Nacht der Tripelhochzeit vonstatten ging, ist nichts bekannt geworden. Selbst Ewald ist so mit der Hochzeit seiner Tante beschäftigt gewesen, dass er Nelli wenig Aufmerksamkeit widmen konnte. Da auch beim Abschied Nelli und Loki & Koki so taten, als sei nichts zwischen ihnen vorgefallen, konnte keinerlei Verdacht über ein hündisches Doppeltechtelmechtel aufkommen. Und doch war's geschehen! Wo? Im freien Feld? An jenen Orten, wo auch die jungen Leute sich herumtrieben? Man erfuhr es niemals. Dass etwas geschehen war, wurde erst nach jener Zeit bekannt, die bei Hunden zwischen Zeugung und Geburt zu liegen pflegt, da nämlich legten Loki & Koki ihrer Herrin je fünf allerliebste Hundebabys in die Körbe, bei denen für jeden, der Nelli kannte, die Vaterschaft keinen Zweifel aufkommen lassen konnte. Ihr Aussehen, nachdem sie die Augen geöffnet und erste Energien zu Abenteuern entfaltet hatten, war so umwerfend niedlich und alle Herzen schmelzend, dass Groll gar nicht erst entstehen konnte, sie waren eine exzellente Mischung zwischen Nelli als Mischlingsvater und den beiden Pudeln adeliger Abstammung. Von ihren Eltern hatten sie nur Gutes und Nützliches mitbekommen und Nellis Gene sorgten dafür, dass die bei allen Stadt-, Salon- und Feine-Damen-Pudeln unterdrückte Jagdleidenschaft wieder voll zum Durchbruch kam. Diese wackere Zehner-Rasselbande konnte natürlich in einer Stadtwohnung nicht aufgezogen werden, und so durfte Nelli in den Genuss des Anblicks eigener Kinder kommen; was Rüden meist selten vergönnt ist.

So entstand auf Lohage, ehe die ganze Gesellschaft sich auflöste, das einmalige Idyll einer Hundemeute, der man beim Spielen, Jagen, Hetzen, Balgen und Fressen hätte stundenlang zuschauen können – ja, wenn jemand die Zeit dazu gehabt hätte! Im Ruckzuck hatte sich dieses im Dorf und weit darüber hinaus herumgesprochen, und ebenso schnell wurden alle Nelli-Kinder an Interessenten verkauft: Wer in ihre abgrundtief melancholisch wirkenden Augen geblickt hatte, wem sie die Schnürsenkel aus den Schuhen gezogen, die Hände geleckt oder sonstwie geschmeichelt hatten, der war vollkommen hingerissen und nicht mehr in der Lage, Vernunftgründen Vorrang zu geben und Geldbörsen geschlossen zu halten. Einige dieser Hundekinder machten dann Karriere als Jagdgehilfen, Erzeuger, Film- und Fotostars.

Nur der Umstand, dass die zehn Burschen so schnell fortgegeben werden konnten, verdankte Lohage seine Weiterexistenz im alten Stil. Denn es drohte bald nichts mehr so zu sein wie früher. Hektik und Nervosität in den heiligen Hallen Lohages! Unordnung! Unregelmäßigkeiten! Auch allerlei Ungerechtigkeiten gegen tierische Bewohner. Störungen selbst auf dem intimsten Örtchen! Verbrauch von

Futter in bisher unbekannten Ausmaßen. Und das alles ohne jede Effektivität! Denn die Bewachung des Anwesens brach praktisch zusammen, wo sie doch hätte vervielfacht sein müssen! So konnte es nicht weitergehen, also hinweg mit den Burschen...

* * * * * *

Eine ganz neue Hundewelt lernte Nelli kennen, als der Versuch gemacht wurde, auf Lohages großem Gelände den örtlichen Zuchtverein öffentliche Prüfungen und Dressuren vorführen zu lassen. Hunde „direkt" im Dienst des Menschen – so etwas hatte Nelli noch nicht kennengelernt. Da sah er sie nun apportieren, springen, klettern, laufen, angreifen und allerlei Kunststücke machen – mit einem Wort: gehorchen! Sich nur auf einen Menschen konzentrieren, auf jeden seiner Fingerzeige achten, seine Wünsche im voraus erraten; nein, das war nichts für unseren Nelli. Sich unterzuordnen fiel ihm immer schwerer, je älter er wurde. Nelli spazierte, manchmal auch störend, wie der Hofherr selbst frei umher und freundete sich mit einigen der Prüflinge und Darsteller so an, dass die Herrchen und Frauchen acht geben mussten, dass sie nicht mit ihm durchbrannten. Jeder intelligente Hund, meinte Ewald weise, muss ja hier auf Lohage auf den Geschmack kommen, dass es auch Hundefreiheiten geben kann.

In späteren Jahren nahm Gisela Nelli manchmal mit in die Stadt. Hierfür aber musste Nelli bisher Unbekanntes erlernen: an der Leine zu gehen. Da war Ewald der beste Lehrmeister. Nur seiner Geduld und seinem Vermögen an Einfühlung und Entgegenkommen gelang es, den freiheitsgewohnten Nelli soweit zu bekommen, an der Leine vernünftig mitzulaufen. Und beim ersten Stadtspaziergang unter Leitung Giselas benahm Nelli sich brav und gesittet und zeigte auch keine Angst vor Straßenbahnen, Autos, Lastwagen und dem gesamten Verkehr in meist engen Straßen. Interessant waren freilich die vielen Hunde, auch freilaufende unter ihnen, und deren zahlreiche Markierungspunkte an Hausecken, Mülltonnen, Autos, Bäumen, Fahrrädern und Begrenzungssteinen. Sogar Katzen gab es in der Stadt, Karnickel, dreiste Tauben und zahme Enten, aber Nelli schien froh zu sein und aufzuatmen, als er wieder nach Lohage zurückkehren konnte..

Inzwischen durfte Nelli mit einem weiteren Hektor Bekanntschaft machen, der in Wirklichkeit auf den Namen Rex hörte, ein Hundepensionär war und aus Mitleid aufgenommen worden war, weil sein bisheriger Arbeitsplatz, ein kleinerer Bauernhof weiter hinterm Dorf, wegen Unrentabilität aufgegeben werden musste. Er war die Kette gewohnt und kam an Hektors alte, durfte auch sein Hütte beziehen. Es war schwierig, ihn lieb zu gewinnen, weil er stets mürrisch bellte und von Aufpassen offensichtlich gar nichts verstand, und auch Nelli konnte mit Rex nicht warm werden, ließ ihn meistens links liegen. Eines unguten Morgens kam Rex nicht aus seiner Hütte. Das fiel nicht einmal Nelli auf, der nur kurz vorbeiging und ansonsten anderes vorhatte. Der Futternapf, den eine der Melkerinnen servierte, war nach einer Stunde leergegessen, so dass wieder nichts auffiel. Dass die Hühner das Futter aufgepickt hatten war nicht gesehen worden. Erst nach dem Mittagessen meinte Fritz beiläufig, Rex' schallendes Organ heute noch nicht gehört zu haben, und so schaute man nach. Ja, er war still und heimlich verschieden und lag im hintersten Teil seiner Hütte. Als Nelli am Abend von seinem Ausflug zurückkam, war Rex bereits beerdigt, Nelli fand die Stelle und untersuchte sie intensiv, man erwartete sein Abschieds-Wolfsgeheul, aber nichts dergleichen geschah, ganz ordinär hob Nelli ein Bein und pinkelte auf das Grab.

* * * * * *

Das letzte Abenteuer dieses Kapitels ist der Dänischen Dogge Hamlet gewidmet, die im Gefolge entfernter Verwandtschaft auf Lohage erschien. Hamlet war ein Riesen monster, wie Nelli es noch nie gesehen hatte, er konnte unter ihm aufrecht stehen, aber er strahlte Ruhe und Ausgeglichenheit aus wie bisher noch nie ein vierbeiniger Besucher. Vierzehn Tage Aufenthalt als Pensionär bei Vollverpflegung und Familienanschluss schufen zwischen Hamlet und Nelli die innigste Freundschaft, die je auf Lohage geschlossen worden war. Sie wurden so unzertrennlich, dass Ewald mit Recht fürchtete, die dann doch unvermeidliche Trennung müsste bei beiden Hunden schwere seelische Schäden, „einen richtigen Knacks in der Birne", verursachen, der nie ausheilen würde. Wie richtig dies doch gedacht war! Nelli war inzwischen über zehn Jahre alt geworden, zeigte aber keinerlei Anzeichen beginnender Alterung, doch schien er empfindlicher gegen Veränderungen seines Alltags geworden zu sein.

Doch bleiben wir noch bei der schönen Zeit vor der Trennung. Wenn Nelli und Hamlet gemeinsam spazieren gingen, ins Dorf, zum Nachbarn, aufs Feld zu arbeitenden Landleuten, oder einfach durch Wald und Heide strichen, dann blieben nicht nur alle Menschen ergriffenen Blicks stehen, sondern auch das Vieh auf den Weiden erspürte die

Einmaligkeit der Situation und kam an Zäune und Einfriedungen heran, die Weide und Weg trennten, schaute munter drein und gröhlte, wieherte, bölkte und grunzte seine Begrüßung dem komischen Neuling entgegen. Da starrte Hamlet stumm und ergriffen zu ihnen hinüber, denn diese ganze Gesellschaft war ihm unbekannt, und er schlüpfte umständlich unter oder setzte elegant über den Zaun, um die Bekanntschaft zu vertiefen, indem er Kühe, Pferde, Schweine, Bullen und Schafe umständlich von allen Seiten beroch und beschnüffelte. Besonders als er Bullen besuchte, wollte niemand einen Pfennig auf sein Überleben setzen, denn man kannte den Hang dieser derben Gesellen ja, unverhofft zuzustoßen, hinten auszuschlagen und jemanden mit dem Kopf in die Erde zu rammen. Nichts davon geschah. Man beroch sich, flämte mit soddernden Nüstern und triefenden Augen und brummte vergnügt vor sich hin. Man wollte spielen und unterhalten sein, denn ein Sommer auf stets gleich eintöniger Weide kann langweilig werden.

Im Dorf waren Nelli und Hamlet bald gerngesehene Gäste, selbst bei notorischen Geizkragen wie Schlachtermeister Hilgemann, der vierbeinige Schnorrer und Bettler sonst immer mit gutgezielten Steinwürfen aus dem Umfeld seines Betriebes verjagte. Er rückte ein paar Schlachtabfälle heraus, die auf Nelli und Hamlet wie Sonntagsbraten wirkten, und sogar noch nette Worte für beide. Des Rätsels Lösung solcher Charakterwandlungen schien einzig und allein jene Aura von Gutmütigkeit und Lebensoptimismus zu sein, die Hamlet in einem Umkreis von etwa fünfzig Metern umgab und auch von feinfühligen Menschen, wie Ewald zum Beispiel, wahrgenommen wurde. Er mahnte noch einmal, „dass man sie nicht trennen dürfe“.

Umsonst. Als der großräumige Kombiwagen, der Hamlet

hergebracht hatte, zur Abholung desselben auf den Hof rollte, schien Nelli um den endgültigen Abschied Bescheid zu wissen. Zum ersten Mal stellte er sich an, wie man es formulierte, wie es, - wir wissen es ja bereits -, bisher nie seine Art gewesen ist, und wollte gar mit in den Wagen springen, als Hamlet schon eingestiegen war – abgelehnt! So verdrückte er sich beleidigt. In der Nacht jedoch hörte man es wieder einmal: sein Wolfsgeheul. Es klang besonders schauerlich, weil weder der Mond leuchtete noch sonst Anlass zu solchem Theater gegeben schien.

Und bald spürte man auf Lohage, dass es ein großer Fehler gewesen war, Nelli diesen Abschied von Hamlet offenen Anblicks zugemutet zu haben, statt ihn ihm mit ein paar Tricks zu verschleiern oder ihn vorzunehmen, nachdem man Nelli, für wenige Minuten nur, irgendwo eingesperrt hätte. So begann seit diesem Tag jene Zeit, in der Nelli immer mehr aushäusig und ein rechter Wandersmann wurde. (Über diese seine Wanderungen wird in einem späteren Kapitel berichtet). Jetzt, Tage nach der Trennung von Hamlet, ging er alle jene Touren ab, die er mit ihm unternommen hatte, ins Dorf, zum Schlachter Hilgemann und zum Bäckermeister Fahrenhorst, der auch einiges gespendet hatte, hörte sich Trostworte an und blieb doch nach jeder Heimkehr schlecht gelaunt wie ein Tasmanischer Beutelwolf...

Der Rattenfänger von Lohage

Die mittägliche Ruhe ländlichen Friedens lag wohltuend und erquickend über dem gesamten Anwesen Lohage und es schien niemand auf den Socken zu sein, zu stören und Umtriebe zu veranstalten. Aber im Gefolge des Menschen haben sich Tiere eingefunden und eingerichtet, die ihn haargenau studiert und seine Gewohnheiten kennengelernt, sich nach ihnen eingerichtet haben und ihr Tag- und Nachtwerk entsprechend einplanen. „Das müssten aber schlaue Viecher sein“, mag mancher einwerfen. Ganz richtig: Wir reden hier nämlich von Ratten! Über ihre beiden Arten, die auf Lohage und natürlich auch woanders vorkommen, sind hier ja schon einige Zeilen geschrieben worden. Es lohnt sich aber, die Kenntnisse über sie zu vertiefen, schließlich sind sie seit altersher Gefolgstiere des Menschen, wohin dieser sich auch auf diesem Erdball gewendet, in welche Behausungen, Unterkünfte und andere Heimstätten er sich verkrochen haben mag: Australien, Arktis, Hochgebirge, Moore, Paläste und Schlösser, Slums oder Krals und Auls, Kriegs- und Handelsschiffe, Schlafkammern oder Vorratsräume – Ratten überall!

„Gott schuf die Ratten –
von Menschen hat er nichts gesagt.“

Auf denn zu Abenteuern, wo diese und Nelli die Hauptakteure sind!

* * * * * *

Man wird sich schon denken können, dass es eine Ratte sein muss, welche die oben erwähnte ländliche Ruhe auf Lohage stören wird. Jawohl, dort wuselte eine von ihnen, durch anheimelnde Stille animiert, gar nicht eilig im Original-Rattentrab am Holzschuppen und der anschließenden Scheune entlang, um zum Hühnerstall zu gelangen. Dort war der Rattentisch stets gut gedeckt, mit Hühnerfutter und Eiern, manchmal mit einem toten Küken, das eingegangen oder von fremden Katzen gerissen war. Ehe unsere Ratte, eine dreiviertelwüchsige, ganz manierlich aussehende, um jene Ecke bog, wo einst Hektors Hütte gestanden hatte, rekognoszierte sie gründlich, indem sie ihre dunklen Rattenknopfäuglein kreisen und ihr spitzes, rosafeuchtes Näschen alle vorhandenen Himmelrichtungen abschnüffeln ließ. Sie war zufrieden – reiner konnte die Luft tatsächlich heute nicht sein! Es war weder Hunde- noch Katzengeruch festzustellen. Husch-husch, vier behände, an Eleganz hier alles ausstechende Sätze, die Ratte erreichte das Hühnerloch und schlüpfte in den Stall ein.

Diejenigen Hühner, die ihre Mittagspause einhäusig verbrachten, meist waren dies die alterfahrenen Stammhennen der Population, auch solche mit Gicht in den Füßen und Zipperlein in Kopf und Flügeln, unter ihnen so genannte Gnadenbrothennen, diese alle also sahen den Besucher einkriechen und hatten nichts gegen ihn einzuwenden. Zumal er sich gesittet und ruhig benahm und so wenig aß, dass Futterneid nicht aufkommen konnte. Keines dieser braven Hühner gackerte, schnell steckten sie ihre Köpfe in die Federn und dösten weiter vor sich hin. Derweil naschte die Ratte vom vielen umherliegenden Hühnerfutter, trank ein wenig Wasser und begann dann die unteren Legekästen zu inspizieren – vielleicht lag hier noch ein von den Menschen nicht gefundenes oder vergessenes Ei. Es lag. Als Spezialist für rohe Eier machte sich die Ratte nun ans Öffnen, indem sie die unteren Nagezähne solange hin und herraspeln ließ, bis die Schale platzte und der köstliche Inhalt ausgeschlabbert werden konnte. Ein tolles richtiges ausgewachsenes Rattenfestessen.

Leider reihte sich unsere Ratte damit in die unendlich lange, freilich nie lückenlos geführte Liste derjenigen Erdenbewohner ein, denen ihr leckerster Schmaus zum Henkersmahl geriet. Denn so behutsam sich diese Ratte bisher benommen hatte, ihr Geraspel am Ei und das folgende Geschmatze des Ausschlürfens waren gehört worden. Just als sie gesättigt und höchst vergnügt den Tatort verlassen wollte, da verdunkelte sich der Ein- beziehungsweise Ausgang des Hühnerstalls, das Türchen also, durch das sie eingeschlüpft war und nun wieder heim wollte. Zugleich mit der Gefahr, die diese Verdunkelung signalisierte, verbreitete sich ein äußerst penetranter Geruch im Raum, der jede Rattennase auf infame Weise beleidigte: Nellis Geruch!

Viele Ratten, meist die mutigsten unter ihnen, kultivieren die Flucht nach vorn, in unendlich vielen millionen Rattengenerationen ist diese Methode als erfolgreich erprobt und von einem Erben zum anderen weitergegeben worden, insgesamt gewiss erfolgreich – aber nichts klappt immer, auch bei Ratten nicht, und kann ohne Makel sein. Nelli, schon halb drinnen, ließ sich freilich nicht übertölpeln und fasste die Ratte auf Anhieb im Genick und schüttelte sie nach Art des Hauses so lange, bis ihr aufdringliches Gequieke erstarb und ihr grauer Körper erschlaffte. Nelli legte seine Beute vor dem Hühnerstall ab, wo sie entweder ein Bussard oder Reineke Fuchs abholen konnten.

* * * * * *

Unser guter Nelli als Rattenfänger? Ja, er hatte im kühlen Schatten eines Handkarrens Siesta gemacht und zwar das Erscheinen der Ratte nicht mitbekommen, aber ihr Wirken im Hühnerstall gehört. Pflichtbewusst war er herbeigeeilt. Wir wissen ja bereits, dass er von den Bewohnern Lohages, vorzugsweise durch Ewald, bewusst zu einem Rattenjäger erzogen worden ist, denn es gehört seit jeher zur Aufgabe der freilaufenden Hofhunde, ein oder auch zwei wachsame

Augen auf Schädlinge zu halten und soviel von ihnen wie möglich auszurotten. Dass es hier wie anderswo zwei Rattenarten zu bekämpfen galt haben wir schon dargelegt und wollen nur noch einmal ihre Namen nennen: die alte grauschwarze Hausratte, enger Begleiter des Menschen vor allem in Notzeiten, und die stärkere, mehr braune Wanderratte, die dabei ist, ihre Kollegen zu verdrängen, sich aber lieber außen als innen aufhält.

Nachdem Nellis Hass auf Ratten künstlich herbeigeführt worden war, brauchte er später nicht mehr geschürt zu werden. Der famose Wilfried, immer zur Stelle, wenn es galt, anderen einen Schabernack zuzufügen, hatte die beste Idee, Nellis Zorn auf Ratten noch zu steigern, nachdem er seine erste mehr beiläufig als gezielt erledigt hatte. Eines Tages war nämlich eine kapitale Wanderratte so leichtsinnig gewesen, eine Lebendfangfalle aus Drahtgeflecht, in der leckere Brocken verführerisch dufteten, als harmlos anzusprechen und hineinzutapsen. Klatsch – da saß sie nun drinnen! Und fauchte jeden Besucher und Neugierigen frech und furchtlos an und präsentierte ihm ihre gelben Nagezähne. Auch Nelli, der mehr interessiert und unerfahren herankam und sie durch das Gitter hindurch anschnüffeln und kennenlernen wollte. Noch rechtzeitig, ehe ein Biss saß, konnte er seine Nase zurückziehen. Natürlich musste man, wollte man gerecht sein, diesem Gefangenen zugutehalten, dass er jeden Ankömmling, der größer war als er selbst, als Feind zu betrachten hatte. Aber einen gutmütigen Nelli sogleich angiften, ankreischen, anfauchen, anblecken und in die Nase zu beißen versuchen – das ging entschieden zu weit und hätte unterlassen werden sollen. Aber just das hatten ja Wilfried und seine Freunde erreichen wollen! So war ein lebenslanger Hass in Sekunden Nelli ins Gehirn geprägt, der blutige Folgen fürs Rattengeschlecht haben sollte.

Nelli attackierte sofort und biss sich die Zähne an der Falle blutig. Bellte so aufgebracht und mörderisch, dass sich die Ratte nur geringe Aussichten aufs Weiterleben machen durfte. Doch wie konnte ihr Ableben am besten so in Szene gesetzt werden, dass alle Beteiligten etwas davon hatten?

„Nelli soll sie abmurksen."

„Dann lernt er dieses Handwerk richtig kennen."

„Lasst sie frei und Nelli hinterher."

Diese Vorschläge wurden angenommen. Als Veranstaltungsarena wurde der Steinplatz vor der Dielentür gewählt, die Tür geschlossen, die Falle mitten auf den Platz gestellt und von Wilfried, Ewald und zwei ihrer Kameraden vierseitig umzingelt. Man kann nicht sagen, dass die Ratte chancenlos war, es schien ein ziemlich fairer Kampf werden zu können. Ewald hielt Nelli am Halsband fest, Wilfried öffnete die Klappe der Falle. Doch Ratten können nicht nur praktisch denken, was ihr Überleben bis heute beweist, sondern auch strategisch, was mancher Rettung aus großer Gefahr gebracht haben mag. Diese hier beurteilte die Vorbereitungen ihrer Hinrichtung durchaus angemessen und weigerte sich, die Falle zu verlassen. Also musste Wilfried sie ein wenig am Popo kitzeln. Wie ein Blitz schoss sie ins Freie, klar, dass Schnelligkeit ihre einzige Chance war, aber Nelli passte auf und preschte ihr entschlossen nach. Auf diese hier geschilderte Art und Weise hatte man früher schon öfter Ratten den Katzen überantwortet, aber an deren qualvollem Ende nach Katzenart wenig Gefallen gefunden. Heute, mit Nelli als Hauptakteur, kam der Tod rascher zum Zuge, wenn Nelli sich auch ziemlich dösig anstellte: Er wollte die Ratte durch Nachsetzen im Genick packen, aber ehe er dies konnte wendete sie auf der Stelle, sprang ihm ins Gesicht und verbiss sich so fest in seiner Nase, dass er sie erst einmal von sich schütteln musste. Dann wollte er sie durch Halsbiss töten, erwischte aber ihren Bauch, so dass der Tod nur zögernd eintrat und sie Gelegenheit bekam, ihren Schmerz in diese abscheuliche Welt hinauszuschreien. Diese ihre mark- und beinerschütternden Todesschreie wurden von Artgenossen wohl vernommen, mit ihnen brach eine neue Zeit auf Lohage an.

Im Vollrausch seines Sieges beutelte Nelli sein Opfer eine Weile hin und her und wälzte sich ausgiebig auf ihm. Dann trug er die Ratte hinter die Scheune, um sie beizusetzen; manche Hunde lieben ja vergorenes Fleisch besonders. Hier entstand im Lauf der Jahre ein richtiger Rattenfriedhof, der jedoch nie überfüllt war, weil Fuchs und Dachs regelmäßig für die Exhumierung der Leichen sorgten. Wie gesagt: Diese heutige Aktion verankerte in Nellis Hirn ewigen und unauslöschlichen Zorn auf Ratten aller Art und er begann, aus freien Stücken auf Jagd zu gehen. Das Geschlecht der Ratten, das über die Anzahl ihrer tierischen Feinde nie zu klagen hatte, - Hunde, Katzen, Marder, Wiesel, Dachse, Füchse, Tag- und Nachtgreife -, hatte einen neuen Feind bekommen, der hier auf Lohage wesentlich zur ihrer Kurzhaltung beitrug.

* * * * * *

Dieses war just die Zeit, da die Gemeindeverwaltungen zur biologischen Rattenbekämpfung aufriefen. Pro abgeliefertem Rattenschwanz sollte es eine Mark geben. Für Ewald und Nelli war das Geld genug, sich rückhaltlos einzusetzen, und so brach er herein über dem grauen und braunen Geschlecht der Ratten: ein Rattenfeldzug ohnegleichen! Zuerst stellte Ewald die bekannten Schlagfallen auf, die aber nur einige Wochen gut fingen und dann durchschaut und nicht mehr angenommen wurden. Am meisten Erfolg zeitigte jetzt die gemeinsame Jagd. Nellis feine und gegen Ratten geeichte Nase stöberte vor allem die mit zahlreichen Jungen besetzten Gehecke auf: in der Scheune, in geheimen Winkeln des Holzschuppens, auf dem Strohboden, im Keller und auch in den Ställen, wo zwar Betrieb aber auch angenehme Wärme herrschte.

Nach wenigen Tagen war die Zusammenarbeit soweit gediehen, dass Ewald am Verhalten Nellis absehen konnte, ob die Spur heiß war oder nicht. Es gab die unglaublichsten Verstecke, menschlicher Verstand hätte Mühe gehabt, solche einzurichten. War etwa der Kutschwagen, den man wochenlang nicht benutzt hatte, der rechte Ort für eine Rattenkinderstube? Ewald wollte es erst nicht glauben, als Nellis Benehmen diese Möglichkeit anzeigte, aber als er die Wagentür öffnete und die Sitzbank hochklappte, sah er die ganze Bescherung: Ein hübsches Nest, aus der Sitzpolsterung gefertigt und mit sechs Kindern besetzt, die in den nächsten Tagen gewiss diesen Ort bereits verlassen hätten. Die Rattenmama war abwesend, ganz klar, denn im Lunteriechen sind Ratten Meister, und so fasste Ewald den Entschluss, sie abzupassen und mitsamt ihren Kindern zu morden. Das ging fehl, weil er sie von unten einsteigend erwartete, sie aber sprang von einem Holzbalken aufs Dach der Kutsche und kletterte durch ein Loch, das sie selbst fabriziert hatte, nach unten – wo sie Ewald und Nelli schnell genug gewahrte, um die Flucht ergreifen zu können. Am humansten wäre es gewesen, ihre sechs Kinder kurz und schmerzlos zu beseitigen, aber man liebte hier nun einmal das Schauspiel und ließ sie auf dem Vorplatz frei hopsen und kriechen, um sie von Nelli und seiner neuen Freundin Katze Kati abwürgen und aufessen zu lassen; ohne die Schwänze natürlich.

War etwa ein abgestellter Kinderwagen, den zuletzt Wilfried benutzt hatte, der rechte Ort für eine Rattenkinderstube? Auf diese Frage antwortete man gar nicht, da man sie für müßig hielt. Aber inzwischen war Ewald ein perfekter Rattenfanggehilfe geworden und vertraute voll und ganz Nellis Anzeige. Sie war auch eindeutig: Er umrundete mehrmals den Wagen mit hochgestellter Nase und tat sehr erwartungsvoll – ein solcher Hund kann nicht irren! Gewitzt geworden erwartete Ewald erst einmal die Rattenmutter, ehe ihre Kinder an die Reihe kamen. Und siehe da: Kaum war es ruhig geworden, da trabte die Altratte heran, kletterte umständlich doch geschickt an Rädern und Gestänge des Wagens nach oben und verschwand im Inneren, ohne sich noch einmal umzusehen. Wie ein Blitz war Ewald heran und drückte eine große, feste Decke in den Wagen und schob diesen rasch auf jene freie Stelle, die sich zur Hatz auf flinke Ratten besonders eignete. Dort zog er die Decke vom Wagen und erwartete wohl, die Ratte sogleich springen zu sehen. Doch diese verhoffte innen bei ihrer Brut, gute fünf Minuten lang, dann erschien sie vorsichtig mit einem ihrer Kinder im Maul. Klar: Wenn vorsichtige und im Leben behutsame Tiere wie Ratten ihren Nachwuchs in Gefahr wissen, dann möchten sie ihm ein neues, mehr Sicherheit bietendes Zuhause zu besorgen. Diese Ratte bemerkte jedoch ihre beiden Feinde nicht, kletterte auf den Erdboden und gedachte in hastigen Weitsprüngen das Weite zu suchen. Vergeblich, Nelli packte sie und beutelte sie tot, während ihr nacktrosa Junges auf den Steinen zappelte. Im Kinderwagen lagen noch weitere sechs Waisen, so dass man von „Sieben auf einem Streich“ nebst Alttier sprechen konnte. Die Schwänze dieser Jungratten waren noch zu kurz und zart, dass sie gewiss keine Mark einbringen würden, so entschloss sich Ewald, sie aufzupäppeln, bis es mit ihnen soweit war. Ersparen wir uns die Schilderung des siebenfachen Sterbens für eine gute Sache...

War etwa ein alter Reitstiefel, der umgefallen war, der rechte Ort für eine Rattenkinderstube? Warum nicht, seine dunkle Öffnung wirkte einladend und roch angenehm nach Schweiß und Leder. Mit diesem Geheck war's höchste Zeit, denn schon eine Stunde später wären die Jungen ausgezogen. Das erste, welches gerade dabei war, zog sich zurück, als Nelli giftig zuzuschnappen versuchte. Die Hinrichtung dieser Jungratten wurde auf dem Dielenvorplatz öffentlich vollzogen, in Gegenwart zahlreicher Zeugen, und diente der Ausbildung zweier Junghunde eines Nachbarn.

„Sie sollen's lernen."

Zu diesem pädagogischen Zweck wurde der Stiefel in der Mitte des Platzes aufrecht hingestellt und das weitere Geschehen dem Zufall überlassen; Nelli sollte nur Zuschauer bleiben und wurde von Ewald festgehalten. Plisch und Plum, die beiden Spitzmischlings-Zwillinge, schienen zu ahnen, dass etwas Außergewöhnliches anstand und stierten wie versessen auf den Stiefel. Aus diesem stieg nach zwei Minuten gespannten Wartens der erste Kandidat hervor, äugte zwar pflichtbewusst um sich, aber da er weder die Bosheit dieser Welt kannte noch in den umstehenden Menschen und Hunden akute Gefahr witterte, er zudem von einem seiner Geschwister gestoßen wurde, hangelte er sich am Stiefel herab und lief, was ihm noch ungewohnt war, ziemlich gemütlich der offenstehenden Scheune zu. Diese bot die nächste erreichbare Deckung. Doch Plisch und Plum, losgelassen, waren gleichzeitig über ihm und fassten ihn, als ob sie sich abgesprochen hätten, an Kopf und Hintern und rissen solange an ihm herum, bis er sich in zwei gleichwertige Hälften auflöste. Natürlich, wie anders sonst, geschah dieses nicht ohne Todesschreie. Diese wiederum hielten die anderen Jungratten davon ab, ihre Behausung zu verlassen. Sie mussten herausgeschüttelt werden. Ersparen wir uns auch hier die Einzelheiten. Gnade gab's nicht, sie hätte ja nur darin bestehen können, ihnen die Schwänze, ihr wertvollstes Gut, abzuschneiden. Diese Möglichkeit warf Wilfried in die Diskussion, mit dem durchaus praktischen Hinweis, sie wüchsen vielleicht alle zwei Monate nach und hülfen mit, Taschengeld aufzubessern.

* * * * * *

Es können noch mehr originelle Rattenverstecke aufgezeigt werden, doch soll's mit diesen genug sein. Sie machen dem Rattengeschlecht alle Ehre und sind auf den heutigen aufgeräumten Höfen nicht mehr möglich. Viele Nager wurden erledigt, als Ewald Bretter, Steine, Platten und Planen anhob, die längere Zeit unberührt gelegen hatten. Da huschten dann auch Erwachsene hervor, es soll nicht verschwiegen werden, dass etliche von ihnen entkommen konnten, weil sie ihre Schnelligkeit und Kenntnis der Örtlichkeiten nutzten, um im Zickzacklauf, rasend schnell geradeaus und auch in gewaltigen Luft- und Weitsprüngen Nelli erfolgreich ihr Hinterteil zu zeigen. Doch seine Geschicklichkeit wuchs von Einsatz zu Einsatz, auch ignorierte er immer mehr, vor allem, wenn er zornig geworden war, die Möglichkeit, von ihnen ins Gesicht gebissen zu werden. Erst unlängst durfte Nelli mit ansehen, wie der stramme, reinrassige und sehr fotogen aussehende Schäferhund Max vom Emmerbach, zu

Kurzbesuch auf Lohage, der auch einmal Ratten murksen wollte, von einer so in die Nase gebissen wurde, dass er sie nur mühevoll mit aller Kraft abschütteln konnte. Er heulte wie ein Moorteufel zur Vollmondzeit, schob seine Nase wie eine Dampfwalze durchs hohe, feuchte und kühle Gras und war fortan zur Rattenjagd nicht mehr zu gebrauchen; selbst die kleinen Mäuse brachten ihn in Panik. Derartige Entgleisungen waren bei Nelli natürlich nicht zu erwarten.

Wilfrieds Hang zum Piesacken jeglicher Kreatur ließ ein weiteres interessantes Schauspiel Lohager Art abrollen. Er hatte diesmal die Lebendfangfalle am Teich kontrolliert und fand eine fette Wanderratte in ihr. Ihm war jene Vorstellung vor Wochen, auf dem Platz vor der Diele, viel zu kurz ausgefallen und nun sann er, wie man die letzten Minuten todgeweihter Ratten verlängern könnte. Sie, diese Ratten, müssten mehr Chancen und Auslauf, auch Vorsprung bekommen und mehr Möglichkeiten zur Verteidigung haben. Da schien die nahe Viehweide, wochenlang begrast und platt und eben und ohne Schlupflöcher, in die eine Ratte eintauchen könnte, der ideale Veranstaltungsort zu sein. Also nichts wie ran! Wilfried hielt Nelli fest, ließ die Ratte frei und gab ihr einen Vorsprung von mehr als zwanzig Metern, der beinahe eine Überlebenschance darstellte, denn sie kam beinahe außer Sicht, als Nelli nachsetzen durfte. Ihre weiten fördernden Fluchten halfen ihr jedoch wenig, Nelli holte auf, aber als er ihr, für ihren Geschmack, zu nahe gekommen war, schlug sie einen Haken und lief auf eine ruhende, dösende, wiederkäuende Kuh zu, versteckte, ja verkroch sich in deren Gewirr von Hinterläufen, Euter und Schwanz. Das gutmütige Milchvieh hatte nichts dagegen einzuwenden und blieb still liegen, aber Nelli sah die Ratte vorerst nicht mehr und Wilfried schaute dümmer drein als diese Kuh. Was war zu tun? Ewald hätte vielleicht, da er auch für Ratten in seiner Herzvorkammer einen Platz bewahrt hatte, diesem cleveren Tier die Chance gegeben, seine Tüchtigkeit zu vererben; aber Wilfried? Der hatte vor einer uralten, eisernen bäuerlichen Regel Respekt: Eine wiederkäuende, in wohliger Zufriedenheit Milch produzierende Kuh stört man nicht! Heute, im Zeitalter der Milch- und anderer Schwemmen, würde kein Bauernsohn solche kruden Gedanken in die Tat umsetzen. Unsere Kuh hier jedoch löste das Problem auf natürliche Art: Sie musste mal. Dazu erhob sie sich nach einer Viertelstunde, in der ihr Verdauungsapparat hörbar arbeitete, stellte sich breitbeinig in Positur und kackte ein halbes Dutzend Fladen maßgerecht so aufeinander, dass ein recht hübscher, grün schillernder, sogleich von Fliegen besuchter Pfannkuchen entstand. Derweil die Ratte ihr Leben aushauchte, da Nelli sie schneller ergriff, als sie die neue Lage durchschaute und reagieren konnte.

* * * * * *

Immer öfter ging Nelli nun allein auf Rattenjagd. So eifrig, als sei er am Erlös beteiligt – der ja bei allen Ratten ausfiel, die er „für sich" erlegte und nicht ablieferte. Er mauserte sich, was bei Hunden selten vorkommt, Katzen aber eigen ist, zu einem echten Ansitzjäger und verlegte die Orte seiner Nickerchen an Stellen, wo Ratten zu erwarten waren. Wie anderes Wild auch, das sich an feste oder gewohnte Biotope bindet, lieben Wanderratten eingelaufene Pässe, auch Wildwechsel genannt, die sie dann bei ihrem Verkehr von Ort zu Ort bevorzugt benutzen. Das hat solange Vorteile, bis Feinde nicht dahinterkommen. Nelli war ein Feind und dahintergekommen...

Der Zulauf zum hiesigen Bach war im Sommer nur ein Rinnsal, aber doch ganzjährig mit Wasser gefüllt, nicht zu tief, mit Mulden, Abzweigungen, Steinen in der Mitte, Bewuchs an den Ufern, Zuläufen aus Dränageröhren und einigen überhängenden Uferpartien – das richtige Wanderratten- und Bisamparadies. Nelli unterschied zwischen beiden nicht, ihm war jeder Nager recht. Er legte sich zum Ruhen so aufs erhöhte Ufer, dass er mit einem Kopfheben beide Richtungen einsehen konnte. Ein Hund wie er schläft draußen nie fest, ein letzter Rest Wildtier mag die Gefahren eines totalen Abschaltens, wie zu Hause unter sicherem Dach, unbewusst und instinktiv signalisieren.

So blieb Nellis Gehör, eines der besten der umwohnenden Hundewelt, auf Empfang geschaltet und meldete den leisesten Traps einer Ratte auf nassem Untergrund. Außerdem: Ratten machen auf ihren Streifzügen auch Beute, die sie unmanierlich laut zu verschmatzen pflegen – hier oft zu ihrem Nachteil. Und in der Tat: Da kam eine heran gewatschelt. Es dürfte allen Kennern klar sein, dass Hunde keine Abfangjäger wie Katzen sind, die bis zuletzt warten, die Beute nahe herankommen lassen und dann überraschend zugreifen. Zu dieser Taktik fehlen Hunden einfach alle Voraussetzungen, mindestens die Geduld. Nelli eräugte die Ratte und fackelte nicht lange: Erheben, Vorpreschen, Zupacken, Totschütteln – nur fünf Sekunden währten diese Vorgänge. Als hätte Nelli den Sinn aller diesjährigen Rattenaktionen begriffen, deponierte er seine Beute, die doch sehr unansehnlich aussah, vor Ewalds Zimmertür; da war wieder eine Mark gesichert...

Im fünften oder sechsten Jahr nach Nelli ereignete sich in Lohage und der weiteren Nachbarschaft, über mehrere Dorffluren erstreckt, das „Jahr der Nager“ des Jahrhunderts. Uraltbauern wie Bernhardt wussten von ähnlichen Erscheinungen im 19. Jahrhundert zu berichten, genannt der Lohager Mäusekrieg von 1872. Neben Mäusen hatten sich auch die Ratten wie Lemminge in gewissen Jahren vermehrt und bedrohten das wegen der Bodennässe zu lange auf dem Halm stehende Getreide. Die regelmäßige Versorgung der Bevölkerung hing damals mehr als heute von guten Ernten ab, aber auch 1959 oder 1960 waren die Bauern nicht bereit, das Ergebnis ihrer mühsamen Arbeit mit Ratten und Mäusen zu teilen. Hierüber, da es sich vorzugsweise um einen Mäusekrieg handelt, berichten wir ausführlich im nächsten Kapitel.

* * * * * *

Wir widmen die folgenden Zeilen jedoch auch einem Krieg. Zum besseren Verständnis der Lage sollen ein paar wichtige Rattendaten vorgestellt werden. Die Hausratte bringt pro Wurf durchschnittlich sieben, die Wanderratte sieben bis elf Junge zur Welt. Diese Jungen können im Alter von drei Monaten selbst Kinder bekommen und diese Enkel ebenfalls – mit heutigen Computern ist es ganz gewiss eine Kleinigkeit, diese potentielle Nachkommenschaft für ein Jahr hochzurechnen. Wer dieses unternimmt kommt auf Zahlen, die das Schlimmste für die Menschheit befürchten ließen, wenn – ja, wenn es nicht Rattenvernichter wie Nelli gäbe. Da die Menschen ab dem Mittelalter mit dem Wachsen ihrer Städte wahre und ideale Hochburgen für Ratten schufen und doch selbst nicht untergegangen, nicht aufgefressen worden sind, scheint heute die akute Gefahr durch Ratten gebannt zu sein, auch wenn diese immer wieder zu neuen und zu beachtenden Eroberungszügen ansetzen. Außerdem: Die Natur ist der große Korrigierer und weist jeden in seine Schranken zurück, der über sich hinauszuwachsen droht.

Es fing alles damit an, dass sogar in Wohn- und Schlafzimmern, die von den Landleuten stets peinlich sauber gehalten werden, Ratten auftauchten und ihr Unwesen trieben. Man wurde aufmerksam, solche ekelhaften Umtriebe zu dulden war selbst der größte Tierfreund des Dorfes nicht fähig, und so erhob sich keine Gegenstimme, als zum Rattenkrieg geblasen wurde. Schon bekam die Presse Wind, schon, wie immer in Panikzeiten, häuften sich die Panikmeldungen: Hier hatten Ratten ein Baby im Kinderwagen überfallen und angeknabbert; dort eine sieche Großmutter, die sich nicht zu wehren vermochte, am gichtigen Großen Zeh benagt; dort hinten durch Aufessen der Isolierungen der Stromkabel Kurzschluss und Hausbrand verursacht; auf einem anderen Hof den Brunnen vergiftet, indem sie sich in ihm ertränkten; Scharen von ihnen hätten einen Hühnerstall erobert und allen Hühnern die Kehle durchgebissen, nachdem sie sämtliche Frischeier ausgeschlürft hatten; „sogar in meiner Kirche“, berichtete der Dorfpfarrer, „haben Ratten das Abendmahl gehalten und meinen Messwein ausgesüffelt und Hünfelder Oblaten zernagt und aufgefressen.“ Kurzum, Schauergeschichten noch und noch, in deren Erfindung und Gestaltung jede Volksseele Meister ist, aber dass die fiesen Nager sich explosionsartig vermehrt hatten, stand fest.

Neben vielen anderen Menschen zog auch die Bevölkerung Lohages ins Feld, und nicht nur Ewald und Nelli mit einer Begeisterung, die ältere Bürger an die Mobilmachung von 1914 erinnerte. Leider sollte es keine Fangprämien mehr geben, weil die Gemeindekassen sich nicht ruinieren lassen wollten.

„Es ist süß und ehrenhaft, fürs Vaterland den Rattenkrieg zu führen!"

Nun, für die Bauern war's wohl mehr Zweckmäßigkeit, dem Rattenvolk einen Schlag zu versetzen, aus dem es sich nie wieder erholen sollte.

* * * * * *

Auch an der Versammlung tierischer Ausrotter erkannte man, was sich da in der Natur zusammengebraut hatte: Tag- und Nachtgreife wie Bussard, Turmfalke, Waldkauz und Waldohreule, Füchse, Dachse und Marder gaben sich an allen günstigen Rattenorten ein Stelldichein und räumten auf und fraßen, dass ihnen die Bäuche zu platzen drohten. Aber Tiere können sich niemals untereinander ausrotten, erst der Mensch mit seinen schlauen, ausgeklügelten Systemen des Tötens und Vertreibens ist dazu in der Lage. Tun sich Mensch und Tier zusammen, dann kann's besonders gut klappen. Gemeint sind hier, wer sonst, Ewald und Nelli. Ewald schnitzte sich einen derben Eichenknüppel und durchstreifte mit Nelli die Lohager Jagdgefilde. Dann hörte man immer öfter die spitzen, durchdringenden, die Nerven strapazierenden Todesschreie Erschlagener, Erwürgter, Gebeutelter, Plattgehauener, Gespießter und Getretener. Die Rattenpopulationen gerieten vielerorts in Platz- und Raumnot, wussten nicht wohin, sich zu verstecken und zu verkriechen und litten auch Hunger. In einer wüsten Katastrophe von Untergang und Verderben wären die meisten Tiere gewiss in den nächsten Wochen verschieden, aber Menschen sind ungeduldig, wenn sie angegriffen werden, und wollen nicht abwarten. Ewald errichtete etwas abseits vom Hof einen Haufen aus Essensresten, Getreide und anderen genießbaren Abfällen menschlichen Tuns, in Wirklichkeit richtigen Leckerbissen für Ratten. Dieser Trick ging als der „große Wurf der Rattenvernichtung“ in die Geschichte Lohages ein. Hier konnte unser Gespann zehn Ratten pro Stunde erledigen, und wenn Ewald nicht mitmachen konnte, setzte sich Nelli allein hin. Es genügte für ihn, still wie eine Statue zu verharren, dann krabbelten die Ratten sozusagen vor seinen Füßen, so dass er nur zuzuschnappen brauchte.

Im Verlauf einer Woche, als die Epidemie nicht abklang, einigten sich Ewald und Nelli auf folgende Arbeitsteilung: Sie setzten sich gemeinsam zehn Schritt vom Essenshaufen entfernt an und Ewald beschoss die Ratten mit dem Kleinkalibergewehr, dessen Knall sie bald nicht mehr schreckte, so dass sie bei Fehlschüssen nicht flüchteten. Angeschossene Tiere, die ihre Kollegen durch Quieken und Zappeln warnen konnten, holte Nelli sogleich herbei und würgte sie ab. So entwickelte sich hier eine ruhige, gemütliche Art nützlicher Dezimierung, deren Wirksamkeit jedoch kaum erkennbar war, da die Masse der Gejagten nicht abzunehmen schien.

Ratten im Vorratskeller! Das war besonders ekelerregend, da diese Burschen ja nicht nur alles benagten und anknabberten, sondern auch überall ihre typischen Küttel hinterließen. Der hier zum Einsatz gebrachte kapitale Kater Moses versagte, da er nicht allein im Keller bleiben wollte und solange maunzte, bis er befreit werden musste. Also waren wiederum Nellis Tatkraft und Spürsinn gefragt. Sein Verhalten zeigte an, ob eine Ratte unter der Truhe, hinterm

Fass, zwischen Kartoffeln und Gemüse steckte, dann galt es, sie auf Trab zu bringen, damit Nelli sie erwischen konnte. Nachdem die Jäger Ewald und Wilfried feststellen mussten, dass sich verbiesterte Ratten kaum unter Regalen, Schränken und dergleichen hervorstochern ließen, machten sie aus ihren Stöcken Spieße oder Speere, mit denen sie unter Schränken, Kommoden und Anrichten herumfuhrwerkten: Da ertönten oft aus Keller und anderen Räumlichkeiten Todesschreie Gespießter und Gespeerter, die allen Mitgliedern der Familie noch tagelang in den Ohren klingelten.

Bei einer dieser Hatzen nahm eine Ratte die Kellertreppe an und entkam durch die leichtsinnig offen gelassene Tür in den Wohnbereich des Hauses, nämlich ins beste Wohnzimmer. Dieses wollte man, verständlich wohl, wegen einer Ratte nicht total demolieren lassen, und so wurde Nelli kurzerhand zu ihr gesperrt. Er verstand seinen Auftrag vollkommen und führte ihn geduldig und gewissenhaft aus. Und etwas ganz Neues geschah dabei: Nelli erwies sich als echter Totverbeller, - dies ist ein Begriff aus der Jägersprache -, ohne diese Eigenschaft je gelernt oder bei Hundekollegen abgesehen zu haben. Nachdem er nämlich seine Beute erwischt und getötet hatte und hinauswollte, begann er ein Gebell in bisher unbekannter Sprache. In der Stellung, die er eigentlich nur zum Wolfsheulen einnahm, den Kopf zur Zimmerdecke gerichtet, stieß er tiefe, beinahe im Bass liegende Belltöne aus, die ganz eindeutig das Signal geben sollten: „Ratte tot."

* * * * * *

Nachdem alle Getreidefelder abgeerntet worden waren

schien die Seuche der Nager endlich erloschen. Pessimisten und Kenner warnten, alle Ratten hätten sich in die Scheunen verzogen, wo das Getreide nun lagerte. Hierzu muss man wissen, dass in damaliger Zeit, ehe die Vollmechanisierung der Landwirtschaft einsetzte, das Getreide ungedroschen und in Garben gebunden, so wie es eingefahren worden war, auf den so genannten Böden der Scheunen gelagert wurde, um später, in den ruhigen Wintermonaten, durch auf den Hof beorderte Lohndrescher ausgedroschen zu werden. In dieser langen Lagerzeit von vier bis sechs Monaten gab's gewaltige Fettlebe für Ratten und Mäuse, wodurch die Kornverluste beträchtlich steigen konnten. Der Tag der Offenbarung war der Dreschtag, und das erboste Landvolk hatte nichts anderes im Sinn, als es den Schädlingen auf drastische Art und Weise heimzuzahlen.

Nelli musste am Dreschtag mit von der Partie sein. So wie die Garben im Lauf des Tages abgeräumt wurden und der Stapel sich verkleinerte, sanken die Chancen der Ratten, heute mit heiler Haut davonzukommen. Schon gegen Mittag war Nelli so erschöpft, dass er aufgab und sich an eines seiner ruhigen Plätzchen zurückzog. Man bedenke und bewundere: Da hatte er, nach korrekter Zählung, schon zwanzig Ratten getötet, und bei jedem Opfer musste er ja seinen Kopf mehrmals hin und herschütteln, bis die Ratte wirklich erledigt war. Dabei mochten ihm die Augen übergehen und ein Muskelkater seinen Nacken befallen. Die zahlreichen Mäuse, die sich im Verein mit ihren größeren Vettern hier eingenistet hatten, interessierten ihn schon nicht mehr. Am Nachmittag stürzte sich Nelli erneut ins große Jagdvergnügen und konnte wieder ein Dutzend Ratten auf seinem Würgekonto verbuchen. Über hundert von ihnen waren nebenher von den Landleuten erschlagen worden. Fixe

Rechner hatten rasch eine Summe zur Hand, die herauskam, wenn jede dieser Ratten pro Woche nur ein Pfund Körner gefressen oder verdorben hätte...

Bei den hier getöteten Ratten handelte es sich durchweg um Hausratten. Der harte Kern der Wanderratten wurde im Winter dezimiert, wenn man sie wegen Nahrungsmangel leichter anlocken oder bei Schneelage ihren Spuren folgen konnte. Schnell verrieten diese, wo sie sich versteckt hielten, oft in Erdlöchern von Bisams und unter Holzstubben, wo Nelli sie leicht mit seiner Nase lokalisieren konnte. Dann ging's ans Ausschwemmen oder Ausräuchern: Entweder mit einem Schlauch Wasser in den Bau oder Rauch und Qualm hinein, der von einem Heufeuerchen geliefert wurde. Da ging auch der standfestesten Ratte die Luft aus, sie musste springen, - wie der Jäger sagt -, und hatte Nelli im Ruckzuck im Nacken.

Als im folgenden Frühjahr die Rattenvermehrung noch einmal einem Höhepunkt zustrebte, hatten Fritz und Lina eine neue Einnahmequelle aufgetan: Ein Institut der Stadt benötigte dringend Versuchsratten. So mussten Nelli und Ewald ihre Taktik ändern und behutsamer vorgehen. Zunächst waren die Rattennester aufzuspüren, was niemand besser verstand als der tüchtige Nelli. Dann musste Ewald mit Kennerblick prüfen, wie alt die Rattenkinder waren, ob man sie sofort entnehmen oder den Eltern noch eine Zeitlang lassen konnte. Drohten sie selbständig zu werden und sich davonzumachen, wurden sie kassiert, ein paar Tage in Käfigen verköstigt, wobei sie meist ihre Scheu ablegten und sich an Menschen gewöhnten, und ab ging's, das Leben für Wissenschaft und zum Nutzen der Menschheit in die Schanze zu schlagen.

Zwei Jahre lang führte Ewald für sich und Nelli eine Abschussbuch für Ratten und Mäuse. Es sollte der Nachwelt beweisen und klarmachen, was für Zustände es einst auf Lohage gegeben hatte.

„Glaubt ja doch sonst keiner.“

Aber dieses Buch ist verschollen, darum ist es unmöglich, die Zahl der von Nelli „aus der Welt geschafften“ Ratten anzugeben. Aber sie ist ganz gewiss groß genug, um diese Lohager Feststellung voll und ganz als Realität und Wahrheit erscheinen zu lassen:

„Durch seine Nagerbekämpfung hat sich Nelli für Lohage, das Dorf, die Provinz und die ganze Menschheit verdient gemacht...“

Ein Jahr der Mäuse

„Die Mäuse sind in jeder Weise geeignet, den Menschen zu plagen und zu quälen. Alle ihre Eigenschaften scheinen sie hierzu besonders zu befähigen. Sie sind gewandt und behände in ihren Bewegungen, können vortrefflich laufen, springen, klettern, schwimmen; sie verstehen es, sich durch die engsten Öffnungen zu zwängen, oder, wenn sie keine Zugänge finden, sich mit ihrem scharfen Gebiss Wege zu öffnen. Sie treiben ihr Wesen am liebsten bei Nacht und vereiteln dadurch Verfolgungen, denen Tagthiere ausgesetzt sein würden. Sie sind ziemlich klug und vorsichtig, aber ebenso auch dreist, frech, unverschämt, listig und muthig. Die Mäuse sind Weltbürger, aber leider nicht im guten Sinne. Alle Erdtheile weisen Mitglieder dieser Familie auf, und jene glücklichen Inseln, welche bis jetzt noch von ihnen verschont blieben, werden sicher im Laufe der Zeit noch wenigstens von einer Art bevölkert werden, deren Wanderlust schon wahrhaft gewaltige Erfolge erzielt hat..."

Als Alfred Edmund Brehm dieses schrieb, kam Urgroßvater Bernhardt gerade in die Schule. Und nachdem er in seinem arbeitsreichen Leben bemerkt hatte, dass das Mäusegeschlecht im Kampf mit der Menschheit eine Niederlage nach der anderen einstecken musste, hätte er nicht geglaubt, dass seine Erben und Nachfolger noch eine Mäuseinvasion erleben müssten. Doch noch einmal, als ging's dem Untergang zu trotzen, mobilisierten die Feld- und Hausmäuse eine riesige Armee.

* * * * * *

Es war dasselbe Jahr, als auch die Ratten zur Herrschaft auf Lohage und Umgebung strebten, also 1959 oder 1960, genau mag sich niemand mehr zu erinnern. Und ebenso versammelten sich alle tierischen Feinde und Nutznießer der Mäusewelt, über die im vorigen Kapitel bereits berichtet wurde. Von den Lemmingen des Nordens weiß man, dass sie in Abständen von Jahren, verursacht durch übergroße Vermehrung, Überpopulationen begründen, die dann zu Völker-Auswanderungen zwingen: Diese Ströme wandern und wandern und gehen irgendwo zugrunde. Ähnliches war in Lohages Fluren zu beobachten. Vier Mäusearten, sowieso die wichtigsten, bildeten eine riesige Armee: Rötelmaus, Erdmaus, Feldmaus und Hausmaus; die letztere hätte besser zu Hause bleiben sollen.

Als Mäusejäger gehörte Nelli nicht zur ersten Garnitur. Den exzellenten Lohager Katzen diesen Rang streitig zu machen war ihm unmöglich. Aber im Lauf seiner Ausbildung, hauptsächlich durch Ewald, wurde er doch ein gefürchteter

Gegner und ein echter Mäusekinderschreck. Eines seiner Tätigkeitsgebiete, - wir haben am Anfang schon einiges davon berichtet -, war Linas häuslicher Garten, der trotz aller Pflege und zahlreicher Besuche jagender Katzen von Mäusen heimgesucht wurde. Hier luden frische Löcher ein, die Nase hineinzustecken und die Innenluft tief einzuziehen: Sie verriet unweigerlich, ob Beute steckte oder nicht. War es so, dann entwickelte Nelli ein ungeheures, ihm kaum zuzutrauendes Maß an körperlichen Energien, mit denen er sich ans Ausbuddeln der Mäuse machte. Seine Vorderpfoten kratzten die weiche Sanderde auf und warfen sie in hohem Bogen durch die gespreizten Hinterbeine nach hinten. Dass solche Arbeit Spaß machte war Nelli eindeutig anzusehen. Nicht immer gelang es ihm, bis in die Tiefe eines Mäusenestes vorzudringen, nicht jedes, das er schließlich erreichte, war noch besetzt, denn Mäusemama hatte ihre Kinder rechtzeitig evakuiert, aber erwischte Nelli ein Geheck mit sechs oder sieben rosanackten Kindern, dann tat er wie ausgehungert: Ein, zwei Happs – sie waren verschlungen und dem Kreislauf der Vermehrung entzogen. Jeden Tag eine solche Portion bildete ein hübsches Zubrot zu Linas ihm zugedachter Ernährung. Manchmal erschienen unerschrockene, zum Höchsten entschlossene Mäusemütter, um ihre Kinderschar zu verteidigen, sprangen Nelli ins Gesicht und bissen sich in seiner Nase fest; was seinen Mut und seine Entschlossenheit zum Handeln nur noch steigerte. Lina, sonst sehr pingelig mit ihrem Garten, war über Nellis Buddelei und Scharrerei nicht erbost, da sie ja seine Erfolge beobachten konnte.

Alle paar Tage nahm Ewald Nelli mit auf den Kornboden, wo das gedroschene Getreide zum Trocknen ausgebreitet war – ein gedeckter Tisch für alle Körnerfresser. Sie öffneten die Tür so leise, tauchten damit so überraschend auf, dass die meisten der sich auf dem Korn tummelnden Mäuse keine Zeit mehr fanden, in ihren Schlupflöchern zu verschwinden. Doch die klassischen Mäusejäger innerhalb des Hauses blieben die Katzen, deren Sitzfleisch zum Auflauern der Nager wie geschaffen war.

* * * * * *

Kehren wir nun zum Hauptthema dieses Kapitels zurück, zur erwähnten Mäuseinvasion draußen auf den Feldern. Diese kündigte sich allen aufmerksamen Beobachtern zeitig an: Immer mehr Pflanzen und Stecklinge verdorrten und gingen ein. Also Mäusefraß von unten! Beim Umbrechen und Pflügen der Äcker kamen soviel Mäusenester zum Vorschein, wie man früher nie gesehen hatte. Schon fing Nelli an, aus freien Stücken und nach eigenen Ideen, dem pflügenden Gespann furcheauf und furcheab zu folgen, um die freigelegten Nester zu leeren und Flüchtlinge jeden Alters abzufangen. Das war schon ein Aderlass an den Mäusevölkern, aber tierische Akteure, auch solche wie Nelli, haben nicht die Ausdauer des Menschen, - wie jeder Dompteur weiß -, und machen häufig Pausen, so dass eine lückenlose Verfolgung der Mäuse durch Nelli nicht gewährleistet sein konnte.

Die Launen der Natur pflegen auf menschliche Nützlichkeitserwägungen keine Rücksicht zu nehmen, sie schufen in diesem Jahr alle jene Voraussetzungen, die das Dasein von Mäusen begünstigen: Einen sehr späten aber nicht zu nassen Sommer, so dass alles Getreide länger als sonst üblich auf dem Halm oder in Garben stand. So konnte einer der Lohager Getreideschläge, der wegen seiner niedrigen Lage nasser als andere war, erst Mitte September abgeerntet werden. Was sich in den Wochen der Nachreife in diesem Kornfeld getan hatte, wurde erst beim Mähen offenbar. Die um den Schlag fahrende Mähmaschine trieb, wie das immer so war, alles Getier, was sich in ihm versteckt hielt, allmählich zur Mitte zusammen. Größeres Getier wie Füchse, auch Rehe, Hasen und Kaninchen machten sich rechtzeitig davon, ehe sie ganz von den arbeitenden Menschen umstellt waren. Die Mäusefresser unter ihnen, Füchse, Dachse, Marder und Wiesel, waren so vollgefressen, dass sie nur schwerfällig flüchten konnten. Es wird ihnen wohl leid getan haben, das Schlaraffenland zu verlieren. Inzwischen waren alle Mäuse, die wohl das Anlegen von Höhlen und Verstecken vernachlässigt hatten, in der Mitte, im ungemähten Teil des Schlages, zusammengetrieben worden. Oben in der Luft kreisten Bussarde, Habichte und Falken und stießen ungeachtet der vielen Menschen zum Beutemachen herab.

Jetzt wurde das ungemähte Feldstück so klein, dass die Mäuse sich entschließen mussten, es zu verlassen. Es kam, wie jemand sich treffend ausdrückte, „die Erde in Bewegung". Noch bessere Worte fand Ewald, als er meinte, diese Mäuseschar „sieht aus wie ein wandernder Teppich". Ja, so war es. Der stoppelige Erdboden war so dicht mit den grauen und braunen Leibern der Mäuse bedeckt, dass er nicht mehr zu erkennen war, einzelne Individuen schon gar nicht. Nichts als Gewimmel und Gewabere unter ständigem Fiepen, Pfeifen, Kreischen und Nuscheln. Doch geschah dies alles nicht planlos, aus der Sicht der Mäuse geurteilt: Der Teppich in einer Größe von über 25 Quadratmeter bewegte sich zielstrebig in eine Richtung, nämlich dem Buschwerk zu, das diesen Acker fünfzig Meter entfernt begrenzte. Damit war klar, dass die Mäuse diese Richtung als einzigen Weg zur Rettung ansahen.

Er musste ihnen verstellt, Pardon konnte nicht gegeben werden. Verfolgen wir zuerst die Methoden der Menschen hierzu. Eine faszinierende, noch nicht erlebte Mordorgie riesigen Ausmaßes fand statt, die von weitem durchaus erheiternd aussah. Wer keine Waffe besaß, hatte aber die alten traditionellen Holzschuhe an, und Männer mit den Größen 43 bis 48 waren in der Lage, mit einem Aufstampfen auf den Boden fünf bis zehn Mäuse gleichzeitig platt zu machen; sie marschierten einfach auf dem Mäuseteppich hin und her und traten wie Stepptänzer zu. Zwischendurch Geschrei derjenigen Akteure, die sich noch nicht die Hosenbeine zugebunden hatten, die schienen nämlich manchen Mäusen ideale Schlupfwinkel zu sein.

Soweit nicht schon mitgebracht lief man nun, um Schippen, Spaten, Schaufeln, Bretter und Knüppel zu holen, die nun, auch von zarten Mädchen- und Frauenhänden geführt, auf die Mäuse niedersausten und ein furchtbares Blutbad anrichteten. Kleine Genicke krachten, Leiber wurden geteilt und zerstückelt, aufgespießt und plattgestampft. Waten in Leichen – auch Landleute tun dies nicht gerne, doch Gnade und Schonung wären hier über ihre Vorstellung gegangen. Es galt, Nägel mit Köpfen zu machen, damit so etwas nicht wieder vorkäme.

Und die Tiere? Erstmals in der Geschichte Lohages und vielleicht in der Weltgeschichte überhaupt beteiligten sich auch Pferde am Mäusetod, ob sie es wollten oder wussten oder nicht: Wo sie mit ihren eisenbewehrten Hufen hintraten, da brachen die zarten Wirbelsäulen der Mäuse unter dieser von der Natur nicht vorgesehenen Belastung ohne einen Mucks zusammen. Zusätzlich drückten die Räder der

Maschine ganze Mäusefamilien ins Erdreich zurück. Man hatte gehofft, die mitgebrachten oder schleunigst herbeorderten Hunde würden in diesem Gemetzel die Hauptarbeit leisten. Das war ein Irrtum, durch die Vorstellung hervorgerufen, Hunde hätten die gleiche Ausdauer im Morden und Töten wie Menschen. Schauen wir uns ihre Tätigkeit einmal an. Da war zunächst Schäferhund Karlos, ein temperamentvoller Bursche und mit einem Appetit gesegnet, der zu Hause unstillbar schien. Hier fand er jedoch seinen Meister. Mit einem Jauchzer der Gier und Zähnefletschen der Begeisterung stürzte er sich ins Mäusegetümmel und schluckte innerhalb einer Minute zwölf unzerkaute, vorläufig noch lebende Mäuse in sich hinein. Dabei war er so hektisch, dass einige sein Maul unversehrt verließen, ehe er es zuklappen konnte – dem Rachen eines Ungeheuers entronnen sozusagen. Doch alle verschluckten Mäuse kamen wieder ans Licht, als Karlos eine Kotzorgie zelebrierte, die in der Hundewelt einmal sein dürfte: Nachdem er das zu einem Ballen verklumpte Mäusedutzend ausgewürgt hatte, begann er es, statt sich an lebenden Mäusen zu bedienen, erneut aufzufressen, es wieder auszukotzen, diesmal jedoch einige weniger, diese wiederum zu fressen – und diese Vorgänge wiederholten sich solange, bis Karlos seinen Magen besiegt hatte und alle Mäuse drinnen blieben. Danach war er so erschöpft, dass er sich niedertat und alle Mäuse ignorierte, auch jene, die ihn in irrer Flucht überliefen oder in der Deckung seines Körpers vor anderen Feinden Schutz suchten.

Jagdterrier Bossi, mit Jagdherrchen zufällig auf dem Plan erschienen, arbeitete erheblich wirtschaftlicher. Er aß Mäuse überhaupt nie, jagte sie aber leidenschaftlich und außerordentlich zornigen Gemüts, geriet hier, salopp formuliert, ins Schlaraffenland des Mordens und tobte sich in einer

Weise aus, der geschätzte hundert Mäuse zum Opfer fielen. Er schnappte gezielt zu, knautschte die Nager kurz zusammen, entließ sie aus seinem Gebiss und griff sich den nächstbesten. Solche Arbeiten ermüden den stärksten, ausdauerndsten Hund, so war er der zweite, der sich erschöpft niedertun musste.

Rauhaardackel Asta überschätzte ebenfalls seine Kräfte und teilte sie unökonomisch ein, indem er wie ein Wilder hin und herfetzte und Mäusespuren, die hier ja das ganze Erdreich bedeckten, kläffend verfolgte, statt sich die Beute einfach ins Maul hüpfen zu lassen. Er aß das erste halbe Dutzend auf, biss noch einige tot und tobte dann nur noch wie angestochen im Mäuseteppich herum, scheinbar total konfus, aber vom allen Hundebesitzern bekannten Dackelwillen beseelt, erst bei vollkommener Erschöpfung aufzugeben.

Sein Kollege Fratzi, der ein Mischling zwischen Dogge und Zwergpinscher zu sein schien, war Neuling im Mäusemordgeschäft und statt baff erstaunt und auch ein wenig erschrocken herumzuwuseln, verfolgte er den Mäuseteppich zwar mit höchstem Interesse, schnappte aber niemals zu und schüttelte sich vor Ekel, wenn die Tiere seine Beine umhuschten und an ihm hochsprangen. Haben wir unseren braven Nelli vergessen? Keineswegs. Er zeigte seine wahre Meisterschaft als Fänger, obwohl auch er nach einer Viertelstunde aufgeben musste. Immerhin sparte er Kräfte dadurch, dass er den flinken Gesellen nicht nachsetzte, sondern sie sich ins geöffnete Maul springen ließ. Dann machte es automatisch „klapp“ und eine Maus nach der anderen wurde tot gebissen. Auch zerdrückte er einige unter seinen Pfoten, was sonst gar nicht seine Art, aber hier wohl unvermeidlich war.

* * * * * *

Schließlich war die Schlacht geschlagen, alle Beteiligten, auch die meisten Mäuse, konnten aufatmen. Aber sie war nicht gewonnen: Trotz der ungeheuerlichen, einmaligen Metzelei erreichte der wandernde Teppich, zwar bis zur Hälfte geschrumpft, das erwähnte Gebüsch und löste sich dort sofort, als handelten alle Mäuse auf Befehl eines etwaigen Kapitäns, in seine Bestandteile auf. Das Feld war abgemäht, alle Garben waren gebunden und standen in Hocken; Kaffeepause. Die jüngeren Leute verschlangen zwar auch ihre Butterstullen, jagten aber Nachzügler, die den Anschluss an die flüchtige Mäusearmee verpasst hatten, und traten sie tot. Bussarde standen nur zwanzig Schritt entfernt auf dem Boden und packten Mäuse, aber auch der hungrigste unter ihnen konnte nicht mehr als drei hintereinander verputzen. Ähnlich erging es den in der Luft rüttelnden Turmfalken: zwei- bis dreimal Zustoßen, Packen, Fortfliegen und Kröpfen, schon waren sie für diesen Tag gesättigt und strichen ab. Alle an der Schlacht beteiligten Hunde lagen im Schatten des Gespanns und waren nicht zum Butterbrotmitessen zu bewegen. Auch Nelli, sonst von Ewald oder Lina jede Gabe annehmend, winkte müden Auges ab. Da man ja gesehen hatte, dass ein großer Teil der Mäuse entkommen war, diskutierte man über deren Zukunft:
„Das nächste Hochwasser wird sie alle ersäufen."
„Und wenn's dieses Jahr nicht eintritt?"
„Dann wird die Plage im nächsten Jahr noch schlimmer."

Die Hochwasserprophezeiung traf dann zu. Im Spätherbst regnete es so anhaltend und heftig, dass alle noch nicht regulierten Bäche über die Ufer traten und das flache Land

überschwemmten. Und wieder bot sich ein Naturschauspiel, wie es die Landleute noch nie gesehen hatten. Die bäuerliche Zeitung berichtete nach Augenzeugen:
„Schwimmenden Teppichen gleich zogen tausend und mehr Mäuse, eng aneinander geklammert, über das Wasser dahin, um irgendwo, an eine Kleinigkeit höher gelegenen Stellen, festen Boden unter ihre Trippelfüße zu bekommen. Vielen glückte dieses, andere wurden von der Strömung des ablaufenden und fließenden Wassers erfasst und mussten ertrinken, vor allem dann, wenn diese Teppiche auseinandergerissen wurden. Es war schon dramatisch anzusehen, wie diese kleinen Wesen um ihr Leben paddelten und sich zu retten suchten, indem sie Wiesenpfähle erklommen, auf Bäume kletterten und Treibgut zu ersteigen versuchten. Verfolgt von Beutegreifern, die sich an ihnen gütlich taten..."
So brachte denn die Natur alles wieder ins rechte Lot. Es war das letzte Massenauftreten von Mäusen in dieser Gegend, die sich modernisierende Landwirtschaft ließ in Zukunft derartige Eskapaden nicht mehr zu. Für Nellis Jagdeifer und seinen Gaumenkitzel blieben freilich stets genug kleine Nager übrig...

Im Dienst Dianas – auf der Jagd

Dass unser Nelli eine gehörige Portion Jagdleidenschaft von einem oder einigen seiner Vorfahren geerbt hat, dürfte inzwischen auch all jenen Lesern klargeworden sein, die sich nicht als spezielle Hundekenner bezeichnen mochten. Hätten ihn Treue, Dankbarkeit und Familiensinn nicht so eng an Lohage und seine Bewohner gebunden, wer weiß, vielleicht wäre er ein arger Wilderer geworden und hätte dann ein logisches, schmachvolles Ende unter Pulver und Blei gefunden. Als hätten die hiesigen Jäger sein Problem erkannt, - tatsächlich taten sie es im eigenen Interesse -, luden sie ihn des öfteren zur Jagd ein. Das waren Festtage sondergleichen und sie waren so aufregend und erbaulich für alle Beteiligten, dass einer von ihnen sich jeweils am Ende eines Jagdtages hinsetzte und Tagebuch führte. So sind sie damit, hier aufgenommen, für alle Zeiten erhalten geblieben.

Zu welcher Jagdart konnte Nelli, ein Hund ohne Ausbildung und Führung, fähig sein? Man bedenke, welche Mühen und Plagen professionelle Ausbilder in die Abrichtung „echter", meist reinrassiger und hochadeliger Jagdhunde investieren! Aber es musste doch auch Einsatzmöglichkeiten für einen Hund geben, dessen Mut und Zupackbereitschaft sich bereits weit über Lohages Reviere hinaus herumgesprochen hatten! Nun, wo eben dieses Zupacken und dazu der erwähnte Mut, gepaart mit hemmungsloser Lust am Angreifen und Festhalten, gefragt und gefordert wurde, da war Nelli am richtigen Platz. Er hatte sich ja schon am stärksten hiesigen Wild, den wilden Schweinen, versucht und bewährt.

Heute würde kein Grünrock mehr auf die Idee kommen, einen ordinären „Bauernköter" als Jagdgehilfen zu akzeptieren, aber damals waren die Grünröcke noch volksnah, weniger standesdünkelhaft und sehr auf ein gutes Einvernehmen mit den bäuerlichen Landbesitzern erpicht, alle Verhältnisse waren weniger kompliziert als heute. Wer Nelli engagieren wollte, musste auch Ewald mit in Kauf nehmen, da er sich in der Fremde nur von ihm an der Leine führen ließ. Auf denn zum fröhlichen Waidmannsheil...

* * * * * *

Beim ersten Mal erfuhr er es, beim zweiten Mal hatte Nelli begriffen, dass es bei der Jagd nicht ohne ein gewisses Maß von Zeremonien, Traditionen und Regeln abgehen konnte. So gehörte das gegenseitige Kennenlernen von Jägern und Hunden dazu, lange Schwatzpausen und die vielen Hornsignale, in deren Töne manche Hunde glaubten einfallen zu müssen; Nelli hielt sich da vornehm zurück. Minuten und Viertelstunden des Wartens, Harrens und Herumstehens, in denen sich die Aufregung so steigerte, dass manche Hunde total verrückt wurden; Nelli blieb deshalb gelassen, weil auch sein Herrchen Ewald nicht aus der Ruhe zu bringen war. Auf die wilden Schweine sollte es gehen, die so dreistfrech gewesen waren, die Felder und Weiden der Bauern in eigener Regie mit ihren Rüsseln umzugraben oder abzuernten: Weizen, Hafer, Kartoffeln und den damals vermehrt aufkommenden Mais. Wollten die Jagdherren nicht an Wildschadensansprüchen bankrott gehen, mussten sie schon einiges in Sachen Abschuss unternehmen. Wo die Sauen heute steckten und den Tag verschliefen, war bereits in der Frühe erkundet worden: eine umfangreiche und dichte Fichtenschonung inmitten eines Laubwaldes. Und so machte sich eine durch Leerung von Flachmännern bereits fröhlich und zuversichtlich gestimmte Jagdgesellschaft nebst erwartungsvollen Hunden auf die Socken – auch Pirsch genannt.

In der Nähe der Wildschweinruheplätze angekommen, wurde Hunden und Jägern Ruhe anbefohlen. Eine knisternde Spannung von Jagdleidenschaft verbreitete sich. stickum, und mucksmäuschenstill wurde die Schonung umstellt. Denn altgediente und früheren Nachstellungen dieser Art entkommene Seniorschweine pflegten bei diesen Situationen bereits ihre Lauscherohren aufzustellen, aufzuhorchen, sich aus der Ruhe zu erheben, ein warnendes „Wuff“ von sich zu geben und sich klammheimlich zu verdrücken. Besonders, wenn ihnen der Wind den gehassten und gefürchteten Geruch von Mensch und Hund herübertrug. Aber was sollten sie momentan machen, wo sie bereits eingekesselt waren! Ihr Schicksal lag in Dianas Hand und nahm seinen Lauf.

Nachdem die Jäger sich aufgestellt und bereitgemacht hatten, wurden die Hunde, - neben Nelli noch zwei andere, „echte“ Jagdhunde -, losgelassen. Die zwei stürmten laut bellend in die Schonung, während Nelli lautlos losfetzte. Kurz darauf schon empörtes und drohendes Grunzen, Gequieke, hasserfülltes Anschlagen der Hunde, ihr Geheul, wenn sie einen Hieb kassieren mussten, Hin und Hergerenne, Krachen und Knacken von Zweigen und Geäst, junge Fichtenbäumchen schwankten und bogen sich, Laub wurde aufgewirbelt – ein richtiges echtes Jagdspektakel, wie es die Jäger lieben. Vom Rand der Schonung klang Nellis waldfüllende sonore Stimme, gleichmäßig und anzeigend: „Ich habe ein Schwein gestellt!“

Ein Jäger und Ewald pirschten sich heran und sahen folgende Szene: Ein halbstarkes, auch Überläufer genanntes Schwein und Nelli standen sich Kopf an Kopf gegenüber, Nelli bellte, das Schwein antwortete mit heftigem Schmatzen und Auf- und Zuklappen seines Gebisses, verhielt sich aber am Platz. Und das war ja auch der Sinn von Nellis Einsatz, nämlich das Wild auf der Stelle zu bannen und von anderen drohenden Gefahren abzulenken. So pirschte sich der Jäger in Position und schoss das Schwein tot. Nelli verbiss sich eine Minute lang zornig in seiner Beute und jagte dann in die Schonung zurück.

Inzwischen waren mehrere Schüsse gefallen. Einige

Sauen waren erlegt, andere angeschossen. Einer der Hunde war kampfunfähig geworden, weil ihn ein mächtiger Keiler gerammt und gegen einen Baum geschleudert hatte. Dieser Keiler erhielt nun in der Hektik des Augenblicks einen „schlechten“ Schuss, einen nicht tödlichen an die Wirbelsäule, der ihn aber am raschen Fortkommen hinderte. Todesmutig warf sich ihm Nelli entgegen und verbiss sich so konsequent im linken Ohr, dass er sich nicht abschütteln ließ, bis ein Jäger herbeieilte und den Keiler mit der Saufeder, das ist eine Art von Spieß, fachgerecht abstach.

Kaum zu Atem gekommen sah Nelli einen Frischling, - das ist ein hübsch längsgestreiftes Wildschweinferkel -, das Weite suchen, ohne von den aufgeregten Jägern bemerkt zu werden. Wie ein huschender Blitz überholte er es im lockeren Farnkraut und verbiss sich erneut, wie beim Keiler vorhin, der gar der Vater des Opfers sein konnte, in einem der kleinen und zarten Ohren. Es gibt den populären Begriff

„Schreien wie am Spieß“ -

aber dieses Schweinekind schrie lauter und dringender als alle seine Artgenossen, die je am Spieß gestorben waren. Auch hier hielt Nelli solange fest, bis ein Jäger seine Beute von den Leiden erlösen konnte. Damit näherte sich die Jagd ihrem Ende. Die Rotte der Wildschweine hatte sich in alle Richtungen des Waldes zerstreut, unter Verlust von fünf Mitgliedern, wovon drei auf Nellis heutiges Jagdkonto gingen. Der schon genannte Jagdhund hatte alle Rippen gebrochen und musste eingeschläfert werden, sein Kollege humpelte sichtlich und stöhnte verhalten; er war fortan für die Jagd auf Sauen nicht mehr zu gebrauchen.

„Nelli ist der Held des Tages!“

Aber auch er sah arg zerzaust und insgesamt sehr mitgenommen aus und beruhigte sich nur allmählich und unter tröstendem Zuspruch Ewalds von den Strapazen des Jagdtages. Ewald trug ihn auf den Armen heim, doch am Abend mussten beide wieder mit von der Partie sein: beim Schüsseltreiben im Dorfkrug. Dort landete eine der Sauen und der Frischling stückweise auf den Tellern und wurde im Verein mit Rotkraut, Soße und Kartoffeln ziemlich feucht mit Bier, Wein und Schnaps begossen und fortgespült. Als Nelli die ihm zu Recht zustehende Portion Schweinebraten erhielt und sie unter dem Jubel der Jagdgenossen verputzte, schien er zu wissen, dass er sie sich selbst zu verdanken hatte.

Bei einer weiteren Saujagd Ausgang des Winters und bei Schneelage ging es trotz der Kälte heißer her als im Sommer, denn überraschenderweise stellte man zwei Sauen mit gut drei Wochen alten Frischlingen. Sie verteidigten ihren Nachwuchs mit Mut, Todesverachtung, Kraft und Geschick, richteten wiederum einen ungeschickten Jagdhund hin, konnten aber nicht verhindern, dass Nelli an der Erlegung von zehn Frischlingen beteiligt war. Man brachte diese Kinder nur ungern um, aber wegen der übermäßigen Wilddichte und dem daraus resultierenden Wildschaden auf den bäuerlichen Fluren und Äckern mussten diesen Winter wenigstens zwanzig Tiere geschossen werden. Durch diese Jagden wurde Nelli so verbiestert und empfindlich gegen Schweinegeräusche, dass er wochenlang nachher noch beim Grunzen und Quieken der Lohager Schweine zusammenzuckte und in Alarm- und Angriffsstellung ging.

* * * * * *

Im Gefolge der Mäusevermehrung hatten auch die Dachse stark zugelegt, so dass die Bauern zu murren anfingen, obwohl Dachse durch ihre Mäusejagd und die Vernichtung von Engerlingen und anderen Pflanzenschädlingen ja prinzipiell Freunde der Landwirte sein müssten. Aber wenn Wiesen und Weiden am Waldrand „zerstochen“ und aufgewühlt werden, denken Bauern plötzlich anders. Kommen die Dachse gar in die Gärten, um von Erdbeeren und ähnlichen Kostbarkeiten zu naschen, dann hörte freilich jeder Spaß auf.

Nellis denkwürdigster Kampf mit einem Dachs fand im Garten des Nachbarn statt, wo sich dieser Frechdachs nachts einzufinden pflegte, um die erwähnte Leckerei zu genießen und durch seine Wühlarbeit im lockeren und fruchtbaren Boden allerhand Schaden anrichtete. Man beschloss, ihn lebend zu fangen und einem befreundeten Jäger nach auswärts zu verkaufen. Dieser Dachs nutzte ein Loch im Zaun, der ansonsten äußerst stabil und für Tiere seiner Größe undurchlässig war. Dieses Loch stopfte man nun nicht zu, im Gegenteil, man ließ es einladend geöffnet. Für die fragliche Nacht jedoch wurde es mit einer Klappe versehen, die nach dem Schließen dem eingeschlüpften Dachs den Rückweg versperren sollte. Wie seit einigen Nächten unter Erfolg gewohnt, trabte der Dachs gegen 21 Uhr an und rutschte durch das Loch in den Garten.

Nelli, Ewald und der Besitzer des Gartens beobachteten ihn hierbei aus dem Haus her und schlossen rasch mittels einer langen Schnur den Einschlupf. Das ging so geräuschlos ab, dass der Dachs nicht merkte, dass er bereits in der Falle saß. Jetzt hieß es, ihn lebend zu packen. Zu diesem Zweck hatte man ein Netz besorgt, das man ihm überwerfen wollte. Und um ihn nicht allzu sehr zu verbiestern und zum Berserker zu machen, musste dieses einigermaßen sanft und behutsam geschehen. So schlich sich der Gartenbesitzer an den Erdbeerfresser heran, wusste wohl aber nicht, dass ein Mensch nie so geheimnisvoll tun kann, dass ein Dachs ihn nicht bemerkt. Dieser verhoffte und windete, ging hinter einem Johannisbeerstrauch in Deckung und rannte von dort aus, als der Mann näherrückte, in vehementen Fluchten zum Loch hin und knallte mit voller Wucht gegen das Absperrbrett. Das aber intakt blieb und auch seinen verzweifelten Unterwühlversuchen vorerst standhielt. Verblüfft verhoffte er wiederum und kam dann auf den Gedanken, den Durchbruch an anderer Stelle zu versuchen. Aber der Garten war mit starkem Maschendraht eingezäunt, der einen halben Meter in den Boden reichte, so dass, um ihn zu untergraben, gewiss eine Zeit von einer Viertelstunde und mehr nötig gewesen wäre. So versuchte es der Gefangene zunächst mit roher und brachialer Gewalt: Mit einem Anlauf stürmte er gegen den Zaun, der ihn federnd meterweit in den Garten zurückschleuderte und so aufgeregt und kopflos machte, dass es unmöglich war, sich ihm zum Netzüberwerfen zu nähern.

Auch Nelli hielt sich zurück, da ihm dieser Busche offenbar mächtig Respekt einflößte. Die drei Fänger zogen sich zurück. Da fand der Dachs Zeit und Ruhe angemessen, am Zaun das Graben zu beginnen. Als er kopftief in die Erde eingedrungen war, stürmte Nelli heran, ihn in der Seite zu fassen, während der Gartenbesitzer das Netz zu werfen gedachte. Aber der Dachs warf sich blitzschnell herum und hätte einen von Nellis Läufen beinahe erwischt und, wäre das geschehen, glatt durchgebissen. Da flog das Netz. Es senkte sich aber nicht tief genug, der Dachs schlüpfte unten durch und geriet nun in solche Kopflosigkeit, dass er kreuz und quer durch den Garten galoppierte und nur von Nelli verfolgt werden konnte. Nelli schien die notwendige Taktik begriffen zu haben, die so aussah, dass der Dachs „ruhiggestellt“ werden musste; es schien total aussichtslos, mit ihm fertig werden zu können, solange er wie ein rabiater Irrwisch durch den Garten fuhr und wie verrückt nach allem schnappte, das den Feinden zugehörig schien – er würde diese Hetzerei sicherlich länger aushalten als jeder Mensch und Hund.

Nelli also machte alles richtig und ging ihn von vorn an, so dass er sich stellen musste. Das gelang endlich in der Ecke, wo das Gartentor an die Umzäunung anschloss, und wieder landete das Netz auf ihm. Doch fiel es nicht tief genug auf den Erdboden, der Dachs entkam abermals unter ihm her und lief der Stelle zu, wo er bereits mit dem Wühlen einigen Erfolg erzielt hatte. Alle Beteiligten waren nun völlig außer Atem, schnauften röchelten, prusteten und schwitzten wie Akkordarbeiter im Bergwerk. Doch unverdrossen wühlte der Dachs weiter, für ihn ging's ja ums Ganze, und Nelli verbellte ihn dabei, heiser-giftig und seine Zunge beinahe am Boden schleifend. Dieses lenkte den Dachs von Ewalds Annäherung ab, der jetzt Nägel mit Köpfen machen wollte und mit einem wuchtigen Knüppelschlag den Dachs solange halb betäubte, bis man ihn in die bereitstehende Holzkiste verfrachtet hatte. Gewonnen und geschafft – wenn auch unter mehr Mühe und Not als angenommen.

Der Garten aber? Er war stärker verwüstet als wenn man eine komplette Dachsfamilie eine Woche lang hier hätte unbehelligt arbeiten lassen. Auch der Verkauf des wilden Gesellen konnte den Schaden nicht ausgleichen. Nellis Mut war beispielhaft gewesen und fand Anerkennung auch bei allen Zuschauern, die sich an den Fenstern des Hauses versammelt hatten. Das Abenteuer wurde im ganzen Dorf bekannt und bescherte Nelli viele neue Sympathien zu denjenigen vielen, die er schon besaß. So ließ der nächste Auftrag nicht lange auf sich warten. Auch dieser verlief sehr abenteuerlich, aber wie der erste aus der Sicht der Jägerschaft nicht ganz einwandfrei und den Jagdvorschriften entsprechend.

* * * * * *

Es kam die Meldung herein, ein Hausmarder sei auf einem Dachboden eingesperrt worden und müsse nun erlegt werden, ohne seinen wertvollen Winterpelz zu beschädigen. Wer anders konnte als Erleger in Frage kommen als Nelli! Da Ewald als Hundeführer bereits anerkannt war, musste er ihn begleiten und leiten. Dieser Marder hatte den Dachboden wohl in Erwartung einer lukrativen Ratten- oder Mäusejagd durch ein offenstehendes Lukenfenster erreicht und war von der Hausfrau überrascht worden, die geistesgegenwärtig das Fenster schloss. Nun tobte das Tier entsetzt und verbiestert herum und suchte ein Entkommen. Es war Winter und damit sein Pelz dicht und wertvoll. Behutsam betraten Ewald und Nelli den Dachboden und fanden den Marder auf einem erhöhten Balken hockend vor, sie nun interessiert und gewiss Unheil ahnend betrachtend. Da er Nelli als seinen Tod- und Hauptfeind identifizierte und ihn nicht aus den Augen ließ, war er demnach nicht bereit, seine sichere erhöhte Stellung zu verlassen. Nelli seinerseits beurteilte ihn wohl als eine Art schlanker Katze, womit sein Hass gar nicht mehr angeheizt zu werden brauchte. Wie ein Verrückter bellte er giftig und hell tönend nach oben, sprang an der Wand hoch und ließ in seinem Benehmen keinen Zweifel aufkommen, was seine Beute im Ernstfall zu erwarten hatte.

Ewald war tierisch tief gebildet: Er wusste, dass Marder in punkto Fixigkeit, Gewandtheit und Durchwuseln an Engpässen und ähnlichen Durchlässen und örtlichen Gegebenheiten jedem Hund überlegen, in Sachen Ausdauer jedoch eindeutig unterlegen waren. Was lag also näher, dieses auszunutzen und den Marder solange zu hetzen, bis er erschöpft war und Nelli ihn abwürgen konnte. Ewald besorgte sich eine Stange in langer Besenstielart und begann, den Marder damit anzustoßen, zu belästigen und zu schubsen, sofern er sich niederzulassen oder auszuruhen gedachte. So fetzte dann dieser arme Kerl im Gebälk des großen Dachbodens hin und her, aufwärts und abwärts, kreuz und quer, sprang gekonnt meterweit von einem Träger zur Strebe und zurück, klammerte sich an Sparren und Dachlatten und vermisste natürlich, dass dieser Boden kaum Verstecke, zuviel freie Flächen bot. Schon nach zehn Minuten zeigte er Erschöpfung, hechelte wie ein Windhund auf dem Parcour, verlangte dringend nach Pausen. Nichts da – Ewald kannte kein Pardon und stocherte nach ihm, sobald er sich niedertat.

Währenddessen bellte Nelli zwar wie verrückt, verfolgte alle Bewegungen mit mordgierigen Blicken, sparte aber seine Kräfte für den Endkampf auf. Der nahte nun, als der Marder Ewalds handgreifliche Aufforderungen zum Weitermachen nicht mehr befolgen wollte und sich trotz aller leichten Stockstöße zum Ausruhen auf einen dicken Querträger legte. Er war völlig ausgepumpt und sah aus wie in letzten Zügen liegend. Schwupps – ein derber Stoß Ewalds fegte ihn zu Boden und ebenso – schwupps – hatte Nelli ihn am Wickel, ehe er wieder richtig auf seinen vier Tatzen stand. Letztes Quieken, Durchschütteln, Beuteln nach Nelliart waren das Werk von Sekunden. Hier zeigte sich, dass

Nelli mutig aber nicht tollkühn und in der Lage war, die rechte Zeit zum Zupacken gefährlicher Beute abzuschätzen.

* * * * * *

Dass Jagd bei allerlei Lebensgefahr, - wenigstens immer für einen der Teilnehmer -, auch lustig und unterhaltend sein konnte, erlebten die Lohager bei folgenden Szenen. Wieder ging es wintertags um jemanden, dem man gern sein Fell über die Ohren gezogen hätte, das noch wertvoller war als ein Steinmarderpelz: das Hermelin; so heißt das Große Wiesel im Winter, wenn es zur Tarnung seinen „Hermelin" trägt. Dieser war früher, aus vielen Einzelstücken zu Mantel oder Umhang zusammengesetzt, Statussymbol der Monarchen – „Kleider machen Leute"!

Wiesen und Weiden sind um diese Jahreszeit kurz begrast, die Äcker meist kahl, nicht immer liegt in hiesigen Breiten Schnee, so dass ein Hermelin im Winter öfter gesehen wird als im Sommer. Es ist auch vor lauter Schmacht häufiger auf der Jagd. Nelli sichtete das weiße Etwas mit der schwarzen Schwanzspitze, als es auf der Kuhweide in großen Sprüngen und weiten Sätzen den vielen Mäusen nachjagte, die sich wegen der großen herbstlichen Trockenheit stärker vermehrt hatten als in anderen Jahren, und es drängte ihn, sich an dieser interessanten Jagd zu beteiligen. Er preschte stumm aber in vollem Galopp auf das Hermelin zu, das erst verwundert sein bekanntes, putzig wirkendes Männchen machte und abzuwarten schien, ob hier Spaß oder Ernst vorlag, bis es dann doch rechtzeitig und vorsichtshalber in einem Mäuseloch untertauchte. Nun, mit Höhlenbewohnern glaubte Nelli Erfahrung zu haben, manch einen hatte er schon ausgegraben oder abgepasst, indem er sich dort auf Lauer stellte, wo sie eingeschlüpft waren.

Aber Wiesel reagieren und handeln anders als Ratten und Mäuse, zudem sind Grünflächen von Wühlmäusen umfangreicher unterhöhlt als Ackerland und Waldböden, es gibt ein richtiges Gängesystem wie unter einer Großstadt. Während Nelli also seine Sinne begierig auf das Loch richtete, tauchte das Hermelin plötzlich fünf Meter vor ihm wieder auf und betrachtete ihn aus kleinen schwarzen Knopfaugen, männchenmachend, höchst aufmerksam. Und wartete natürlich nicht ab, bis er heran war. Dieses muntere Spiel wollen wir hier nicht ausführlich erzählerisch ausbreiten, es genügt wohl zu wissen, - mancher Kenner mag's ahnen -, dass Nelli hier in einer Weise zum Narren gehalten wurde, dass er beinahe seinen Verstand verlor und froh sein konnte, dass dieses flotte Hermelin von sich aus das Spiel abbrach und sich auf ein etwaiges fröhliches Wiedersehen verabschiedete. Vermutlich hatte Nelli die Vorstellung, eine ganze Sippe Hermeline vor sich gehabt zu haben. Noch nach Tagen untersuchte er das Gelände aufmerksam mit Nase und Augen.

* * * * * *

Immer wieder in den Folgejahren ließ sich Nelli von Großen und Kleinen Wieseln foppen und zur Verfolgung verleiten, schon an seinem empörten Gekläff erkannte Ewald, wen er gerade jagte. Manchmal geschah dieses auch auf dem Hof, im Hühnerstall, in Scheune und Schuppen, wo besonders das Kleine Wiesel unerschrocken und „menschenverachtend“ seine Beute verfolgte, bis in die Diele hinein. Auch wenn Nelli glaubte, es nun wirklich in der Falle zu haben, etwa unter einem Stein oder Brett oder in der ehemaligen Hundehütte – es entkam jedes Mal keckernd und flitzend wie ein lebender Irrwisch. Nur Kater Moses, ein Geduldsbrocken wie sein Namensgeber und dadurch zur Ansitzjagd bestens geeignet, konnte einmal eines packen, das bei der Mäusejagd die eigene Sicherheit vernachlässigt und Moses nicht bemerkt hatte. Im fortgeschrittenen Alter kümmerte sich Nelli allerdings nicht mehr um Wiesel, da hatte er schon das Reißen und Kneifen in den Gliedern.

Einmal gelernte Lektionen saßen bei Nelli für alle Zeiten. Das bewies er, als er bei einem Sonntagsspaziergang mit der Familie ein Rehkitz aufstöberte, dessen Mutter vermutlich vor ihm heimlich geflohen war. Er beschnupperte und beleckte es aufs Zärtlichste, stupste es zum Spielen an und wollte es unbedingt zum Mitgehen animieren. Da spielte, wir wissen es, seine Erinnerung mit. Rehwild, Hasen und Kaninchen beachtete Nelli seitdem nicht mehr, da ihm ihre Verfolgung und Hatz verboten worden war. Aber der Fuchs, schon seit Urzeiten der Konkurrent des Wolfes, war bei Nelli so verhasst, dass er ihm gegenüber schier zum Rasenden werden konnte.

Diesen Hass hatten ihm die Kinder früh beigebracht, als er beim Ausgraben eines Welpenbaues anwesend sein durfte. Dabei geht's recht unwaidmännisch zu, indem man Teckel in den Bau schickt, die durch ihr Gebell den Standort des Gehecks anzeigen, es wenn möglich „festnageln“, so dass die „Jäger“ nun mit Spaten, Schaufel und Hacke solange graben und buddeln, bis sie die Jungfüchse entweder totschlagen oder greifen und aufnehmen können. Beim zweiten Schicksal geht's ihnen so schlecht wie beim ersten: Sie werden den Hunden zum Abmurksenüben überlassen. Da durfte auch Nelli mitmachen. Man ließ einen Jungfuchs eine Strecke vorlaufen, dann gab man Nelli frei, der den Flüchtling in höchstem Entzücken überfiel und erwürgte; sein Klagen erfüllte den Wald. Manch Fuchs erhielt Aufschub der Hinrichtung, weil man ihn zum Erwachsenen aufzog und ihn dann erst von Hunden stellen ließ. Da musste Nelli zuschauen, denn man wollte nicht riskieren, dass er unterlag; was durchaus möglich war.

An einem schönen Herbsttag sah Ewald auf der Viehweide einen Fuchs beim Mausen, eine typische Tätigkeit, die darin besteht, dass der Fuchs entweder lauernd und horchend stillsitzt oder plötzlich hochaufspringend eine Maus packt. Ewald nahm, wie es bei solchen Gelegenheiten seine Gewohnheit war, Nelli auf den Arm und drehte ihm den Kopf in Blickrichtung des Fuchses. Wenn Nelli dann das Objekt seiner Begierde erkannt hatte, begann er zu zappeln und zu winseln, ein Zeichen, dass er los wollte. So raste er jetzt in weiten Sprüngen und sein Kommen bellend ankündigend auf den Fuchs zu. Dieser blieb jedoch kaltblütig sitzen und zeigte Nelli nur seine starken gelben Zähne – das genügte dem vernünftigen Nelli, es auf einen Kampf nicht ankommen zu lassen. Hätte der Fuchs die Flucht ergriffen, wäre es wohl anders gekommen. Jetzt wahrte Nelli die Form und tat, als sei er aus anderen Gründen hergelaufen, pinkelte an einigen Maulwurfshaufen, kratzte nachhaltig und bellte auch, als wolle er Konversation machen. Dann trabte er zu Ewald zurück. Dieser kam nun auf die Idee, selbst mit hinzugehen, um den Fuchs zum Fliehen zu bewegen Das tat dieser natürlich auch, aber so flott, dass auch ein doppelt schneller Nelli ihn nie eingeholt hätte.

* * * * * *

Eigenartigerweise, auch Fachleuten unter den Hundeausbildern unerklärlich, war Nelli ohne jede Ausbildung ein perfekter „Vorsteher“. Das sind jene Jagdhunde, die Fasane, Rebhühner und Hasen aufstöbern, aber nicht selbst jagen, sondern durch ihr typisches „Vorstehen“ ihrem Jagdherrchen kundtun, dass eben kurz vor ihnen die Beute auf dem Boden hocke. Der Jäger tritt dann heran, der Vogel geht hoch, der Hase läuft davon, und das ist die Gelegenheit, ihnen eine Ladung Schrote nachzuschicken. Entgegen allem, was man von Nellis Charakter wusste, sein Temperament beurteilte und von seinem hektischen Jagdfieber erlebt hatte – Vorstehen, das ja einem Hund höchste Disziplin abverlangte, hätte man ihm nicht zugetraut. Aber er schien sich in einem seiner Elemente zu fühlen: Locker über Felder, Äcker und Wiesen zu traben, Klee- und Rübenschläge kreuz- und quersuchen, die Witterung aufnehmen, anschleichen, zitternd vor Spannung stehen bleiben, Haare sträuben – da „leuchteten“ seine Augen auf und sein ganzer Körper bot das klassische Abbild der Urtümlichkeit natürlichen Jagdverhaltens. Der Schuss! Das Wild zappelte in letzten Zügen, mancher Hase machte noch einen Spurt, von Schroten bereits gesiebt – da war Nelli über ihnen und aus war's!

Da Nelli, im Gegensatz zu ausgebildeten Jagdhunden, stets freien Auslauf hatte, unternahm er solche Jagden auch zum eigenen Vergnügen, ohne einen Menschen dabei zu haben. Er stand dann wie üblich vor. Da aber ein Mensch nicht herankam, dachte das Wild nicht ans Aufstehen. So verlor Nelli die Geduld und preschte vor – aber nicht einmal gelang es ihm, Beute zu machen. Besonders die Rebhühner brachten ihn zur Verzweiflung. Weil sie solange fest am Boden blieben, bis er zum Zuschnappen nahe herangekommen war, so dass sie ihm sozusagen aus dem Maul davonflogen. Das brachte ihn sehr in Rage, er bellte den Vögeln nach und verfolgte sie sogar, wenn sie niedrigen Fluges abstrichen und sich in seinem Sichtfeld erneut niederließen. Dann ging das Spiel von vorn los.

Noch mehr in Zorn brachte ihn ungebührliches Verhalten von Jägern. Menschen, mit denen er arbeitete, zu beißen, das war für Nelli wirklich das Äußerste, so etwas wie eine Notbremse. Und doch geschah es! Da schimpfte einer, es war Treibjagd, wie ein Lohager Rohrspatz auf Nelli ein und warf gar mit Erdklumpen nach ihm: Schnurstracks biss Nelli dem Gebückten in die Nase! Na, da wäre er fast von dem Zornentbrannten erschossen worden. Pfiffen keine Kugeln durch Nellis Leben? Bei Treibjagden, die Presse berichtet es ja häufig, steht jeder Teilnehmer mit einem Bein in den himmlischen Jagdgefilden. Ja, in Nellis bewegtem Jägerleben zischten einige Kugeln und rauschten Schrotladungen haarscharf an ihm vorbei, zwei Körner trafen sein Hinterteil, wo der Tierarzt sie heraus prokeln musste. Als Fazit kann man aber zuversichtlich und getrost sagen:
„Nelli hat ein schönes Jägerleben gelebt.“

Katzen-Nelli

Wie sagte Georg Rollenhagen schon 1566 so schön:

„Das sind die gefährlichen Katzen,
die vorn lecken und hinten kratzen.“

Seinen „Katzen“-Zusatz zum Namen erhielt Nelli wegen seines unbändigen Hasses auf Katzen. Wie konnte es zu dieser unliebsamen Erscheinung bei einem sonst liebenswürdigen Charakter kommen? Und bei einem Hund, den wir als höchst intelligent, folgsam und außerordentlich anhänglich kennengelernt haben! Kenner der Tierpsyche behaupten ja, die sprichwörtliche Feindschaft zwischen Hund

und Katze sei nicht naturgegeben und beruhe eigentlich nur auf alten Missverständnissen zwischen zwei sich ungleich äußernden Tierarten. Doch die laien- und amateurhaften Tierkenner Lohages glauben es besser zu wissen, haben sie doch zu oft erlebt, dass Hunde Katzenfeinde wurden, ohne je dazu aufgefordert oder sonstwie animiert worden zu sein. Sie verweisen auch auf die Urzeiten: Als Wolf und Katze noch nicht domestiziert waren, hat gewiss jeder Wolf jede Wildkatze, die nicht acht gab, zu greifen versucht.

„Das tut er heute noch wo er lebt, und auch Meister Reineke ist ein effektiver Katzenjäger, der manche streunende Hausmieze, die sich zu weit von zu Hause fort gewagt hat, zu erlegen weiß."

Sie fühlen sich, diese Lohager, schließlich durch Nellis Werdegang bestätigt.

Erinnern wir uns einmal des Beginns seiner Karriere hier. Nellis erste vierbeinige Freundin und Helferin war Muschi, diese anschmiegsame, nette und schmuserische Jungkatze. Und auch in den nächsten Monaten seines Daseins auf Lohage lernte Nelli nur „liebe" Katzen kennen, mit denen es die gefürchteten Missverständnisse in Sprache und Gebaren nicht gab, so dass in dieser Beziehung auf Lohage paradiesische Zustände herrschten. Lina half da freilich in ihrer pädagogisch-genialen Art nach. Nelli stand sogar einer Katzenmutter bei und trug ihre Kinder in eine neue Wohnung, half also tatkräftig beim Umzug, den Katzenmütter nun einmal manchmal in den Kopf kriegen. Auch Wilfrieds Versuche, Nelli auf Katzen scharf zu machen, misslangen vollständig, weil Nelli nicht zu begreifen schien, was dieser junge Lümmel von ihm wollte. Oft sah man eine der Hauskatzen einträchtig mit Nelli das Lager teilen, den Napf leeren, eine Maus hetzen und eine Jungratte totquälen. Der letzte Hektor war ebenfalls gutmütig zu Katzen, jedoch mit der bezeichnenden Ausnahme, dass dieses nur für Lohager Katzen galt.

* * * * * *

Nellis erste „Fehlleistung" beobachtete Lina. Er scheuchte eine bekannte Nachbarskatze, die den Garten betrat, mit allen Anzeichen konsequenten Morddrangs auf den Apfelbaum und verbellte sie lauthals, wild um den Baum rennend und am Stamm hochspringend. Es war dieselbe Katze, die noch am vorigen Tag den Hof hatte ungeschoren und unbebellt überqueren dürfen. Lina sah es aus dem Wohnzimmerfenster und rief:

„Nelli, was machst du denn?"

Nelli antwortete diesmal nicht und bellte weiter. Da holte ihn Lina mit Gewalt aus dem Garten, schloss die Tür ab und nahm Nelli mit ins Haus, so dass die Katze den Baum verlassen und entkommen konnte. Hatte man zuerst an eine einmalige Fehlleistung gedacht, so wurde man in den nächsten Wochen eines Schlechteren belehrt. Die Fälle, in denen Nelli nun den Katzen ernsthaft nachstellte, wiederholten sich, bis man eine Sinnes- und Charakteränderung als gegeben hinnahm. Manche lockere bäuerliche Diskussion an langen Lohagern Winterabenden drehte sich um das Thema, wie Nelli zum Katzenhasser geworden sein könnte. Solange aber nur, bis Ewald, - inzwischen ein strammer junger Mann geworden -, endlich den Knackpunkt, heute „break-even-point" genannt, fand und sich einer früheren Beobachtung erinnerte.

„Schuld an allem", berichtete er, „kann nur dieser fiese Mo-

ses haben..."
Er war ein unbändiger starker Kater aus der Nachbarschaft, wechselte öfters nach Lohage herüber und hatte hier das Kommando über alle Katzenvölker übernommen. Zwischen ihm und Nelli war zwar keine Freundschaft entstanden, man achtete sich aber ohne besondere Gefühle.

„Da war nun folgendes passiert", fuhr Ewald fort. „Erinnert ihr euch noch der beiden Schrotschüsse, die Nelli bei einer Jagd hatte kassieren müssen und die der Tierarzt ihm fachgerecht verarztete? Sie waren ja nicht gefährlich, aber Nelli humpelte etwa eine Woche und war kaum zu irgendwelchen Aktionen fähig. In dieser Woche zeigte Moses sein wahres Gesicht, nämlich vorne lecken und hinten kratzen, und fiel Nelli hinterlistig bei jeder passenden Gelegenheit an. Er musste ein paar Prankenhiebe einstecken, wobei sein linkes Ohr den bekannten Einschnitt bekam. Es schien ihn sehr zu grämen, dass er nicht zurückschlagen konnte."

Ewald wusste auch zu berichten, wie Nelli sich rächte:

„Als er wieder auskuriert war, lief ihm draußen eine Katze über den Weg, die Moses' Zwilling hätte sein können, vielleicht sah er sie gar als Moses an. Er war so schnell über ihr, dass sie einen rettenden Baum nicht mehr erreichen konnte und unter seinen wütenden Bissen sterben musste."

* * * * * *

Noch nahm man die Sache nicht ernst. Da aber fielen innerhalb einer sonntäglichen Doppelkopfveranstaltung, an der Bauern der Nachbarschaft und einige Jäger teilnahmen, verhängnisvolle Bemerkungen:

„Euer Nelli ist ein echter Katzenfänger geworden."

„Der murkst diese Miezen ab, als wären's lahme Ratten."

„Ich brauche die wildernden Katzen nicht mehr zu schießen, seit Nelli mir die Arbeit der Ausrottung abnimmt."
„Der geht ran wie Teckel an die Wurst."
„Man sollte ihn Katzen-Nelli nennen."
Diese Sätze müssen genügen. Bevor wir die Sprecher berichten lassen, wollen wir das Ende Moses' beschreiben und damit beweisen, dass es auch im Tierreich möglich ist, dass böse Taten Strafen nach sich ziehen. Moses war insgesamt nicht von schlechten Eltern und begriff sogleich den Stimmungsumschwung, der nach Nellis Genesung von den Schrotschüssen eingetreten war. Gefahr lag in der Luft, es hieß, noch aufmerksamer und vorsichtiger als früher zu sein. Obwohl Nelli sich daran hielt, dass Lohages Katzenwelt tabu war, durften auswärtige Katzen nicht damit rechnen, noch einbezogen zu werden.

Die Verlockung herzukommen war für Moses riesengroß, denn fast während des ganzen Sommers war immer eine der Lohager Katzendamen rollig, von Ewald ranzig genannt. Was dann bisher hier geschah, tags wie nachts, hatte Nelli stets toleriert, entweder gleichgültig mit angeschaut oder gar nicht mitbekommen, weil er sich dann abwandte, auswanderte und sich selbst eine Braut suchte. Bis jetzt konnte Moses auf Lohage ein Leben in Sicherheit und Frieden führen, sich als der Katzenchef aufspielen, sich auch gemütlich mit geschlossenen Augen sonnen, entspannt auf Ratten und Mäuse lauern oder sich eben, wie angedeutet, den Damen widmen. Er selbst spürte, dass dies nun zu Ende sein könnte.

Ewald beobachtete, wie ihm die Angst im Nacken saß, also musste es schon eine Auseinandersetzung zwischen Nelli und Moses gegeben haben. Eines Tages sah Moses im Heimkommen vom Feld her, dass Nelli das Grundstück verließ. Sollte es möglich sein, dass er so kombinierte: Er geht fort, ich habe freie Bahn? Wir wissen es nicht, Moses aber benahm sich entsprechend. Als Nelli, der nur eine Runde gedreht hatte, zurückkam, sah er Moses bei Kätzin Marita aufgeritten. Im Nu und lautlos stürzte er herbei und packte den Freier so heftig an der Kehle, dass in ihr das letzte Miau kläglich erstickte. Moses' Ende wurde nicht einmal von seinem Harem bedauert, ein zu tyrannischer Katzenherr war er inzwischen geworden...

Nach dieser Mordtat schien der Bann gebrochen, der Nelli bis jetzt positiv gesteuert hatte. Jede Katze außerhalb Lohages schwebte in Lebensgefahr, auch wenn sie zur Hausgemeinschaft gehörte und sich ein wenig weiter als erlaubt entfernte. Im Dorf sprach es sich in der Katzenwelt schnell herum, dass ein anderer Wind wehte und es wurde in der Folgezeit eigentlich unnötig, dass die Dörfler ihre überzähligen Jungkatzen selbst umbrachten – Nelli kam ja regelmäßig ins Dorf und arbeitete erfolgreich einer zu starken Vermehrung entgegen.

* * * * * *

So wollen wir nun dem Dörfler Schreinermeister Richard Kamlage, ein Teilnehmer der Lohager Doppelkopfrunden, das Wort erteilen. Er war als Augenzeuge dabei, wie Nelli in seinem Garten ganze Arbeit leistete.
„Er besuchte mich immer, wenn er im Dorf nach dem Rechten schaute, wohl weil ihm mein Wurstebrot, leicht angebraten, besonders gut schmeckte. Nachdem er sich vollgegessen hatte, pflegte er ein Nickerchen im Garten zu machen. So auch an diesem bewussten Tag, wo eine halbstarke junge

Dorfschöne namens Dora, die zur Aufbesserung unserer heimischen Katzenrassen Anlass zu großen Hoffnungen gab, ihr Leben lassen musste. Sie war reinweiß außer vier schwarzen Pfötchen, mit denen sie bisher aufdringlichen Liebhabern eine paar Ohrfeigen verabreicht hatte. Auch sie besuchte mich öfters. Leider sah sie dieses Mal den ruhenden Nelli nicht und maunzte begehrlich an meiner Tür zur Werkstatt. Ich blickte auf und wurde dadurch Zeuge eines ziemlich unappetitlichen Vorgangs.

Dora bemerkte Nelli erst, als dieser sich erhob und sogleich auf sie zustürzte. Katzen wissen immer sofort, wenn's ums Ganze geht. Dort mein nächster Obstbaum, der könnte ihr Rettung bringen. In langen Fluchten hetzte Dora hin zu ihm, doch Nelli holte auf und erreichte die Arme just in dem Moment, wo sie in einem Ein-Meter-Satz den Stamm erreichte, sich ankrallte und weiter hochziehen wollte. Er vergrub seine Zähne in ihren Rücken. So ergab sich eine Szene, die für uns Zuschauer, - meine Gesellen waren herbeigekommen -, an Dramatik und Grausamkeit nichts zu wünschen übrig ließ: Dora klammerte sich eisern am Baum fest, in ihrem Rücken, die Wirbelsäule fest und unerbittlich mit den Zähnen umfassend, hing Nelli, strampelte zwar mit den Beinen in der Luft, wollte aber keinesfalls loslassen, was er einmal gepackt hatte. Dora schrie so gellend und durchdringend, dass die halbe Nachbarschaft entsetzt gelaufen kam und sogar Leute, die viele Häuser weiter entfernt wohnten. Schließlich erstarb Doras Wehklagen, ihre Krallen lösten sich aus der Baumrinde, beide Kontrahenten stürzten zu Boden. Dort gab Nelli Dora den Rest, sie wäre gewiss auch ohne einen letzten Biss in den Hals gestorben. Nelli war so verbiestert, dass er einen jungen Mann anfiel, der ihn zu vertreiben suchte."

Diese Erzählung verfehlte natürlich nicht ihren Eindruck auf die Lohager. Sie wunderten sich aber gar nicht mehr, als Jagdaufseher Karl Thiemann berichtete, wie er Nellis neue Liebhaberei, wie er sie nannte, für sich zu nutzen angefangen hatte. Nelli hatte ein freundschaftliches Verhältnis zu diesem Jäger aufgebaut, weil dieser ihn gelegentlich zur Jagd, dabei kurioserweise auch auf einen Hochsitz, mitnahm.

„Dabei", erzählte Karl genüsslich, „hatten wir beide ein tolles Abenteuer. Während ich auf der Bank des Hochsitzes saß, hockte sich Nelli in den schmalen Eingang, um besser in die Landschaft sehen zu können. Plötzlich bemerkte ich seine gespannte Aufmerksamkeit, das Spiel seiner Ohren und seine starr werdenden Blicke auf eine bestimmte Stelle unten. Na, er erkannte sicherlich eher als ich, dass ein Stück Wild anwechselte. Aber was geschah? Eine starke Katze, die ich schon lange gern in Kimme und Korn genommen hätte, kam flott die Hochsitzleiter hoch geklettert, wohl um hier nach Vogel- und Mäusenestern zu kontrollieren. Erst auf der vorletzten Sprosse erkannte sie Nelli, schrie angstvoll auf und machte auf der Sprosse kehrt, um so schnell wie möglich wieder nach unten zu kommen. Nelli erholte sich rasch von seiner Verwunderung, da war die Katze schon halb unten angelangt.

Aber ob ihr's glaubt oder nicht, dieses geschah nun: Nelli sprang ihr nach und war eher am Boden als sie, so dass er einfach seinen Rachen aufzusperren brauchte, als sie den letzten Meter zu springen gedachte. Sie war ein starkes, wehrhaftes Wesen, das sein Leben durch Beißen und Kratzen bis zum letzten Katzenatemzug verteidigte. Die Wolle flog, Gekreisch und Geknurr erfüllte das Revier, beide Kontrahenten rollten eine Minute lang auf dem Waldboden, bis

die Katze erledigt war.“
Karl bemerkte, dass sein Bericht mehr Bestürzung als Begeisterung hervorrief, und dachte erklären zu müssen:
„Derartige Katzen sind beinahe echte Wildkatzen mit all deren Fähigkeiten zum Überleben in der freien Natur. Sie kennen alle Tricks, dem Menschen, vor allem uns Grünröcken, auszuweichen. Sie lassen Menschen in allernächster Nähe vorübergehen, geduckt auf dem Boden, gedeckt vom Pflanzenbewuchs, so dass sie meist gar nicht aufgestöbert werden können – es sei denn, man hat einen Hund bei sich. Dieser bringt sie flott auf den nächsten Baum. Das habe ich mit eurem Nelli ein paar Mal exerziert. Wenn er eine aufgestöbert und auf einen Baum getrieben hatte, verkündete er dies mit besonders hell klingendem Bellen. Trat ich heran und hob das Gewehr, dann wusste er genau, dass die Gehasste gleich auf den Boden fallen würde. Obgleich die Schrote sie schon oben getötet hatten, zappelte sie manchmal noch, so dass Nelli der Meinung war, sie zusätzlich beuteln zu müssen.“
Karl stellte noch erklärend dar, was wildernde Katzen in den Revieren, vor allem in der Zeit der Nachwuchsaufzucht, anstellen konnten:
„Sie gehen selbst ganz frischen Rehkitzen an den Hals, reißen junge Hasen, fangen die Küken von Fasan und Rebhuhn, plündern Nester der Singvögel und packen auch, - ich hab's beobachtet -, die letzten Eidechsen, die es bei uns noch gibt. Alle diese wildernden Katzen gibt es ja nur, weil die umliegenden Bauern und die Dorfbewohner sie unbeaufsichtigt lassen oder gar aussetzen, um sie auf billige Art und Weise loszusein.“

Die meisten Katzen, denen Nelli allein, aus eigenem Antrieb nachsetzte, erreichten freilich irgendeinen rettenden Punkt: Baum, Mauer, Torbalken, Fensterbank, Haustür, Katzenloch, das Häuschen mit dem niedlichen Herzen in der Tür, auch Freiluftklo genannt. Ein Dörfler sah eine Katze in höchster Not vor Nelli einen solchen Ort erreichen und durch die angelehnte Tür in ihm verschwinden, Nelli war zwei Sekunden später zur Stelle. Nach einer Minute kam er wieder heraus, durchaus nicht abgekämpft, noch immer suchend und witternd und das Örtchen umkreisend. Na, dachte der Dörfler, wo mag Mieze verblieben sein, sich versteckt halten? Er schaute nach und fand sie nicht – so blieb die Gewissheit, dass sie in ihrer Angst ins Klo gefallen und dort unten in der Kloake ertrunken sei.

* * * * * *

Frau Sophie Tatenhorst, Witwe, 67, genannt Tante Söffken, wurde auf kuriose Art und Weise das Opfer von Nellis Tatendrang in Sachen Katzen. Sie bewohnte ihr nettes Eigenheim zusammen mit Katze Monika, die so verwöhnt wurde, dass sie an allen vierzehntägig stattfindenden Klatsch- und Kaffeetafeln mit Damen des Dorfes teilnehmen durfte. Eine solche Versammlung war für heute angesetzt, und kurz vorher, bevor die ersten Tanten eintrafen, machte Nelli hier einen seiner Kontrollgänge. Da bemerkte er Monika, eine orangefarbene Schönheit eigener Art, auf der Fensterbank des beinahe ebenerdigen, geöffneten Fensters hocken. Wir wollen ihm unterstellen, dass er unter normalen Umständen von der Verfolgung Monikas abgesehen hätte, denn seine gute Erziehung hielt ihn davor zurück, ohne zwingende Gründe in fremde Häuser einzudringen. Doch Provokationen? Konnte und durfte er hinnehmen, dass Monika ihn von oben herab anfauchte und ihm grimmige Grimassen schnitt, als sei er der hiesige Landstreicher? Hierzu sagte Ewald, als er die Geschichte erfuhr, eindeutig „Nein!“

Nun kamen, um die Sache zu dramatisieren, zwei Umstände ins Spiel. Erstens: Der Tisch im Zimmer hinter Monika war, wie man sich denken kann, bereits festlich und besonders lecker und verlockend gedeckt, mit kremigem Frankfurter Kranz, saftigem Bienenstich, bunten Obsttorten und Schlagsahne – alles Leckereien, die bei mittelalten Dorfschönen für die bekannten Pfunde sorgen. Zweitens: Tante Söffken stieg just in den Keller, um noch etwas heraufzuholen. Da setzte Nelli, ohne Vorwarnungen wie Knurren und Hecheln, zum Sprung auf Monika an. Diese war überrascht und sprang in ihrer Not nach rückwärts auf den Tisch und landete vierpfötig im Sahnetopf. Gefolgt von Nelli, der einen seiner besten Sprünge glatt durchs Fenster sozusagen auf den Tisch legte. Er rutschte vierläufig auf der Butterkremtorte aus, schleuderte gegen die Kaffeesahnekanne und fiel mit dieser zu Boden. Zu allem Unglück hatte die Tante die Zimmertür geschlossen, so dass Monika nicht tiefer ins Haus flüchten konnte, wo sie ja jedes Versteck besser kannte als Nelli. In der nun folgenden Hetzjagd, Nelli hinter Monika her, die nur eine Minute dauerte, bis Monika das Fenster annahm und nach draußen sprang, ruinierten beide Kontrahenten den Kaffeetisch derartig, dass nichts mehr genießbar blieb. Es gab kein Versteck im Raum, so blieb Monika nichts anderes übrig, als durch rasende Fluchten und riskante Sprünge über den Tisch hinweg, über diesen rutschend und in Sahne und Kreme gleitend, alles mischend und durcheinander wirbelnd, Nelli auf Abstand zu halten. Es gelang.

Während Monika, Nelli dicht auf den Fersen, den nächsten Birnbaum erreichte und hochkletterte, Nelli unter ihm sich zur Belagerung einrichtete und beide Fell und Pfoten von klebrigen Süßigkeiten reinleckten, fuhr das Auto mit dem fünffachen Besuch vors Haus. Wenig später ertönten aus erwähntem Fenster sechs Schreie, als würde sechsfach gemordet. Nie hat Tante Söffken herausbekommen, wer das Chaos angerichtet hatte. Sie sah weder Monika im belaubten Baum noch Nelli im hohen Gras, und als Nelli schließlich abzog, stieg Monika hinab und nahm, als sei gar nichts an diesem Nachmittag geschehen, auf der Fensterbank Platz.

* * * * * *

Doppelkopfmitspieler Alfred Lödige wusste eine ulkige Geschichte über Nelli zu erzählen.
„Auf seinen Streifzügen besucht er uns manchmal um zu versuchen, unsere Minka an den Wickel zu kriegen. Beim letzten Mal hätt's fast geklappt, wenn sie nicht in letzter Not in unserer alten Hundehütte Zuflucht gefunden hätte. Sie stellte sich tapfer in deren Eingang und fauchte ihn so an, dass er nicht wagte, sie offen anzugehen. Aber euer Nelli ist ein Schlaumeier. Er bezog auf dem Dach der Hütte Posten und hoffte wohl, sie merke es nicht und würde hervorkommen, dann könne er ihr von hinten in den Nacken fahren.

Eine Stunde verging, die Minka geruhsam verbrachte, Nelli aber voll innerer Spannung, weil seine Aufmerksamkeit ja nicht nachlassen durfte. So war's klar, dass diese doch nachließ, er konnte nicht immer stehen und tat sich nieder. Darauf schien Minka gewartet zu haben, sie schoss los, um das Haus zu erreichen und durchs Katzenloch einzuschlüpfen. Doch sogleich war Nelli hinter ihr. Jetzt ging's um Bruchteile von Sekunden: Würde Minka früh genug das Katzenloch, das für Nelli zu klein war, annehmen können? Ja, sie schaffte es, Nelli prallte zwar an die Tür, konnte aber Minkas Schwanz mit den Zähnen fassen und sie, die ja schon im Haus war, mit aller Macht festhalten. Sie schrie wie angestochen und lockte uns herbei, wir mussten den bitterbösen Nelli mit Stöcken prügeln, bis er losließ, ein paar Mal nach uns schnappte und sich dann trollte."

Hier war Nelli ungerupft davongekommen, woanders stellten sich ihm besonders die starken Kater, so dass er nach solch einem Streifzug ziemlich ramponiert und niedergeschlagen nach Hause kam und bei Lina Trost suchte. Seine körperliche Überlegenheit war nicht immer groß genug, um des Sieges sicher zu sein. Kater Kunibert gar wagte es, auf seinem meterhohen Torpfosten sitzen zu bleiben und dem wütend anspringenden Nelli derbe Ohrfeigen zu versetzen. Nelli jaulte und bellte desto wütender und bekam, was er natürlich nicht beabsichtigt hatte, Hilfe vom stracks herbeieilenden Jagdhundmischling Botho. Dieser übersah schon im Anlauf die Situation und flog im Riesensatz von drei Metern auf Kunibert zu und nahm ihn im Flug zwischen die Zähne und hatte ihn schon zermalmt, als er landete. Da Kunibert noch zappelte, konnte auch Nelli sich an ihm auslassen.

Kunibert nach tat es, laut Bericht des Jagdinhabers, der steckbrieflich gesuchte Übeltäter Puma, der schon bei der Ausrottung frisch das Tageslicht genießender Jungkaninchen beobachtet worden war. Er murkste sie nur ab und aß sie gar nicht, sein Morddrang schien unerschöpflich zu sein, so dass jeder Flintenträger aufgefordert war, ihn zur Strecke zu bringen. Jagdinhaber Friedrich Knust war dazu ausersehen. Er vernahm im Revier Nellis Töne, die er anzuschlagen pflegte, wenn er einen Feind gestellt hatte. Puma, ein wirklich pumaartiger kapitaler Kater ganz in Schwarz, stand auf einem Fichtenstubben und suchte sich der Angriffe Nellis zu erwehren, teilte mit langen Vorderbeinen Hiebe aus und tanzte wie ein Boxer, der im Ring Attacken ausweicht, auf dem engen Rondell des Baumstumpfes herum. Es ging hier um Leben und Tod, klar, einer musste daran glauben, und Nelli wollte offensichtlich nicht derjenige sein. Für den Kater gab es im Umkreis von fünfzig Metern keine Fluchtmöglichkeit, erst dann standen Bäume am Rand dieser Schonung. Würde er den bewaffneten Rückzug, sozusagen rückwärtsgehend, wagen? Wer behielt die stärkeren Nerven, Angreifer oder Verteidiger?

Diese Frage löste Friedrich. Nelli und Puma bemerkten sein herankommen gleichzeitig, was Nelli zu erneuten Anstrengungen ermunterte, Puma jedoch endgültig Böses ahnen ließ; er kannte diese grün berockten Menschen zur Genüge, die stets ein längliches Ding auf dem Rücken trugen. Friedrich überlegte das günstigste und humanste Vorgehen. Nelli hüpfte und wuselte so um den Knubben herum, dass er nicht schießen durfte. Also näher heran, dann würde der Kater seine letzte Chance nur in eiligster Flucht zum nächsten Baum hin sehen.

Puma war verloren, so oder so: Flüchtete er, dann bekam er den Schrot in den Rücken, erreichte er entgegen aller Wahrscheinlichkeit einen Baum, so würde er herunter geschossen werden. Eine Mischung aus diesen Möglichkeiten geschah. Puma flüchtete, als Friedrich zehn Schritt herangekommen war, in solcher Vehemenz, dass sowohl beide sofortigen Schrotschüsse fehlgingen als auch Nelli ihn nicht mehr erreichen konnte. Schnell nachgeladen, Puma war schon am Baum und erklomm mit Leichtigkeit, wie ein Eichhörnchen, den borkigen Kiefernstamm. Aber nicht ganz wie ein schlaues Eichhörnchen: Diese Tiere suchen nämlich stets den Stamm zwischen sich und dem Verfolger zu stellen, das heißt, hier hätte Puma an der dem Jäger abgewandten Seite hoch hechten müssen. Er tat's nicht, Friedrich zielte gelassen und gründlich, schoss und traf vorzüglich – aber Puma fiel nicht zu Boden, weil sich seine Krallen im Holz festgenagelt hatten. Sein Leichnam hing, allen wildernden Katzen zur Abschreckung, mehrere Wochen dort oben, bis er durch Wind und Regen morsch gemacht, allmählich abbröckelte. Nelli verblieb noch eine Weile unterm Baum und verstand offenbar nicht, dass nicht noch einmal geschossen wurde.

* * * * * *

Nellis Drang, Katzen etwas anzutun, ließ ihn die abenteuerlichsten und gewagtesten Taten vollbringen. Zum Beispiel Leitern ersteigen. Viele Hunde lernen es nie, weil sie sich entweder nicht auszubalancieren wissen oder, je höher sie steigen, desto mehr Angst bekommen. Nur über eine gewöhnliche Holzleiter mit runden Sprossen, die dauernd angestellt war, konnte Nelli von der Diele auf den Heuboden gelangen, der Hauptwohnort der meisten Katzen Lohages war. In der für Hunde rekordverdächtigen Zeit von zwei Minuten schaffte er die Leiter von fünfzehn Sprossen; Katzen benötigten hierfür zwei Sekunden. Und dann versuchte er oben, die vielen Muschis im Heu und im Stroh auf Vordermann zu bringen. Ein völlig törichtes Unterfangen, klar, das weiß sogar jeder bäuerliche Laie. Die Katzen machten nur wenige lustige Sprünge in höhere Regionen der Heuhaufen und waren in Sicherheit. Für Nelli selbst begann, als seine Jagdleidenschaft hier nachließ, ein Dilemma ersten Grades: wie zurück auf die Diele kommen? Er steckte in der Sackgasse! Denn die Leiter kopfüber wieder hinabklettern – lieber wäre er auf dem Heuboden verdurstet. Doch dauerte es nie lange, bis sein Winseln vernommen wurde und Hilfe herbeikam.

Den Abschluss dieses Kapitels voll trauriger und unterhaltender Taten und Abenteuer sollen jene Gemeinheiten bilden, die sich der vermaledeite Wilfried mit Katzen und Nelli leistete. Wie bekannt, war er stets zur Stelle, wenn es Gelegenheiten zum Tierquälen gab. Nachdem er Nellis neuen Katzenhass befriedigt zur Kenntnis genommen hatte, brütete sein Gehirn über passenden Plänen. Zum Beispiel diesen: Er schnappte sich eine Katze im Genick und bestieg mit ihr einen erhöhten Standort, einen Baum, das Dach, die Leiter, einen Boden oder dergleichen, Hauptsache war, die Katze bekam, wenn er sie losließ, einen möglichst langen Fallweg. Oben angekommen rief er Nelli herbei und präsentierte ihm das arme Tier, das natürlich strampelte und maunzte. Klar, dass Nelli vor Jagdlust außer sich geriet und schon beim zweiten Mal sicher wusste, dass er die Katze serviert bekommen würde. Wilfried enttäuschte ihn niemals. So segelte ihm die Katze entgegen, meist entsetzt miauend, und landete vor seinen Füßen. Doch gelang es Nelli niemals, eines der Opfer abzuwürgen, denn sie landen ja bekanntlich immer auf ihren vier Pfoten, und ehe Nelli zufassen konnte, setzte es entweder enorme Prankenhiebe mit scharfen Krallen oder sie entwanden sich durch eine geschickte Drehung dem Zugriff seiner Zähne.

Diese Art von Streichen Wilfrieds war noch harmlos

gegen seine folgende, allerdings letzte Untat, bevor ihn allmähliches Erwachsen- und Klügerwerden dazu brachten, anderen Interessen nachzugehen. Moses' Nachfolger, den Wilfried wegen ein paar Kratzern über die Handfläche nicht leiden mochte, sollte das Opfer sein. Er fing ihn, indem er ihm eine lebende Maus anbot, und legte ihm ein Halsband um – für eine Lohager Katze die erste grobe Zumutung; aber sie konnte ihm damit nicht mehr entkommen. An dieses Halsband knüpfte er einen Strick, dessen anderes Ende er mit dem Halsband Nellis verband. Diese Einheit trug er nun auf die große Freifläche der Kuhweide und ließ sie los. Kann sich ein normaler Mensch vorstellen, was nun geschehen musste? Es sollte aus Gründen der Pietät eigentlich gar nicht beschrieben werden, gehört aber doch zur Geschichte Lohages und darf nicht verschwiegen werden. Moses preschte so rasant los, dass er den langsamer begreifenden Nelli mitriss. Dadurch stürzte er und verhedderte sich in Leinen- und Strickwerk, so dass Nelli sich aufrappeln und auf ihn werfen konnte. Das ging ein paar Mal hin und her, kreuz wie quer, bis sich beide so in- und umeinander gewickelt hatten, dass sie ein fauchendes, bellendes, knurrendes, kratzendes und beißendes Knäuel bildeten, das in der Wiese kugelte und unentwirrbar schien. Da ging Wilfried vermutlich das Licht auf, zu weit gegangen zu sein. Er bemühte sich unter Einsatz seiner körperlichen Unversehrtheit, die Kämpfenden zu trennen, was ihm unter Kassierung von Kratzern, Bissen und Schrammen auch gelang. Der befreite Moses erreichte den rettenden Wald, Nelli war zu erschöpft, ihm nachzusetzen und leckte seine Wunden.

Es gäbe noch einige Episoden über Nellis krankhaften Katzenhass zu berichten, aber die geschilderten sollen genügen.

Allmählich ebbte seine Manie auch ab, wie es schien, aber nicht aus Einsicht und Klugheit, sondern aus einem anderen, sehr profanen Grund:
„Wer das Reißen in den Knochen hat, soll sich nicht mit Katzen einlassen!“
Ein wichtiger Leitsatz Lohages...

Freundinnen, Bräute und Hundeliebe

„Nelli der Herzensbrecher.“
Könnten Hundedamen für uns verständlich reden, dann würde dieser Satz im ganzen weiten Lohager Raum wohl am häufigsten zu hören sein: als Stoßseufzer, Bekenntnis oder auch als Erfahrungsschatz. So können die Menschen hier, obwohl sie viel von der Hundesprache verstehen, aus dem schmachtenden Heulen, liebestollen Jaulen und dem allgemeinen Verdrehen von Augen folgern, wie der oben genannte Satz zu verstehen ist. Jene Typen, die auch in allen menschlichen Gesellschaften und Zeiten allgegenwärtig sind, sind ebenso in Hundewelten und -gemeinschaften vertreten und allzeit präsent und stets verfügbar: Aktive Charmeure, bereite Verführer, forsche Gigolos, flotte Herzvorkammereroberer, Bi- und Trigamisten.

Wer diese Feststellungen bisher in Lohage bezweifelt hatte, wurde durch Nelli eines Richtigen belehrt. Wieviel Hundedamen er getröstet hat, wie hoch die Zahl seiner Nachkommen sein könnte, ob er zum Beispiel Hunnenkönig Attilas bisher einsamen Weltrekord im Fach „Heldenzeugen“ geknackt hat, wieviel Kilometer er auf Liebespfaden gelaufen ist und welche Nebenbuhler er aus der Konkurrenz geschlagen hat – nicht annähernd kann hierüber verlässlich Auskunft erteilt werden. Denn vieles spielte sich im Dunkeln ab, in Scheunen, Ställen und Dielen und weit entfernt von Lohage in freier Natur. Diskretion ist gelegentlich Ehrensache, in einer Biografie wie dieser jedoch niemals, und so soll zum Besten gegeben werden, was über Nellis enormes Liebesleben in Erfahrung gebracht werden konnte.

* * * * * *

Wie im folgenden Kapitel näher beschrieben wird, liebte Nelli von Anfang an den Sonntag zu Ausflügen aller Art. An einem solchen Tag sind Mensch und Tier meist friedlicher gestimmt, auch Fremde tauchen seltener auf, so dass ein Hofhund auch einmal freimachen kann. Derartige Freiheiten konnte „Tina die Hektische" leider nicht genießen, denn sie war angekettet und trotz ihrer Unzuverlässigkeit in Sachen Haus- und Hofbewachung beim heimatlichen Kotten und dessen Besitzern als Wachhund angestellt. Ihr Leben bestand hauptsächlich aus Langeweile, trister Öde, Essen und Trinken, Hin- und Herrennen, soweit die Kette dieses zuließ und dem Geschäftemachen. Keine Kinder gab's auf dem Hof, weder Katzen noch Geflügel, scheinbar auch Ratten und Mäuse nicht, absolut nichts, was man auf Trab bringen, womit man sich unterhalten konnte. Nur zwei alte Bauersleute, die man hierhin aufs Altenteil verwiesen hatte. Aber diese taten nichts anderes als ihr Essen zu mümmeln, Bierchen zu süffeln und bei gutem Wetter vor der Tür zu hocken und in die Gegend zu starren. Er paffte dabei seine Pfeife aus dem 18. Jahrhundert, sie las Illustrierte von vor 1914 und ergötzte sich an den Abbildungen der kaiserlichen Hoheiten von damals. Sie brabbelte gelegentlich freundliche Worte zu Tina, wenn sie das Essen brachte und ihre Küttel beseitigte. Insgesamt also führte Tina ein Dasein, wie es stupider kaum sein und jeden intelligenten Hund zum

Stumpfsinner machen konnte.

Lichtblicke brachten die Besuche Nellis. Er schien für Tinas Lage ein wenig Verständnis aufzubringen und kam nicht nur wegen der ausgezeichneten Kopulationsmöglichkeiten her. Über Kilometer hinweg hatte er ein Gespür dafür entwickelt, wann seine Freundinnen in Hitze gerieten, und prompt tauchte er, wie es sich für einen pflichtbewussten Kavalier gehört, in seiner ganzen männlichen Herrlichkeit auf. Fast immer war Nelli seinen zahlreichen Mitbewerbern um Tage voraus. An diesem Sonntag herrschte über dem Anwesen Tinas die Ruhe einer totalen Ereignislosigkeit, beide Bäuerlein schliefen wie die Ratze, als Nelli leichtfüßig und energiegeladen nahte. Tina, die ihren Beinamen deswegen erworben hatte, weil sie bei jeder Gelegenheit zum Herzerbarmen und Ohrenerweichen jaulte und jammerte, hatte Nelli längst von der Straße her kommen gesehen und verhielt sich diesmal mucksmäuschenstill; ihr Herzchen freilich tickte, wie bei allen Liebenden in solchen Situationen, ein paar Takte schneller. Sie empfing Nelli wie eine Ehefrau, die noch während der Trauung ihren Mann verloren und ihm dennoch gutes Andenken bewahrt hat. In aller Ruhe und Gewissheit, nicht gestört zu werden, widmeten sich beide Partner dem Vorliebesspiel, bis Nelli in souveräner, ja richtig hoheitlicher Manier den Beschlag Tinas übernahm. Danach verschliefen diese Liebenden den Rest des Nachmittags in der geräumigen, ursprünglich für einen größeren Hund vorgesehenen Hundehütte.

Man sollte meinen, das Ergebnis dieses Sonntagtechtelmechtels sei nach der üblichen Tragzeit bekannt geworden. Weit gefehlt! Dass Tinas Zieheltern von der Schwangerschaft nichts bemerkten, mag ihnen nachgesehen werden, aber wenn sie Tinas Hütte wenigstens einmal pro Woche gereinigt hätten, wäre ihnen etwas aufgefallen: Denn dort lagen sie, fünf an der Zahl, alle einheitlich gefärbt und eine genaue, gleichanteilige Mischung von Nelli und Tina – ein wirklich netter Streich der Natur. So war also erst einmal nichts aufgefallen, nur Nelli, der seine Besuche wiederholte, bemerkte die Kleinen sofort und begutachtete sie mit väterlichem Kennerblick, ließ aber weder hier noch in Lohage etwas über seinen neuen Status verlauten. So wurden Tinas Kinder erst entdeckt, als sie anfingen ihre Hütte zu verlassen und sich in der Gegend umzusehen. Da wuselten sie unserem Bauernpärchen plötzlich um die holzklotschenbewehrten Beine, und da damals jene Zeit begann, in der junge Hunde aller Rassen und Mischungen gefragt waren, gingen sie an hundeliebe Großstädter weg wie warme Semmeln. Tina war wieder allein – aber nicht lange, denn Nelli besaß ja die Gewohnheit aller Galane, bei der holden Weiblichkeit regelmäßige Runden zu drehen.

* * * * * *

Den zweiten Volltreffer, - so wurden auf Lohage jene Besuchstermine Nellis genannt, die mit der Hitze der Empfängerinnen genau zusammenfielen -, landete Nelli bei „Rosa vom Moorhof“, eine hochadelige schwarze Pudeldame, die noch nichts vom wirklichen Leben kannte, weil sie vor kurzem erst mitsamt ihrer Herrschaft aus der Großstadt hergezogen war. Es begann gerade der Trend der Städter, an Dorfrändern zu siedeln. Rosas Herrchen und Frauchen hatten prinzipiell nichts dagegen, dass sie eines Tages Kinder bekommen würde, aber sie dachten dabei natürlich nicht an einen Dorfproleten wie Nelli als Vater. Sie mochten ihn zwar ziemlich gern, hatten ihn kennengelernt, als er seinen

Höflichkeitsbesuch machte und sich dabei von seiner besten Seite zeigte. Höchst gesittet und zurückhaltend nahm er an einem gemütlichen Abendessen teil, bei dem er Bratkartoffeln und Schinkenschnittchen serviert bekam und diese so manierlich aufaß, auch Rosa ihren Anteil gönnte, dass die Familie ganz aus dem Häuschen geriet und Nellis Herrschaften einmal kennenlernen wollte. Nach einigen Fragen wurden diese ermittelt und besucht, eine nette Bekanntschaft bahnte sich an. Hierbei führte Nelli Rosa durchs Anwesen und ließ sie auch aus seinem Napf essen.

In dieser Gegend der Republik gilt seit altersher die Regel, dass zwei junge Leute, die „von einem Teller gegessen" oder „aus einer Tasse getrunken" haben, sich als verlobt zu betrachten haben. Da machten dann Nachrichten dieser Art die Runde, ausgestoßen und verbreitet von Bäuerin Lisbeth aus der Nachbarschaft:

„Use Krischan un use Meta hätt ut een Köppken drunken!" (Das ist echtes Plattdeutsch und besagt, dass Krischan und Meta aus einer Tasse oder einem Becher getrunken hätten.) Köppken sind große Tassen ohne Henkel. Man hatte also seine Erfahrungen mit Individuen, die gemeinsam aus einer Tasse tranken, von einem Teller aßen oder aus einem Napf fraßen – und doch schenkte man Nelli und Rosa in dieser Beziehung keine Aufmerksamkeit. Haben Mensch und Tier nicht eine gemeinsame Abstammung? Jedenfalls schienen unsere Beiden aneinander Gefallen gefunden und sich abgesprochen zu haben.

„Des Meeres und der Liebe Wellen sind unbestimmbar."

Als die junge Rosa das nächste Mal läufig wurde, bemerkte niemand in ihrem Haushalt etwas davon, denn wo Hundeliebe herrscht muss nicht Hundekenntnis vorhanden sein.

Auch zeigte sie wenig Symptome, wechselte zwar häufiger als sonst zwischen Sofa, Schlafkorb, Essnapf und Pinkelecke im Garten hin und her, aber niemand achtete auf diese Besonderheiten. Nur aufmerksame Kenner der Szene hätten bemerken können, dass Rosa jenen fernen feinen Damen glich, die in der hohen Minnezeit des Mittelalters auf den Zinnen ihrer Burgen standen oder in den Fenstern derselben hingen und ungeduldig und frustriert der Heimkehr ihrer Ritter aus dem Morgenland harrten. Genauso war's: Bei schlechtem Wetter hockte Rosa auf der Fensterbank und starrte versonnen in die Welt, bei gutem Wetter tat sie dieses vom Garten aus.

Und ihr unhörbares Flehen, - wir ahnen es schon -, wurde erhört: Nelli kam, sah, schnüffelte und siegte! Man hatte Rosa, die im Prinzip sehr häuslich veranlagt war, allein gelassen, so dass alles, was nun geschah, ohne jede Planung in stiller Heimlichkeit vor sich ging. Es war, salopp gesagt, genau das, was auch menschliche Liebende, bei sturmfreier Bude zum Beispiel, in gleicher Lage getan hätten. Nelli gefiel es, - wie manchem Rittersmann früher auch wohl -, dass Rosa sich zierte und ein wenig gejagt werden wollte. So drehte unser Paar muntere Runden durch den Garten, der nicht nur mit Rasen bedeckt war, und darum kann nicht verschwiegen werden, dass Nelli Kratz- und Scharrspuren hinterließ, die kein Gärtner gerne sieht. Allmählich steigerte Rosa, verhalten jauchzend, das Tempo und lockte Nelli über Blumenbeete, Salatreihen und Schnittlauchbüsche hinweg in die heimlichste Ecke des Gartens, dort, wo ein mittlerer Holunderbaum und eine Holzbank unter ihm sich zu einem lauschigen Örtchen vereinigten. Mit dem Gehabe eines Fronherrn der Renaissance bestieg und beschlug Nelli seine endlich stumm harrende Rosa.

Zweieinhalb Monate später auf Lohage. Ein Auto fuhr auf den Hof, von Nelli nicht bebellt, und ließ zwei wütende Menschen entsteigen, die ohne Einleitung und andere Höflichkeitsfloskeln je eine Tirade, leider gleichzeitig, über Fritz, Lina und Nelli niederprasseln ließen. Man ahnt gewiss schon ihre Identität: Es waren Rosas Herrschaften. Sie präsentierten einen Korb mit den vier schönsten Hundebabys, die unsere Welt je gesehen hat. Hier hatte die Natur sich erlaubt, gegen die bekannten Mendelschen Gesetze der Vererbung zu verstoßen: Drei Kinder waren nach Aussehen und Gesichtsausdruck Rosas, eines war Nellis Ebenbild. Darum ja war die Familie dem Vater auf die Spur gekommen. Sie war sehr erbost „über die Hinterhältigkeit dieses Köters" und faselte etwas von Alimenten und Sorgerecht und „wir sehen uns vor Gericht wieder" und entschwand in einer Abgasfahne – die Hundekinder zurücklassend! Diese waren knapp etwas über zwei Wochen alt und mussten noch mit Milch ernährt werden. Klar, dass man sie nicht im Stich ließ. Bald waren sie aus dem Gröbsten heraus, nahmen feste Nahrung zu sich und gingen rechtzeitig, ehe sich alle inklusive Nelli in sie verliebten, an Liebhaber ab. Sie veranlassten, erwachsen geworden, einen ihrer Besitzer zur Prägung des Begriffs einer neuen Rasse, „Idealhund" geheißen – bis heute aber ist diese wohl untergegangen...

* * * * * *

Nellis nächste Braut entstammte dem Dorfklerus. Sie hieß schlicht Lora, war eine Mixtur aus Terrier und Münsterländer und sorgte im Pfarrhaus, im Pfarrgarten und im Umkreis der Kirche für Ordnung. In ihrem zwölfjährigen Dasein hatte sie nun den dritten Geistlichen als Herrchen, diesmal einen knauserigen, der den Sparaufruf seiner Kirchenoberen für bare Münze nahm und seinen Haushalt mit einbezog. So musste Lora betteln gehen, wollte sie wirklich satt werden, und traf sich damit öfter beim Dorfschlachter und beim Dorfwirt. Dort im Hinterhof lernten sie sich kennen und eines Tages lieben, paarten sich vor den Augen seiner Konkurrenten, die sich vor ihm fürchteten und ihn respektvoll betrachteten. Aber Nelli war schuldlos daran, dass Lora ihre Kinder in der geistlichen Schlafstatt bekam und dieses famose Domizil partout nicht räumen wollte, so sehr ihr Herr auch mit ewiger Verdammnis und den Höllenpfuhl für unartige Hunde drohen mochte. Als er sie dann endgültig mit höchst unchristlichen Redewendungen einzuschüchtern suchte und vom Bett schubsen wollte, biss sie ihn in die Hand. Seitdem hieß sie „des Teufels Köter“ und wurde von der resoluten Haushälterin mitsamt ihrer Brut aus dem Haus geworfen. Das war hier kein Problem für eine Mutter hübscher Kinder – die Dorfjugendlichen waren immer auf der Suche nach jungen Hunden.

* * * * * *

Freifrau Johanna von und zu Erlenbruch, dem Antikadel dieser Gegend entstammend, ist vor einem Jahr so tierlieb und sensibel gewesen, ihre Edelpinscherin „Clara vom Erlenbruch“ einem Bekannten anzuvertrauen, der sie unempfänglich machen lassen und solange bei sich halten sollte, bis sie vollkommen wiederhergestellt sei. Sie könne, sagte die Freifrau, keine Tiere leiden sehen. Geplant – getan. Oder doch nicht? Wir werden sehen.

Frau von Erlenbruch, - dieser Bruch war hier früher ein

tückisches Moor gewesen, in dem mancher sein konservierendes Grab gefunden hatte, der den rechten Weg von der Dorfkneipe heimwärts verfehlte -, also diese adelige Dame hauste in den letzten bewohnbaren Resten eines düsteren Wasserschlosses, das von verschiedenen Persönlichkeiten mit lüsternen Blicken betrachtet wurde: Erben beiderlei Geschlechts, Denkmalschützer und -schützerinnen, Heimatforscher, Eulen, Mauersegler, Turmfalken, Wasserratten und Nelli; sie alle hatten verschiedene Gründe für ihr Interesse an dem alten Gemäuer, einige warteten sogar inbrünstig auf das Ableben der störrischen Herrin. Nelli gehörte nicht zu diesen.

Da Clara sich, aus welchen Gründen tatsächlich auch immer, nach ihrer Kastration von einer „hysterischen Töle" zu einer vornehmen Salonhündin gemausert hatte, kam niemand auf die Idee, dass etwas nicht stimmen könnte. Als Nelli zum ersten Mal das altehrwürdige und entsprechend aussehende Gestein des Hofes betrat, angelockt durch Claras fröhliches Gebell, beäugte ihn Johanna kritisch und voreingenommen, denn für unerzogene Dorfhunde bürgerlicher Abstammung hatte sie wenig übrig. Doch Adel ist keine Frage der Geburt, wie wir von Nelli her ja bereits wissen. Er gewann Johannas Sympathien sofort durch untadeliges Benehmen und durch galante Komplimente an Clara. Auch dadurch, dass er Blumenbeete (vorerst) schonte und keine Bächlein an Türpfosten und sonstigem Möbiliar machte. Ehe Johanna ihre Gunst völlig verausgabte, gedachte sie den üblichen Adelstest zu veranstalten. Seine wichtigste Frage lautet:
„Wie benimmt sich der Prüfling bei Tisch?"
So wurde Nelli mit unverfänglichen Worten ins Schloss gebeten und durfte neben Clara auf dem Louis XIV.-Sofa

Platz nehmen. Auf dieses hatten schon Generationen Adeliger, Minister, Kardinäle, Prinzregenten, Satrapen und Wesire gekleckert, gelüllt, gespuckt, gepriemt und gepupt, Fettfinger abgewischt, ohne dass es dadurch besser geworden wäre, aber wehe dem Bürgerlichen, der dasselbe gewagt hätte! Johanna servierte höchstpersönlich Kekse, Sandplätzchen, ältlichen Spekulatius und Milch und konnte feststellen, dass Nellis Manieren ebenso untadelig waren wie Claras. Damit war der Bann gebrochen und eine Freundschaft begründet.

In Zukunft ließ sich Nelli zwar auch von Johannas Koch- und Backkünsten verleiten herzukommen, aber Clara war doch der Hauptmagnet. Niemand weiß, wann sie sich ihm hingegeben hatte, war es vor oder nach einem gemeinsamen Mittagsschlaf in Claras heimeligen himmelblauen Himmelbett geschehen? In der alten Kutschwagenremise? Im Weinkeller? Derartiges soll auch in Küchen vorgekommen sein. Genau 64 Tage später warf Clara in der ehemaligen Speisekammer, die Johanna nie betrat, in der noch Vorräte, angeschafft unter der Bedrohung Napoleons I., vor sich hingammelten, auf ebenso alten Damastdecken fünf Junge. Unter strengster Geheimhaltung Claras wuchsen sie hier bis zum Alter von vier Wochen auf, ehe Johanna ihr ungeduldiges, nach Freiheit und Tätigkeit drängendes Gebell vernahm. Da musste ihr Gärtner einmal nachsehen. Dieser Gärtner war ein netter Kerl: Er ließ Clara und ihre Kinder antraben. Johanna geriet ganz aus der Fassung , erfreut und begeistert zwar, doch auch sehr verwundert darüber, „wo die liebe Clara diese feinen Hunde aufgegabelt haben mag“. Der Gärtner, wie gesagt ein Prachtkerl, schwieg höflich und übernahm Pflege und Aufzucht der Sippschaft. Später erfuhren alle außer Johanna, dass Clara nie unterm Messer gewesen war...

* * * * * *

Ein Augenzeuge berichtet einen der interessantesten Fälle aus Nellis Schöpfungstätigkeit. Er fand ganz offen, ohne jede Heimlichkeit und unter den Augen der Verantwortlichen statt. Wie überall gab es auch im Lohager Dorf ein halbes Dutzend Klatschweiber, die, obwohl von Geburt als fleißige Menschen angelegt, dem Tratschen und Quasseln über andere Menschen über Gebühr viel Zeit opferten. Trafen diese Damen sich auf der Straße, an der Bushaltestelle, bei Haus- und Gartenarbeit, beim Kaufmann oder auf dem Friedhof, vor oder nach dem Kirchgang, dann vergaßen sie alle guten Vorsätze des Takts oder der Höflichkeit und zogen, die Mäuler fusselig redend, stundenlang, ohne eine bestimmte Auswahl zu treffen, über eine große Schar Mitbürger her.

Da mochten dann rundum Erdbeben, Brände, Überschwemmungen oder Morde stattfinden – nichts davon bekamen sie mit. So erging's dem Tratschduo Mutter Tepe und Oma Krause, letztere in Begleitung von Berta, Terrierdame, die noch nie, außer in frühester Jugend, im Freien einen Meter unangeleint gelaufen war. Streng und single wurde sie gehalten, „damit sie nicht von einem dieser ordinären Dorfköter unverhofft geschwängert würde“. Natürlich war Berta für Nelli keine Unbekannte mehr, er hatte sie mehrfach zu beehren versucht, war aber von Oma Krause sowohl verbal als auch real beworfen worden. Na, dann eben nicht! Doch heute war sie reif für ihn. Während beide genannten Damen sich den Neuigkeiten des Dorfes hingaben und auch über Skandale provinziellen Grades diskutierten, - die heute führenden Boulevardblätter wurden hier noch nicht gehandelt -, machte sich Nelli an Berta heran, die ihn freudigen Blicks, schwanzstummelwedelnd und hüftenschwingend erwartete. Sie war angeleint und schob sich nun im Rücken der Schwatzenden Nelli entgegen. Ohne irgendwelche Lautäußerungen, wie sonst üblich, vollzog sich diese Auf-offener-Straße-Kopulation unter den Augen schadenfroh grinsender Dörfler. Über ihre Folgen wurde allerdings nichts bekannt.

* * * * * *

Wer auf Freiersfüßen wandelt, setzt sich bekanntlich Gefahren aus, ob nun Mensch oder Tier. Gedanken schweifen ab, die genannten Gefahren werden nicht oder zu spät bemerkt, auch gibt es Rivalen, die vor nichts zurückschrecken, Angebetete haben Beschützer, die ebenfalls wenig Skrupel kennen, konsequent zu schützen. Wie hoch mag in der Geschichte unseres Planeten die Zahl jener Freier sein, die von Liebesexkursionen nicht heimgekehrt sind? In der Geschichte Lohages ist von menschlichen Verlusten nichts bekannt, wohl aber von tierischen: Vorgänger und Kollegen Nellis und zahlreiche Kater.

Dort hinten im Moor hielt Moorbauer Eugen Fahrenhorst, genannt der grimmige Eugen, das weibliche Zwillingspärchen Plisch und Plum als Moorkatenwächter. Sie schienen eine passable Mischung zwischen Boxer und Deutsch-Drahthaar zu sein, jedenfalls waren sie Temperamentsbolzen ersten Grades und damit für jene Mooreinsamkeit ungeeignet. Nachdem sie Eugen ein paar Mal ausgebüchst waren und allerlei Unheil angestiftet hatten, leinte er sie so an, dass sie das gesamte Haus umrunden konnten. Schon nach einer Woche hatten sie auf dem Erdboden eine richtige Rennstrecke ausgelaufen, so dass jeder Besucher erkennen konnte, wie weit ihr Auslauf reichte.

Eugen Fahrenhorst war der letzte echte Moorbauer seiner Zeit und ein Urbild jener Kolonisatoren, die von hohen in Saus und Braus lebenden Herrschaften hierhin geschickt wurden, „das Land zu pöplieren und den Wohlstand der Krone zu heben". Die viele harte und wenig einbringende Arbeit, nach dem alten Motto,

„Dem Ersten der Tod,
dem Zweiten die Not,
dem Dritten das Brot",

hatte sie so gemacht, wie Eugen jetzt noch war: düster, finster und wortkarg (außer unter Alkoholeinfluss), streitsüchtig (auch ohne Alkoholeinfluss), hinterwäldlerisch und rückständig. Das Land um ihn herum war Eugens Eigentum, steuerlich wenig wert, aber jemand hatte ihm gesteckt, es würde bald für Verkehrszwecke benötigt werden. Diese Aussicht hielt ihn und seine Familie vor Ort. Wenn Eugen mit seinem Motorrad das Dorf besuchte, liefen Plisch und Plum munter und ausdauernd angeleint nebenher.

So kam es, dass Nelli sie im Dorf kennenlernte. Seine Annäherung unterband der grimmige Eugen nachdrücklich mit einer Nagaika (aus Russland mitgebracht), mit der er sich bei allen Lebewesen, die ihm missfielen, Respekt verschaffte. Nun denn, Nelli fand einen Weg, mit den beiden Hundedamen anzubändeln: Er folgte dem Dreigespann auf der Heimfahrt, von Eugen wüst beschimpft und bedroht, dann heimtückisch herangelockt, um ihm mit der Nagaika eins überzubraten, aber Nelli wahrte Abstand, roch wohl die Aura der Brutalität, die Eugen um sich verbreitete. Er war längst nicht der erste Rüde, den Plisch' und Plums Brunftduft zum Moorhof gelockt hatte. Da beide Hündinnen bisher nie befriedigt wurden, waren sie in eine Art Dauerläufigkeit verfallen, und damit war es unvermeidlich geworden, dass die besten Dauerläufer männlichen Geschlechts dieser Gegend sich hier ein Stelldichein gaben.

So kam es, dass Eugens Gemüt, ursprünglich Hunden nicht abgeneigt, zum Grimmigen eskalierte. Einen solchen Charakterumschwung versteht jeder, der die folgenden Ausführungen mit Verständnis und Anteilnahme liest. In der Hochsaison trafen sich hier Abend für Abend bis zu fünfzig Rüden, die nicht nur heulten, bellten, jaulten und in Rivalenkämpfen giftig knurrten, sondern auch eine Unordnung hinterließen, wenn sie mit dem ersten Hellwerden wieder abzogen, dass Eugens Ehegemahlin Angelika von einer Hysterie in die nächste fiel. Sie war die einzige Tochter eines gestrengen Großbauern und so vom Reinlichkeitsfimmel beherrscht, dass sie Petersilie, Schnittlauch und Salat abstaubte, das kleinste zarte Unkräutlein sie in Rage brachte und eine Fliege in der Suppe sie zum Fasten zwang. Zufrieden schaute sie nur drein, wenn sie am Samstagnachmittag alle Wege des Anwesens sauber harkte, als wären sie aus Parkett, und auch sonst jedes Stäubchen, jede Hühnerfeder und jedes Spinnennetz entfernte, bis der Hof strahlte, als stände er auf der Grünen Messe in Berlin. Was hinterlassen fünfzig Hunde von Sonnenunter- bis Sonnenaufgang auf solch einem Grundstück? Mindestens fünfzig Kackhaufen, hundertfünfzig Pinkelstellen, zweihundert Scharrorte, fünfzig im Garten gebuddelte Löcher, nicht errechenbare Tausende Pfotenspuren auf den geharkten Wegen. Die angepinkelten Obstbäume und Sträucher siechten dahin.

„So kann das nicht weitergehen!“

Just zu dem Zeitpunkt, da dieser Entschluss zweistimmig, - das war in der Praxis einstimmig -, gefasst wurde, trabte Nelli zum ersten Mal auf den Moorhof. Dort waren schon zwei Dutzend Hunde ratlos, weil Plisch und Plum nicht mehr an der Leine, sondern ins Haus genommen waren. Das war nun wirklich, aus der Sicht der Besucher, zum Heulen. Das Schicksal, oft genug ungerecht in dieser Welt, hielt heute Abend seine große Hand über unseren Nelli; wenn es zunächst auch umgekehrt aussah. Denn Nelli, dem es als Individualist hier sowieso schlecht gefiel, der bereits an den Heimweg dachte, wurde von starken und brutalen Hunden weggebissen. Das war sein Glück. Begleiten wir ihn nicht auf dem Rückweg nach Lohage, sondern bleiben wir im Moor vor Ort, um ein denkwürdiges Gemetzel mitzuerleben. Eugen und Angelika, im Haushalt oft wie Hund und Katz' lebend, vereinten nun ihre unterschiedlichen Fähigkeiten: Er war von der Jugendzeit her ein exzellenter Steinewerfer mit höchst frappierender Treffsicherheit, sie im dörflichen Zwei-Geschlechter-Schützenverein schon dreimal die Königin geworden. Ahnen wir das Kommende? Gewiss.

Die Haustür und ein Fenster öffneten sich so leise, dass die rumorende Hundebande nichts Argwöhnisches bemerkte. Ein runder Kieselstein kam so sinnig heran, dass er dem stärksten Rüden vor den Kopf knallte. Schneller aber lauter war die KK-Kugel Angelikas, die dem zweiten Hund ein Loch in den Kopf bohrte. Zwei Tote schon im Vorgeplänkel des Gefechts. Aber sie schreckten die anderen nicht, so dass Eugen und Angelika eine neue Methode anwenden mussten: Sie zielten und schossen auf die Hinterteile und -keulen ihrer Opfer, und damit entfesselten sie das notwendige Geheul und Gequieke, um zunächst die Furchtsamsten, später auch die Hartnäckigen endgültig vom Grundstück zu vertreiben.

Weitere Einzelheiten dieses Samstagdramas zu schildern verkneifen wir uns. Der Abgang der Ermordeten, - einige Angeschossene verendeten noch unterwegs im Moor -, wurde rundum nicht als außergewöhnlich angesehen, humpelnde, angebleite Hunde gab's immer mal, Jäger waren wohl die Übeltäter. Eugen und Angelika schafften die Leichen beiseite und schliefen anschließend den Schlaf der Strengen doch Gerechten und fuhren am anderen Morgen mit dem Motorrad zur Kirche. Plisch und Plum bewachten indes, wieder im Freien, das moorige Anwesen.

Nelli war sonntags nur selten Kirchgänger. In seinen Anfängen auf Lohage lief er den Kindern öfters zur Kirche nach und betrat sie auch, wenn das Portal wegen guten Wetters offen stand. Doch spätestens das Gebrause der Orgel scheuchte ihn nach draußen. Statt Kirchgang machte er heute einen Moorgang. Ja, auf Fahrenhorsts Anwesen sah's doch heute anders aus als gestern Abend! Plisch und Plum standen, als verfügten sie über die Ahnung Liebender, eng beieinander und erwarteten Nelli mit allen Anzeichen der Freude, die Hunden zur Verfügung stehen. Doch Nelli ließ sich vorerst, ist er doch Jagdhund, von den Plätzen der Gefallenen der letzten Nacht ablenken, bewindete sie und machte ein Gesicht voller Wissen, bis Plum mahnend anschlug und Plisch auffordernd kickste. Die Beschreibung des folgenden Akts bigamistischer Tätigkeit Nellis ersparen wir uns, wir haben Ähnliches schon zur Genüge dargelegt. Als Nelli fertig war, schien ihm die Erinnerung zu kommen, am gefährlichen Ort zu sein, er windete und horchte, und tatsächlich: Da war doch ein Motorrad zu hören! Ehe Eugen und Angelika auf den Hof kurvten, war Nelli ihnen außer Sichtweite geraten und heimwärts unterwegs.

* * * * * *

Und das Ende vom Lied? Das übliche. Nellis Potenz war so enorm, dass von Fehlschüssen nichts bekannt geworden ist. Plisch und Plum wurden Wöchnerinnen und kamen, wie man so schön sagt, in von der Natur vorgegebenen Zeit nieder: mit zwei Rekordwürfen von insgesamt fünfzehn Welpen. Eugen und Angelika, zunächst zornig, doch geprellt worden zu sein, ließen sich von ihnen ihre Hartherzen erweichen und begannen mit ihnen eine Dorfhundezucht, die ihnen mehr einbrachte als der verdammte Moorboden...

Im Lauf der Jahre erlosch, wie man das ja auch von Zeus, Don Juan, Casanova, Katharina und anderen erotischen Größen der Geschichte weiß, bei Nelli das Interesse an gefahrvollen Liebesabenteuern. Zunächst unterließ er die weiten Wege, dann auch jene ins Dorf. Als hätten die attraktivsten Hündinnen der Provinz dies erfasst, begannen sie nun ihrerseits zu wandern, zu pilgern und Nelli aufzusuchen, so dass er noch manche bedienen durfte. Aber auch diese Romantik ging als nicht zeitgemäß zu Ende: Immer weniger Bauern hielten Wachhunde, immer mehr zugezogene Städter zwar ganz normale, aber eben strenger, nachdem man nicht mehr soviel Spaß an dem empfand, was freilaufende Hunde so allerlei anzustellen pflegen; auch die Versicherungen mahnten aus eigenem Interesse, Hunde besser zu beaufsichtigen. Schließlich wuchs sich der Feind aller Tiere unmäßig und kompromisslos aus: der Straßenverkehr.

Da kam die alte Hundeweisheit wieder zu Ehren:

„Ob im Osten, Norden, Süden, Westen –
zu Hause ist's am allerbesten!“

Hundstage

„Das Wandern ist des Nellis Lust – das Wandern!
Es müsst' ein schlechter Nelli sein,
dem niemals fiel das Wandern ein – das Wandern!“

„Er hat wieder seine Hundstage.“
Sagte Lina als erste, als sie dahintergekommen war, woran man diesen Zustand bei Nelli erkennen konnte: flackernde Unruhe in den Augen, nervöses Nicht-ganz-Leeressen des Napfes, Gereiztheit bis zur Intoleranz, Links-Liegenlassen von Katzen, Schonung der Ratten und Mäuse, ziemliche Unfreundlichkeiten bei Begrüßungen. Das ist keine positive Bilanz, nicht wahr? Eine Persönlichkeitsveränderung? Der berüchtigte Knick im Werdegang? Aber erinnern wir uns: Wir sind auf dem Land, bei ganz normalen, „einfachen“ Bauern, die derlei psychiatrischen Schnickschnack nicht kennen und, kennten sie ihn, mit solchen Problemen nicht sogleich zum Psychiater laufen würden.

Wir aber kennen bereits Nellis Wanderungen zu Freundinnen und Bräuten, der Antrieb zu solchen Gängen ist jedermann erkenntlich. Doch was trieb Nelli an Hundstagen hinaus? Hatte er von Lohage die Schnauze voll? Konnte er gar die ganze menschliche Bagage, die ihm doch durch und durch wohlgesonnen war, nicht mehr ausstehen? Wollte er draußen im Freien, unter einem Holunder- oder Haselstrauch, meditieren und faulenzen gehen? Im Lauf der folgenden Schilderungen erfahren wir, dass alle diese Fragen ein paar Stufen zu hoch gegriffen sind – das Leben ist meist banaler als wir es uns eingestehen möchten.

* * * * * *

Tante Agnes stammt aus Königsberg und machte alle vier Wochen jene Klopse, denen die Stadt ihren Namen gegeben hat. Nachdem ihr Mann, der stets beim Mampfen einen kompletten Klops in den Hals schob, bei einem dieser Exzesse direkt bei Tisch hingeschieden war, musste sie allein an der Klopsetafel essen und sitzen, stumm die Kapern aufpicken und die nun etwas kleiner bereiteten Klopse gelangweilt betrachten und andenkenvoll verspeisen – eine Zumutung für einen Menschen, der eine lebende Nachrichtenbörse war. Dass sie den ungewöhnlichen Abgang ihres Mannes bisher nicht verwunden hatte, erkannten alle Besucher daran, dass sie noch immer wie früher zehn Klopse fertigte: zwei für sich, acht für ihren Mann; soviel hatte der Verschiedene nämlich jedesmal vertilgt. Wohin mit ihnen? Tiefkühltruhen gab es hier noch nicht, einen Eisschrank mochte Agnes nicht anschaffen. So bemühte sie sich, Mitesser zu finden. Manche kamen unaufgefordert.

Während Agnes, ein liebevolles gutmütiges Tantchen übrigens, sinnend dastand und gedankenvoll den für zwei Personen gedeckten Tisch in Augenschein nahm, ertönten leise, überaus höfliche Trappsschritte im Vorraum. Sie schaute nach und befand sie sich Aug' in Aug' mit Nelli, der durch die offene Haustür, angelockt durch unwiderstehliche Wohlgerüche, eingetreten war. In scharmanter Weise legte er seinen Kopf schief, wedelte artig mit dem Schwanz und richtete seine dunklen Schelmenaugen in die blaugrünen Agnes'. Wenn sie früher, in Königsberg, von ostpreußischen Jungmannen derartig fixiert wurde, „fing mir prompt das

Hemd an zu flattern“; was immer dieser Spruch bedeuten sollte, sie meinte damit, sie hätte nie widerstehen können. Nun, es schien sich seitdem wenig geändert zu haben, denn jetzt flatterte zwar nicht ihr Hemd, aber ihre alten Knie über den Krampfaderwaden wackelten doch bedenklich.

„Hundi?!“

So war Nelli noch nie angesprochen worden, sein Herz erwärmte sich und ließ den Schwanz schneller schlagen. Agnes kannte ihn nicht, und seine 007-Nummer sagte ihr nichts.

„Wo kommste denn her?“

„Biste entlaufen?“

„Haste Hunger?“

Wir wissen bereits, dass Nelli auf Fragen grundsätzlich nicht antwortete. Hier machte er eine Ausnahme, indem er nach der dritten seine Zunge schlagen ließ und sehnsüchtig stöhnte. Tante Agnes präsentierte ihm die dampfende Klopseschüssel, für drei Sekunden nur, stellte diese auf den Tisch zurück und gab Nelli einen Wink, Platz zu nehmen. Nelli verstand und sprang auf den Stuhl.

Damit gestaltete sich eine Szene, über die alle Bewohner Lohages und der umliegenden Ortschaften sich totgelacht hätten, wären sie Augenzeugen gewesen. Nelli und Agnes saßen sich gegenüber, mit umgebundenen Servietten gegen Soßeverkleckern geschützt, und aßen wie ein altes Ehepaar. Eine spätere Frage:

„Wer aß denn manierlicher von euch Beiden?“,

beantwortete Agnes dahingehend, dass sie nicht ganz sicher sei, wer.

„Ich habe ihn“, erzählte Agnes ihren Kaffeetanten später, „genauso bedient wie Hugo-selig (ihr Mann), ihm ein paar Salzkartoffeln hingelegt, jeweils einen Klops und die Soße

dazu.“
„Mögen Hunde denn Kapern?“
„Dieser ja“, antwortete Agnes. „Und ob ihr's glaubt oder nicht: Auch Nelli verputzte ihn in einem Happs, nur mit dem Unterschied, dass ihm nicht, wie Hugo, die Lülle und halbe Soße dabei aus dem Mund lief. Phänomenal, sage ich euch, bombastisch, das hat die Welt noch nicht gesehen.“
Stimmte genau. Nelli knüpfte an die Tradition des Hauses an und ließ Tante Agnes zwei Klopse essen, während er selbst, mühsam genug zwar, wie wir uns vorstellen können, acht bewältigte. Danach gab's Vanillepudding mit Erdbeersaft. Muss weiter ausgeführt werden, dass beide einen Nachmittag voller Eintracht und Harmonie verbrachten? Einen solchen gar, den Tante Agnes im Lauf ihrer vierundzwanzigeinhalbjährigen Ehe nie hatte erleben dürfen! Sie legten sich zum Mittagsschläfchen, das bis 16 dauerte, eng aneinandergeschmiegt auf die Couch. Wie artig und zivilisiert Nelli sein konnte, offenbarte er dadurch, dass er hier die bei solchen Ruhephasen üblichen und unvermeidlichen, aber meist niedlich anzuhörenden Püpe nicht von sich gab, und da die Tante in dieser Beziehung auch schwieg, wurde es ein richtig netter Nachmittag. Der sich fortsetzte: Bienenstich um 16 Uhr 30, Bratkartoffeln um 19 Uhr. Zwar aß Tante Agnes abends selten Warmes, der Fettringe und des Reiterspecks wegen, versteht sich wohl, aber sie war sicher, in Nellis Augen Schmacht darauf bemerkt zu haben; es gab damals eben noch feinfühlige Zeitgenossen.

Kurz vorm Dunkelwerden verabschiedete sich Nelli, auf Agnes' Wunsch mit Pfötchengeben, und trollte heim. Doch musste er eine Pause einlegen und zweimal deftige Häufchen machen. Versteht es sich nicht von selbst, dass Nelli Tante Agnes nun mehr oder weniger regelmäßig besuchte?

Gibt es Schöneres auf Erden als ein sicheres Bratkartoffelverhältnis?

* * * * * *

Hier ist in groben Zügen umrissen worden, wie Nelli seine Hundstage nutzte. Auf Lohage kam man erst dahinter, als sich die Rückmeldungen über Nellis Auftritte mehrten, alles Meldungen äußerst positiven Charakters. Und einige der Besuchten gingen Nelli und seinen Heimwegen nach, um seine Herrschaft zu ermitteln; da kam manch nette Bekanntschaft zustande. Bald rechnete man es sich zur Ehre an, von Nelli besucht zu werden, Versuche von Bestechung und Hundelockereien blieben nicht aus. Aber Nelli ließ sich nur vom eigenen Urteilsvermögen leiten und vertraute seinem bewährten Instinkt im Auffinden guter Gelegenheiten. Das musste nicht immer so luxuriös und grandios zugehen wie bei Tante Agnes, ein alter Öhm (Onkel) auf Rente, von der harten Arbeit vieler Jahrzehnte gezeichnet und nun nur noch zum Spazierengehen, Essen und Schlafen geeignet, tat's auch.

Wie zum Beispiel Onkel Fitten. Fünf Gehöfte weiter in der Nachbarschaft hauste er in einem Kotten, der nach Abschaffung der Kälbermast für ihn hergerichtet worden war. Da er weiblichen Gestalten nie mehr nachgestiegen war, nachdem eine von ihnen, vor genau fünfzig Jahren, ihn hochmütig „als drögen Pott", „Blindgänger", gar mit den harten Worten „Bist ja dümmer als unser Zuchtbulle!", abgewiesen hatte, war er, logisch denkend und konsequent handelnd, unverheiratet geblieben und hatte dafür sein übervolles Herz an Tiere verloren. Sie liebten ihn demnach närrisch: alles größere Nutzvieh, das Geflügel, Hunde, Katzen, Kaninchen, Meerschweinchen und tatsächlich auch jene Ratten und Mäuse, die Gelegenheit zum näheren Kennenlernen bekamen. Sie trieben völlig furchtlos vor ihm ihr nagerisches Unwesen und bekrochen ihn zärtlich vom Großen Onkel (Zeh) bis zu seinen großen abstehenden Ohren. Bei der Landbevölkerung, einschließlich der eigenen Familie, galt Onkel Fitten, - wie kann's anders sein! -, als spinnert und geistig missraten, aber er wusste genau, was er tat. Nun war er in die „freiwillige Rente“ geraten, die seine Familie in Form eines kompletten Lebensunterhalts aufbrachte.

Jeden Nachmittag, außer bei Orkanen ab Windstärke 11, schlupfte Onkel Fitten in seine Holzschuhe Größe 48, stopfte ein paar Stullen und den legendären Flachmann in seine Taschen und schlurfte zum Tor hinaus.
„Äcker, Felder, Weiden und Tiere bekieken.“
Das sah die Familie ganz gern, so war er noch nützlich, konnte Ratschläge geben und saß nicht nur dösig im Zimmer. Er arbeitete damit auch seiner Podagra (Gicht) entgegen, die ihn langsam aber sicher, im Verein mit Rheuma, unter sich zu zwingen drohte. Einen Arzt wollte Onkel Fitten nicht sehen, er besaß eigene Rezepte: Nacktbäder in Brennnesselbüschen, bis sein sonst fahlweißer Leib wie krebsgesotten aussah; Ruhen auf getrockneten Disteln frei nach Fakirart, bis er einem Igel glich; aufgekochte, noch ganz heiße Kuhkacke in Umschlägen um die schmerzenden Gelenke gelegt; bäuerliche Kleine-Leute-Akupunktur mit Heftzwecken in Selbstbehandlung; schließlich fürs Innere Tranks aus ausgelassenen Wegeschnecken auf gerösteten Regenwürmern, eine Woche lang im Schnaps ziehen lassen, ein Gesöff, dem, wie er behauptete, „kein Virus und Bakte-

rieller widerstehen kann“. Gegen seine vielen Warzen und Hühneraugen ging er höchstpersönlich vor, oft unter den Augen jugendlicher, begeisterter Zuschauer, Behandlungen, die freilich nur bei Sonnenschein stattfinden konnten: Eine starke Lupe benutzte er als Brennglas und „kochte und briet“ damit diese ekelhaften Erscheinungen solange, bis sie brutzelnd und zischend in sich zusammenfielen wie Geysire in Montana.

„Danach einen gründlich gekauten und mit rotem Aufgesetzten vermischten Heilpflanzenbrei aus Tollkirsche und Fingerhutblüten drauf gequetscht, mit ungewaschenen, ein halbes Jahr lang getragenen Socken abgebunden, und alles ist innerhalb drei Tagen abgeheilt.“

Nun, da mag man manchem Naturheilkundigen auch heute noch raten, aufzuhorchen und ein paar Semester Lehre anzuhängen.

Eines schönen Sommertages geriet Onkel Fitten an eine nette Begleitung: Nelli. Er kam von hinten im Gegenwind angetrabt und so in die Witterung der in der Jackentasche befindlichen Stullen. Selbstgebackener Bauernstuten, belegt mit Mettwurst, Leberwurst oder Schinken, eine Leckerei, um die Menschen Krieg geführt haben, kann Hundenasen so kitzeln, dass ihre Besitzer Visionen des Wahnsinns verfallen, mindestens alle guten Vorsätze von Zurückhaltung und Erziehung vergessen. Konnte in dieser Beziehung unser Nelli anders sein als seine Kollegen minderen Geblüts? Er schloss also rasch auf und überholte Onkel Fitten, so dass dieser ihn eräugen konnte.

„Na, mien Junkchen?“

Knapper kann man kaum nach Wohlergehen fragen. Und dieses „Junkchen“ klang so liebevoll, dass Nelli den letzten

Rest Zurückhaltung vor Fremden verwarf und lustig jaulend und kläffend an Onkel Fitten hochsprang. Dieser wusste wohl, dass auch Hundeliebe durch Mägen ging, wollte aber erst einmal seinen Lieblingsrastplatz aufsuchen. So ließ er Nelli, angeregt durch Stöckchenwerfen und -zurückbringen, vor sich her toben, bis sie eine Bank unter einem Cruzifix auf jener sanften Zehn-Meter-Anhöhe erreichten, die der alte Arminius, örtlicher Sage nach, als Ausguck gegen die bösen Römer benutzt haben sollte. Dort kramte Onkel Fitten dann die „kapitalste Schinkenstulle der Welt“ aus der Tasche und teilte sie redlich mit Nelli, indem sie beide nacheinander solange abbissen, bis sie verputzt war. Hier wurde der Beginn einer Freundschaft geschmiedet, die bis zu dem Tag anhielt, wo Nelli vergeblich an Onkel Fittens Tür „klopfte“: Nie wieder öffnete jener, Nelli musste sich einen neuen Freund für seine Hundstage suchen...

* * * * * *

Da kreuzte Vetter Willibald einen seiner Wege. Er war das Opfer einer der ersten neuzeitlichen Verkehrsunfälle dieser Gegend geworden, als er gegenüber einem dicken Mercedes den Begriff „Vorfahrt“ falsch interpretierte, und nun, wenn er mobil bleiben wollte, an einen Rollstuhl gebunden war. Dieser war noch nicht einer der heutigen modernen mit Motorantrieb, sondern ein handbetriebener, wie er früher üblich war, und ohne Zuschuss der Krankenkasse vom dörflichen Fahrradhändler als Marke „Eigenbau“ hergestellt. Wenn Willibald seine gewaltigen Armmuskeln einmal ordentlich spielen lassen wollte, dann erreichte sein Gefährt eine Geschwindigkeit, dass nicht alle Dorfhunde ihn bebellend zu begleiten vermochten. Leider besaß es keine Bremsen, so dass Willibald rechtzeitig bedenken musste, wann und wo er anhalten wollte. Entgegen kam ihm, dass nun immer mehr Feld-, Acker-, Wald- und Bauernwege im Rahmen des Grünen Plans asphaltiert wurden, denn die meisten bisherigen Wege wären für ihn sonst in der schlechten Jahreszeit unbefahrbar geblieben.

Eines Nachmittags „brauste“ Onkel Willibald in Höchstgeschwindigkeit an Lohage vorbei, erst angebellt, dann neugierig von Nelli verfolgt.
„Komm, kleiner Mops, spring auf!“
Nelli überhörte den Titel, verstand aber und gehorchte. Er kannte ja bereits Autos und ihre Bequemlichkeit, verachtete an ihnen jedoch den Benzingestank und dass er nicht immer gute Aussicht in ihnen hatte. Ja, dies hier war etwas anderes! Das war eine Aussichtsplattform, von der man während der Fahrt auf- und abspringen konnte, um Geschäfte zu verrichten, Kollegen zu begrüßen und auf der Fahrbahn harrende Hasen zur Räson bringen konnte. Da Willibald längere und ausgedehnte Fahrten einplante, besaß er die nötige Verpflegung dabei: die üblichen Bauernschnitten, mal auch Pfannkuchen und kalte Fleischbällchen oder Rippchen und Hühnerbeine, immer aber ein paar Flaschen Bier. Hier lernte Nelli das Biertrinken aus der Flasche, die dann zu zweit rundum ging.

Für diese Ausflüge gewöhnte sich Nelli an Willibalds Pünktlichkeitsmanie: Wollte er mitfahren, was er mindestens einmal pro Woche wollte, musste er sich pünktlich um 15 Uhr bei Willibald einfinden. Mit seinem sicheren Instinkt schaffte Nelli das immer, ganz gleich, wann er von Lohage aufbrach und ob er unterwegs noch einiges erledigte. Extra für Nelli fuhr Willibald zu einem bestimmten

Teich, wo er Stöcke und Knüppel warf, die Nelli mit nie erlahmender Begeisterung aus dem Wasser holte und ihm wiederbrachte. Als Belohnung gab's „Boulettenfangen", ein Spiel, das nicht nur Spaß sondern auch sattmachte. Die ihm dadurch drohende Extrapfunde lief Nelli auf dem Heimweg ab: Nämlich flott und zügig voran, sich umsehend, ob Willibald mit seiner Karre auch mitkam. Alle Leute fanden, diese beiden gäben ein wirklich lustiges Gespann ab.

* * * * * *

Auffiel allen Beobachtern, dass sich Nelli bei allen Spaziergängen und Touren mit Menschen äußerst diszipliniert, rücksichtsvoll, lieb und sehr unterhaltend benahm. Besonders bei jenen, die irgendwie behindert waren oder auch nur von der Allgemeinheit abstachen; wir haben ja soeben ein paar Fälle dargelegt. Für einen lebhaften, zu allen Streichen aufgelegten Hund wie ihn musste es doch eigentlich eine Pein sein, den ältesten Herrn des Dorfes, nämlich Großpaps Hesekiel, 99, bei Spaziergängen zu begleiten, auf denen in einer Stunde nicht mehr als ein Kilometer zurückgelegt wurde. Diesen schaffte Hesekiel mit Müh' und Not auf drei Beinen, während Nelli mit seinen vieren dabei das Zehnfache ablief, indem er seinen Begleiter mehrfach umlief, überholte, umsprang und die Wege kreuzte und querte. Immer hatte Großpaps Lakritze im zahnlosen Mund, - „sie lassen mich, so's Gott auch will, hundertzehn Jahre alt werden" -, deren braune Lülle seitlich abfloss. Die angelutschten Stücke spuckte er Nelli kunstgerecht entgegen, der sie ebenso gekonnt auffing und zu Ende lutschte; das förderte gewiss beider Gesundheit.

In jedem Dorf gibt es Anziehungspunkte, so unterschiedlich wie die Interessen der Bewohner und Nutzer. Nelli pflegte feste und dauerhafte Kundschaft, die mit seinem regelmäßigen Erscheinen rechnen konnte. Zu diesen Punkten zählten für Nelli nicht nur jene alten Eichen, die sich mit ihrem Wachstum auf Jahrzehnte währendes Bepinkeln eingerichtet hatten, oder Litfass-Säulen mit denselben Problemen, ohne dass sie weiterwachsen mussten, sondern auch alle Treffpunkte, die für die menschliche Ernährung zuständig waren: Bäcker, Schlachter, Lebensmittelhändler. Natürlich roch am anziehendsten ein Schlachterladen. Da damals noch alle Metzger alles selbst machten, verbreitete sich um ihre Betriebe ein Duft, der auch die menschenscheuen Wölfe angelockt hätte, gäbe es sie hier noch. Es duftete nach warmem Blut, rohem Fleisch, frischer Wurst, geräuchertem Schinken und schmurgelndem Braten. Wo schon Menschen das Wasser im Munde zerläuft – wie wird es da zwischen den Beißern eines Hundes aussehen! Nelli musste seine ganze Beherrschung aufbringen, um nicht wie ein Werwolf den Laden zu stürmen.

Schlachtermeister Alex Oslage, 46, 150 Kilogramm, war natürlich nicht zart besaitet; wie sollte das ein Mensch auch sein, der täglich Tiere nach ihrer Verwertbarkeit prüft und um die Ecke bringt. Das Gerücht, er verwurste auch alle lästigen bettelnden Hunde und Katzen, die er greifen könne, ist erstens nie bestätigt worden und interessierte ihn zweitens nicht. Nach dem alten Händler- und Kaufmannsmotto

„Kauft oder kauft nicht!“

ging er seinem Beruf nach, der aus zwei Gründen im Lauf der Jahre immer besser florierte: Zum einen schlachteten immer weniger Bauern selbst, zum anderen zogen immer mehr Städter ins Dorf und an den Dorfrand, die natürlich auch keine Lust spürten, das Schlachten wieder anzufangen, das ihren Großeltern schon Mühe und Dreck genug gemacht hatte. Herr Oslage war jedenfalls zu Nelli ein Klotz von Zuvorkommenheit und steckte ihm Happen zu, die er ohne weiteres hätte verkaufen können.

Die Erinnerung an solche Herrlichkeiten führte Nelli heute hierhin, nachdem es in Lohage zu Mittag nur Tomatensuppe und süße Mehlpfannkuchen mit Preiselbeeren gegeben hatte. Ganz pikant zu essen zwar, aber für Landbewohner eigentlich nicht vorhaltend genug. Nelli ahnte nichts davon, dass er einem gefährlichen Abenteuer entgegen lief. Er erreichte den Hinterhof der Schlachterei, als sich dort, wie selbstverständlich, viele andere Hunde eingefunden hatten; offensichtlich gab's heute nicht nur in Lohage mangelnde Verpflegung. Sie waren höchst aggressiv, mit einigen geriet Nelli in heftigen Streit und bittere Beißereien, bis Herr Oslage dem Ganzen mit einem scharfen Wasserstrahl ein Ende machen wollte. Da flohen die meisten Hunde, schwächere schauten schmachtend zu, wie Nelli, Oslages Liebling, ein paar Bratenstücke vorgesetzt bekam, die gestern nicht verkauft worden waren. Genau in dem Moment, wo Nelli das erste Stück kaute, stand plötzlich Dorfschrecken „Bodo von Hamstein“ neben ihm und verlangte zähnefletschend einen Anteil. Er war ein ehemals wohlgesitteter Rottweiler mit besten Manieren, der sich aber durch miserable Erziehung und schwache Herrschaften zum erwähnten Schrecken des Dorfes und umliegender Ländereien gemausert hatte. Manche Luftgewehr- und KK-Kugel war ihm bereits zugedacht worden, hatte ihn nur geritzt, und zynische Dörfler setzten ihre Hoffnung auf den Schlachter und hätten „Kötersalami“ vielleicht gar nicht verschmäht. Nun, Herr Oslage tat heute sein Bestes.

Nelli wich zurück, selbst der leckerste Happen der Welt lohnte Lebensgefahr nicht. Doch Meister Oslage hatte alles grimmig mitangesehen, und ehe er erkennen konnte, ob sich ein für Nelli aussichtsloser Streit anbahnte, ließ er eines seiner Schlachtermesser fliegen. Er handhabte es wie ein Apatsche, so dass es Bodo in den Hals fuhr und dort Lebenswichtiges trennte. Bodo schrie auf, machte einen Riesenluftsprung, knallte aufs Pflaster und verblutete. Nelli, der von den Zusammenhängen nichts ahnen konnte, zauste ihn wütend und rachsüchtig, bis Herr Oslage ihn beruhigte und zum Futter dirigierte. Um nicht in Verdacht zu geraten, Bodo sei in seinen Würsten untergetaucht, stellte Oslage den Leichnam zur Schau und erntete damit manches Wohlgefallen der Dorfleute. Nelli freilich mied ein paar Monate den Ort des Schreckens.

* * * * * *

Nur sehr selten erlebte er an seinen Hundstagen derartig dramatische Szenen. Aber milderen Ärger gab's häufiger. Das lag mit daran, dass es unter Hunden nicht viel anders zugeht als unter Menschen: die einen mögen, die anderen hassen sich; Gründe für Beides werden nicht immer bekannt. Vorsteher „Max vom Hülsebusch“ war zwar ein hervorragender Jagdhund, aber nur bei Einzeljagden zu gebrauchen, da enorme Eifersucht ihn beherrschte und er jedem schwächeren Hund an die Gurgel ging, der seinen Weg kreuzte. Das geschah Nelli beim ersten Besuch der Försterei, dessen Inhaber er kannte und der ihm im Gegensatz zu Max sehr wohlgesonnen war. Ohne jegliche Vorwarnung hatte er den bösen Max plötzlich hinter sich und er wäre verloren gewesen, wenn er nicht flinker gewesen wäre und kurz entschlossen ins Haus in des Försters Arbeitszimmer unters Sofa geflüchtet wäre. Da stand Max nun wütend und belämmert und kassierte einen Schnauzenbiss Nellis, als er sich, soweit sein Körper es erlaubte, unter das Sofa schieben wollte.

Was tut ein guter Jagdhund, wenn er nicht weiterweiß? Er ruft Herrchen. So bellte Max denn los, gleichmäßig, monoton, verkündend, Beute gestellt zu haben. Das verstand der Förster sogleich, als er nach einem kurzen Ausflug zurückkam. Im Haus verbellen? Da konnte Max nur einen Fuchs oder Dachs gestellt haben. Niederbücken, mit der Taschenlampe leuchten – Nelli!

„Wie kommst du hierher?"

Nelli antwortete nicht eher, bis Max entfernt und im Zwinger untergebracht war. Dann begrüßte er seinen Befreier überschwänglich und bekam zum ersten Mal in seinem Leben eine dieser modernen Hundewürste vorgesetzt, die nun, nach dem Willen ihrer Propagierer, die Hauptmahlzeit aller Hunde der Welt werden sollten. Ob das gelungen ist? Na, ausgestandener Schrecken macht nicht wählerisch, Nelli futterte das Ding weg, bedankte sich schwanzwedelnd, machte sich davon und – kehrte nie wieder zurück.

Nelli war nach Ansicht der Lohager der erste Hund der Gegend, der sich perfekt den neuen Verkehrsverhältnissen und -vorschriften anpasste. So jedenfalls erschien es ihnen in der Erinnerung. Verkehrsampeln in einem Dorf wie dem unsrigen? 1954 natürlich noch nicht, aber zehn Jahre später war es soweit. Da eine Bundesstraße das Dorf schnitt, waren zwei Fußgängerampeln notwendig geworden, und eine davon lag in Nellis Hauptwanderweg. Dem rollenden Verkehr, der alle Jahre umfangreicher wurde, hatten sich alle klugen und einsichtigen Hunde bereits angepasst, sie huschten entweder im Höllengalopp oder nach vorsichtiger Äugung und Abschätzung über die Straße; im Gegensatz zu den Dorfkatzen, die es nie lernten und hohe Opfer bringen mussten.

Was war in jener Zeit geschehen, als die ersten Raser und Flitzer des Wirtschaftswunders das Dorf in ihre Rennstrecke einbezogen? Menschenleben hatte dieser Unfug nicht gefordert. Aber Terrier Bastian, der nichts Rennendes, Laufendes oder Fahrendes vor sich sehen konnte, ohne voller Zorn hinterherzuhetzen, wurde Opfer dieser Leidenschaft. Nachdem er ein paar Autos verfehlt hatte, klappte es beim dritten und letzten Mal: Er setzte, diesmal schräg von vorn kommend, rechtzeitig zum Spurt an, um ein Auto „ins Vorderbein zu beißen“. Entsprechend seiner Veranlagung zum Packer und Halter ließ er nicht los und wurde vom Reifen viermal in die Runde und dann gegen eine Hauswand geschleudert. So etwas hätte Nelli nie passieren können. Da er im Dorf zahlreiche Freunde hatte, die auch Gänge mit ihm unternahmen, lernte er den Farbwechsel der Ampeln schnell kennen und schon nach einigen Tagen wurde beobachtet, wie er sich auch allein danach richtete.

* * * * * *

Nellis erste Wanderungen stießen bei den Lohagern durchaus nicht auf Verständnis. Er blieb manchmal einen ganzen Tag lang aus, vernachlässigte nach Ansicht seiner Mitbürger seine Pflichten als Wächter des Hofes und erlaubte sich zuviel Selbständigkeit. Zumal, wie wir wissen, Hektor abberufen wurde. Zu einem Hundeleben gehören auch Strafen,

meinte man, sie müssten aber sinnvoll und begreifbar gehandhabt werden. Beinahe hätte Wilfried, der ja rasch dabei war, wenn Tiere geprügelt werden sollten, in Nellis Erziehung einiges verdorben. Denn als Nelli das erste Mal in einem Trott, den man später als charakteristisch hierfür erkannte, den Hof verlassen wollte und gar nicht auf Wilfrieds Kommandos zur Rückkehr reagierte, da beschloss dieser, ihn bei der Heimkehr „gehörig zu versohlen". Es war wieder Ewald, exzellenter Kenner der Hundepsyche, der warnte und verhinderte:
„Er wird freiwillig und freudig zurückkehren. Wenn er dann Prügel bezieht, wird er glauben müssen, für diese Rückkehr bestraft zu werden. Was weiß er davon, ob er fortlaufen darf oder nicht. Wenn du ihn haust, wird er nicht mehr zurück kommen."
Dennoch hätte Wilfried seine Drohung wahrgemacht, wenn, - ja, wenn Nelli sich von ihm hätte greifen lassen. Aber er mied ja, wie wir bereits erfahren haben, Tierquäler jeder Art und damit auch den bitterbösen Wilfried.

Wir erfuhren auch von Nellis Fahrten mit dem Rollstuhl Willibalds. Noch größeren Spaß bereiteten ihm Fahrten auf einem größeren Gefährt. Lohages nächster Nachbar, Bauer Friedhelm Weitkamp, tat einen mächtigen Sprung nach vorn und schaffte sich den ersten Trecker oder Traktor der Gegend an, einen niedlichen grünen Deutz mit fünfzehn PS. Dieser besaß auf den Schutzblechen der Hinterräder je einen provisorischen Sitz mit niedrigen Lehnen, vom Hersteller vielleicht gedacht für jene Situationen, in denen der Bauer seine Freundin, Verlobte oder Braut beim Ackern mitfahren lassen wollte. Friedhelm besaß noch nichts dergleichen, liebte aber Gesellschaft, und so lud er eines Tages Nelli versuchsweise zum Mitfahren ein; musste ihm freilich aufhelfen. Damit hatte er Nelli ein neues Vergnügen eröffnet, das dieser immer dann nutzte, wenn der Wind ihm das Geräusch der neuen Maschine in die Ohren trug. Er lief an der Ackerrand, ließ sich hochnehmen und fuhr stundenlang, bis zur ersten Arbeitspause, voller Begeisterung mit. Friedhelm und Nelli verspeisten auf dem Trecker ihr zweites Frühstück oder das Nachmittagsbrot, je nach Tageszeit, und unterhielten sich angeregt. Dabei blieb Nelli so aufmerksam, dass er vom Pflügen freigelegte Mäuse und Maulwürfe von seinem Hochsitz aus entdeckte und mit einem derben Satz vom Trecker sprang, um sie zu fangen. Wenige Monate später hielt auch auf Lohage ein Traktor Einzug. Nelli fuhr auf diesem mehrere Male mit, aber Fritz spendierte nichts, „weil du ja nicht gemästet werden sollst, mein Lieber“, und so wechselte Nelli wieder Fahrer und Gerät.

* * * * * *

Zum Abschluss dieses Kapitels noch ein Fall schwerer Kriminalität, in den Nelli verwickelt wurde. Nämlich durch Hofhund Kasimir, Wächter eines Nachbarn, der wenig auf ihn aufpasste und ihn wegen seines permanenten, markerschütternden Gebells öfter mal laufen ließ. Er wusste, dass Kasimir wilderte, war vorgewarnt worden, antwortete jedoch salopp mit einem „Schießt ihn doch tot, wenn ihr ihn kriegt“. Das geschah endlich und Nelli wurde Augen- und Ohrenzeuge. Er schloss sich eines Morgens Kasimir an, der ihn abholen kam, und gemeinsam trabten sie einen trockenen Moorweg entlang, den auch ein Hase zu nutzen gedachte, um seine Pfoten trocken zu halten. Er sah seine beiden Todfeinde rechtzeitig und machte, um sich besser orientie-

ren zu können, das bekannte Osterhasenmännchen, unsicher, ob die Hunde ihm nun an die Löffel wollten oder nicht. Kasimir wollte es. Er kläffte begeistert auf und schnellte wie der Blitz davon, ohne sich darum zu kümmern, ob Nelli eine lustige Hatz mitmachen wollte oder nicht. Nelli wollte nicht. Hatte er Skrupel, ahnte er um das Verbotene, gar heute sehr Lebensgefährliche?
Da Kasimir in seiner unkomplizierten Art laut jagte, - noch nie hatte er einen Hasen oder ein anderes Stück Wild erlaufen -, konnte man die Moorrunden genau verfolgen, die ihn der Hase „führte". Ja, so war's: Dieser clevere Meister Lampe gab Tempo und Richtung vor, kannte sein Revier hier wie sein eigenes Fell und zeigte weder Angst noch Bedenken, den heutigen Morgen nicht zu überstehen. Hell und gar nicht mordgierig klangen Kasimirs Kommentare, aber sie wurden mitgehört und unwirsch aufgenommen. War es unbedingt notwendig, sie abrupt zu Ende gehen zu lassen? Jagdaufseher Karlchen Karlmann meinte es. Er blieb geduldig stehen und im Anschlag, als er merkte, dass der Hase im Begriff war, ihm seinen Feind im großen Bogen und mit allerlei Hakenschlagerei und anderen Lauftricks zuzuführen. Im Knall des Schusses verstummte Kasimirs Stimme für immer.
Danach trafen sich Karlchen und Nelli.
„Brav von dir", sagte Karlchen, „dass du nicht mitgemacht hast."
Streicheleinheiten als sichtbarer Lohn für eine gute Tat.
„Euer guter Nelli hat sich", berichtete Karlchen auf Lohage, „an der Hasenjagd nicht beteiligt, nur zugeschaut und zugehört. Das sehe ich als eine große charakterliche Leistung an."
Streicheleinheiten, etwas zum Naschen...

Wir haben aus diesem Kapitel ersehen, dass Nelli sich mancherlei Gefahren aussetzte, wenn er seine Hundstage bekam und nutzte. Sie kamen über ihn wie jene Sauftage über einige Persönlichkeiten des Dorfes, die dann alle Mahnungen ihrer Ehehälften in den Wind schlugen und sich bis zum Exzess volllaufen ließen. Das war sowohl diesen als auch Nelli ein echtes Naturbedürfnis, dem kaum zu widerstehen war.

„Oh wandern, wandern – meine Lust, oh wandern..."
Besaß Nelli eine Portion Nomadenblut in seinen Adern? Das meinte man auf Lohage später, als Nelli von seiner letzten Wanderung nicht mehr zurückkehrte – doch noch sind wir nicht so weit!

Nelli in der Stadt – Veränderungen

So sind dann viele Jahre ins Land gegangen. „Viel" nicht in ihrer Anzahl, denn was bedeuten zwölf Jahre unaufhörlicher Erdumdrehungen für die meisten Lebewesen dieser Erde? Eine Klacksache nur! Aber für ein Hundeleben bedeuten sie „bald kommende Endstation". Hundefachleute rechnen sieben Menschenjahre für ein Hundejahr, und demnach müsste Nelli nun 84 sein – ein Vorgreis also oder ein Prä-Methusalem.

Mehr als das Alter treffen ihn auf Lohage die Metamorphosen: Haustiere und jene an Menschen unrettbar gebundene hassen Veränderungen und gleichen damit „alten Leuten", die, wie Ewald sich weise ausdrückte, „hinterm Ofen hocken und um die Ecke blicken, ob der Tod nun komme oder nicht". Noch bevor Nelli 10 geworden war, hatte es große und für ihn einschneidende Veränderungen auf Lohage gegeben, welche hauptsächlich die drei Kinder betrafen:

Ewald, nun ein 20er, war noch spät in eine Lehre gegangen, „Schmied will ich werden, sonst nix!“, drohte er und fand eine Lehrstelle beim Dorfschmied. Den Einwand, „es wird immer weniger Pferde zum Beschlagen geben“ konterte er mit den zwei Hinweisen, „statt Ackergäule wird es Reitpferde geben“ und „Landmaschinen brauchen auch einen Schmied“.

Gisela, nun eine 18er-Jungfrau, war zum Abiturmachen in die Stadt gezogen und wollte dort auch studieren. Wilfried, das jüngste Kind und Hoferbe, war zum ersten Lehrjahr als Azubi auf einen Hof bei Detmold gezogen, von dem aus als so genannter Austausch Hoferbe Helmuth für ein Jahr nach Lohage kam. Dieser Wechsel würde weitergehen, weil beide drei Lehrjahre hinter sich zu bringen hatten. Fritz und Lina waren nun Hofinhaber und suchten sich die viele Arbeit zu erleichtern, indem sie erst einmal die Schweinehaltung aufgaben und die Hühnerhaltung so veränderten, dass jedes Tier seine Persönlichkeit verlor und nur noch anonymer Eierproduzent war.

Klar, Nelli stand nach wie vor nichts aus, aber seine schönsten und herrlichsten Zeiten auf Lohage waren vergangen! Wenn sich kaum noch jemand mit ihm beschäftigen wollte, musste er reagieren. Ewald, der ja noch zu Hause wohnte und alltags mit dem Fahrrad ins Dorf fuhr, erlebte an einem Sonntag folgendes. Er berichtete es in seiner ihm eigenen Art, die sich zwar manchmal etwas sonderbar anhörte, ihn aber nun doch als vollwertiges Mitglied der Gesellschaft kennzeichnete:
„Nachdem ich Nelli, der das nun akzeptierte, das Mittagessen serviert, ihm ein paar nette Worte gegeben und das Fell gestreichelt hatte, drehte er sich wortlos um und ging über die Diele nach draußen. Ich folgte ihm und sah, dass er den

Hof in Richtung Dorf verlassen wollte. Ich rief ihn an, bat erst, befahl dann energisch und erreichte doch nur, dass er seinen Schritt beschleunigte und in einer Minute auf der Straße verschwunden war. Dass er so ohne Abschied und Blicke rückwärts davon ging, betrübte mich sehr, machte mich dann enttäuscht und gar böse, so dass ich beschloss, entgegen meiner früheren Auffassung, ihn bei seiner Rückkehr gehörig vorzunehmen..."

Dazu kam es nicht. Denn als Nelli sich am Dienstagvormittag wieder einstellte, war Ewald „bei der Arbeit", wie man es formulierte und die anderen Hofbewohner bemerkten die Rückkehr nicht – denn Nelli legte sich in die als „Andenken" bewahrte Hütte Hektors und schlief bis in den Abend hinein.

* * * * * *

Es wurde ganz klar, dass Nelli sich zu verändern begann. Und zwar, nur Ewald hat seinen klaren Blick auf ihn erhalten, zum Negativen hin.

„Wenn ich ihn mir so eine Weile betrachte", erzählte er, „kommt er mir wie ein Mensch vor, dem in der Jugend alles glückte, der dort glücklich war, und jetzt die vorher frohe Welt nicht mehr zu begreifen scheint. Ich glaube, solche Menschen gibt es zuhauf, wie erkennen sie nur bedingt, und warum soll es einem Tier, das den Menschen gedanklich nahe steht, anders ergehen!"

Wahrhaft schlaue Betrachtungen das! Ewald, der ja wegen der Nähe seines Arbeitsplatzes jedes Wochenende zu Hause verbringen konnte, beobachtete Nelli insgesamt dreimal, wenn er zu seinen langen und unbekannten Wanderungen aufzubrechen gedachte.

„Er handelte vorbereitend wie ein Mensch“, erzählte er weiter, „aß sich dick und voll, machte sein kleines wie großes Geschäft, schaute noch einmal umher und erlag dann keinerlei Verlockung zum Hierbleiben mehr.“
Ewald, schon immer ein heimlicher Seher und heimischer Prophet, lag mit seiner Weissagung „eines Tages kehrt er nicht zurück“, haargenau richtig - jetzt ist es aber noch nicht soweit!

Denn Gisela nahm Nelli für eine Woche in Beschlag.
„Vielleicht“, sagte sie, „hat er das Landleben satt und sehnt sich nach Abwechslung.“
Diese, meinte sie, kann nur die Stadt bieten. Also nahm sie ihn am Montag im Auto mit. Inzwischen hatte Nelli in seiner praktischen Art die Vehikel kennengelernt und sich auf den damals meistgekauften „Käfer“ spezialisiert. Als der erste vor Jahren auf den Hof fuhr, nahm Nelli ihn intensiv außen wie innen in Augenschein und begeisterte sich an den silbernen und meistens blank geputzten Radkappen – er erkannte sich in ihnen! Wie er sich ja auch in jedem im Haus erreichbaren Spiegel betrachtete. Es gab jedoch einen wesentlichen Unterschied zwischen diesen „Innenspiegeln“ und den vier „Außenspiegeln“ eines Käfers: Diese letzteren pflegte Nelli ausgiebig und wohl verteilt zu bepinkeln! Als ein fremder Besitzer ihn deshalb „zur Rede stellte“ und ihn treten wollte, biss ihm Nelli schnurstracks den rechten Halbschuh kaputt…

Gisela bewohnte in der mittleren Großstadt von 150.000 Einwohnern eine kleine Wohnung, (zwei Zimmer, Küche, Bad), und fühlte sich manchmal einsam, obwohl sie vielen Jungstudenten „das Hemd ans Flattern bringen“ konnte.

„Keine sturmfreie Bude!“, hatten Fitten und Lina konzipiert, „denn sie ist aller Laster Anfang!“
Wenn sie sich in der städtischen Studentenszene umschaute, musste sie ihren Eltern recht geben. Aber es kam, wie es kommen musste: Für den „Landhund“ Nelli war diese Stadtbude langweiliger als jede ländliche Hundehütte. Und was Nelli besonders wurmte war, dass er bei jedem Stadtspaziergang angeleint war. Zwar war es auch hier üblich, dass Hundebesitzer und -ausführer durchaus bei Begegnungen anhielten, ein Schwätzchen austauschten und auch nichts dagegen hatten, wenn die Hunde sich dabei beschnüffelten und auf ihre Art unterhielten. Nelli hielt sich dann sehr zurück und knurrte größere Hunde, die ihn „hochnäsig“ fixierten, unmissverständlich an. Also das Fazit im Großen und Ganzen: „Stadtluft macht nicht jeden frei!“ So war Nelli nach einer Woche wieder daheim und konnte gesunde Landluft einatmen. Doch: Sein Seniorendasein begann!

007 – auf Verbrecherjagd

Die Hundemarkennummer 007 bedeutete, - wie schon am Anfang unseres Werkes berichtet -, nichts anderes als „der siebte Wachhund auf Lohage“. Das war nun einmal Nelli in der Nachfolge des seligen Hektor. Nie hätte jemand in Lohage und im Dorf daran gedacht, dass diese Nummer einmal „internationale Bedeutung“ erlangen könnte. Doch dann, plötzlich und unerwartet, knallte ein Besucher Ian Flemings ersten 007-James-Bond-Krimi auf den Tisch des Hauses. Noch riss dieses nicht die Lohager aus den Pantinen, da musste erst der gleichnamige Film im Dorfkino präsentiert werden. Die Begeisterung der Dörfler, die der Krieg und seine elenden Jahre danach ja ordentlich aus dem Schlummer der Gleichgültigkeit und des Nichtwissens getrieben hatte, über diesen Film kannte, wie überall in der Welt auch, keine Grenzen. Und ebenso plötzlich erinnerten sich all jene Leute, die mit Nelli in Kontakt gekommen waren, dass man diese Nummer viel eher besessen hatte und dass sie einer Persönlichkeit gehörte, die sich wie Mister Bond im Dienst der Allgemeinheit bewährt hatte.

Die grobe Kriminalität des Dorfes und seiner unmittelbaren Umgebung hatte sich in den letzten fünfzig Jahren auf zwei bemerkenswerte Fälle beschränkt, die freilich mit echter Kriminalität wie Gangsterei, Mafiositäten, Korruption im Amt und Rauschgiftdelikten wie heutzutage üblich nichts gemein hatten. Oder darf man eine verzweifelte Ehefrau, die das Zusammenleben mit dem ihr Angetrauten nicht mehr aushalten kann und ihn abschafft, mit einem bezahlten Auftragsgangster vergleichen! Sind handfeste, gewalttätige dörfliche Auseinandersetzungen um Dorfschönheit Nummer Eins denn Übel- und Kriminaltaten oder nicht? Waren Schwarzschlachtungen zwischen 1945 und 1948 Verbrechen?

Nehmen wir uns zum besseren Verständnis dieser Fragen zwei markante Fälle vor. Elisabeth Markine Bullermann hat im Jahr 1913, - bewiesen wurde nichts -, ihren Markus Bullermann, damals 39, auf originelle Art und Weise umgebracht. Sie hat, meinte man lakonisch, dem Schicksal vorgegriffen, denn Markus wäre nach jeder Wahrscheinlichkeitsrechnung während des folgenden Krieges gefallen. Aber das wusste niemand 1913. Wie Elisabeth auf die Mordmethode kam, bleibt ihr Geheimnis: Sie stampfte in einem Mörser Glas klitzeklein so fein wie Mehl und mischte dieses in immer mehr erhöhten Dosierungen Markus' Essen bei. (Übrigens sollen afrikanische Damen, nachdem man ihnen Glasperlen und dergleichen vermacht hatte, mit ihren Männern Gleiches veranstaltet haben.) Heute sind solche Methoden ziemlich unangebracht, da alle Medizinmänner und -frauen schnell der Krankheit Kern erkennen würden. Aber 1913? Von einem Dorfmedikus, der noch nie andere Todesarten als „unglückliche“ oder natürliche kennengelernt hatte! Markus siechte langsam aber sicher dahin: Erst nur Unwohlsein mit Sod- und Magenbrennen, dann Koliken ersten bis dritten Grades, Appetit- und Saufschwund, Verwandlung seiner ehelichen Brutalität in apathische Milde, Bauchaufblähung und schließlich schmerzvollstes Ableben auf dem Lokus, nachdem vermutlich sein Magen und seine Gedärme vom Glasmehl von innen her aufgerieben worden waren. Das alles geschah unter Elisabeths scharfer, geduldiger Beobachtung. Da erst wurde der Arzt, wie ja vorgeschrieben, konsultiert: „Tod durch Saufen etc...“ In ihrer letzten Verfügung, sie starb 1953, klärte Elisabeth ihre Untat selbst auf und erwarb sich damit stetes Gedenken im Dorf.

Unser zweiter Fall entbehrt jeder Dramatik oder Vertuschung, denn in ihm kloppten sich Jungbauer Hilgemann und „Agnat“ (Anerbe) Teepe um „Anita die Appetitliche“, 21, Miss Dorf 1950. Sie schlugen sich gegenseitig zu Krüppeln, womit es nichts aufzurechnen gab und Teepe seines Alleinerbes verlustig ging. Anita hatte, verständlich, Abneigung gegen Krüppel... Niemand, der sich als Kenner der Dorfgeschichte ansah glaubte, dass hiermit alle Kriminalsachen aufgearbeitet sind: Es gab den Ehrenkodex des Dichthaltens – „Nicht jedermann lebt nach dem Gesetz, er sollte nur nicht auffallen!“

* * * * * *

„Pullen-Ede“ war der einzige einheimische Beschaffungskriminelle, der je im Weichbild Lohages aufgetaucht ist. Da er als Grundlage für sein Weiterleben auf dieser Erde täglich eine Flasche Schnaps, ein Dutzend Kurze und eine nicht genau festlegbare Menge anderer Alkoholika benötigte, ihm aber niemand diesen enormen Aufwand finanzieren mochte, war er auf Selbstbedienung angewiesen: Klauen was nicht niet- und nagelfest war, mopsen was man verscherbeln, mitgehen heißen was man in Flüssiges umsetzen konnte. Auf diesen Ede, 59, mager wie eine Bohnenstange und wegen verderbter Leber schon einbeinig auf dem Dorfanger, traf das alte germanisch-sächsische Sprichwort zu:
„He süpp alles wat natt ist.“

Aber wie drankommen? Folgendermaßen zum Beispiel. Man schleiche in finsterer Nacht auf einen Bauernhof, wo man einen netten kleinen Hund gesehen hatte, der den Eindruck dümmlicher Freundlichkeit hinterließ und ganz gewiss nachts pflichtvergessen bei Herrchen oder Frauchen schlief. In einem dortigen Hühnerstall gibt's immer etwas zu holen: Entweder fette Hennen oder ihre Eier, die man, sollten sie schwer zu verscherbeln sein, selbst verspeisen und als Unterlage fürs Trinken nutzen konnte. War ein solches Tun, zumal ein armer Schlucker es ausführte, nicht als Mundraub zu bewerten, der kaum polizeilich geahndet würde? Erdacht – getan. Mag sein, dass Fritz und Lina, Besitzer mildtätiger Herzen, sogar auch so gedacht und dem guten Ede eine gehörige Portion Mittag- oder Abendessen spendiert hätten – aber sie kamen gar nicht dazu.

Nelli nämlich drehte in dieser Nacht besonders aufmerksam seine Runden um Lohage, und so entging ihm Edes schleichendes Kommen nicht. Na, den Kerl kenne ich doch! Er machte früher einen harmlosen Eindruck, aber wer in stockfinsterer Nacht über den Hof daherkommt und völlig lautlos den Hühnerstall öffnet, kann nicht mit Nellis Nachsicht rechnen. Just hatte Ede dies bewerkstelligt und wollte einschlüpfen, als ihn ein kurzgrimmiger Knurrlaut aufhorchen ließ; zu spät. Nellis Gebiss grub sich in sein rechtes Bein. Nun sind Hundebisse immer verhältnismäßig schmerzhaft, wenn sie aber unverhofft hingenommen werden müssen, wirken sie entweder lähmend oder leisten einer Todesangst Vorschub, die jede Vorsicht außer acht lässt. Bei Ede trat Letzteres ein. Er schrie in einer Lautstärke auf, die niemand seiner alkoholverseuchten Lunge zugetraut hätte, und so gellend und schrill, dass die Landleute erwachten. Man mag diese Lautstärke daran messen, dass Menschen augenblicklich wach wurden, die den ganzen Tag beim Pflügen Pferdegespannen nachgetrabt waren, sich den Rücken bei Pflanz- und Jätearbeiten krumm gebogen oder eine Menge Vieh versorgt und Milchkannen hin und hergeschleppt hatten.

Sie alle, Fritz, Lina, die Kinder, Sauhirten, Pflüger und Melkerinnen, fuhren in den Betten hoch, dass ihre Hirne sekundenlang benommen verharrten, dann stürmten sie, teils mit Taschenlampen bewaffnet, nach draußen. Was sie sahen, stellte jede Szene des oben erwähnten Films in den Schatten: Nelli, der sich sonst gar nicht bestialisch benahm, hatte Ede irgendwie zu Boden bekommen und bearbeitete ihn mit dem Gebiss in einer Manier, die durchaus zum Tod führen konnte. Es gelang Ede, sich auf den Bauch zu rollen und den Kopf mit den Armen und Händen zu schützen, so dass Nelli an wichtige Körperteile nicht herankommen konnte. So versuchte er seine Zähne in magere Stellen wie

Kniekehlen, Waden, Popo, Hacken und Ellenbogen zu graben. Edes Wehgeschrei schien Nelli noch zu stimulieren, er steigerte seinen Eifer, als die Zuschauer herankamen, aber ein Befehl von Fritz stoppte ihn sofort. Für den Rest der Nacht durfte Ede im Haus unterkommen und seine Wunden lecken und mit Branntwein innen und außen kühlen. Dieses Abenteuer festigte Nellis Ruf als Verbrecherjäger erheblich.

* * * * * *

Auch im nächsten Fall versah Nelli den Wachtdienst zwar zu seiner eigenen Zufriedenheit, fand aber nicht den Beifall der Beteiligten. 1962 war das Jahr, in dem Gisela 18 wurde, und dieses Mädchenalter besaß in Lohage und Umgebung eine magische Wirkung auf junge Männer, die mit dem Trieb zu bevölkerungspolitischer Tätigkeit die Gegend unsicher machten. Der Begriff „Fensterln“ mag süddeutschen Ursprungs sein, ihn in die Tat umsetzen ist jedoch international.

„In einer Nacht im Mai“ gegen 23 Uhr 45 stieg Alfons Vortlage, 21, als Leisetreter über das Hoftor aufs Lohager Grundstück. Da er am Vortag schon Gisela umbalzt und dabei auch Nelli kennengelernt hatte, glaubte er „dieses netten Köters“ sicher zu sein und nichts an Leib und Leben fürchten zu müssen. Nelli ließ sich just durch streifende Ratten ablenken, so konnte Alfons bis zu den Leitern im Holzschuppen gelangen, eine an sich nehmen, mit ihr unter Giselas Fenster gehen und sie an die Hauswand anlehnen. Als er ihre Standfestigkeit prüfte und auf der untersten Sprosse noch einmal atemholend verhoffte, war Nelli im typischen Hundsgalopp heran, knurrte leicht und verbiss sich, wie beim Ede, in Alfons' rechtes Bein. Wenn dieser vorgehabt haben sollte, seiner Angebeteten das übliche Ständchen zu bringen – es fand tatsächlich statt: In schauerlichen Dissonanzen und so laut, dass Gisela es nicht überhören konnte und erwartungsvoll ihr Fenster öffnete. Ihr Anbeter hing mit beiden Händen angeklammert an der Leiter und strampelte mit den Beinen, um den in dieser Mainacht besonders beißwütigen Nelli abzuschütteln. Schließlich stürzte er zu Boden und musste sich wie vormals Ede Nellis Zähne von Gesicht und Hals fernhalten. Gisela kommandierte von oben heftig gegen Nelli, der aber erst losließ, als Ewald zu Hilfe kam und ihn von Alfons fortriss. Dass auch dieses Abenteuer im Dorf die Runde machte versteht sich von selbst, nicht selbstverständlich war, dass Alfons und Nelli dicke Freunde wurden.

* * * * * *

Als Nelli eines Tages mit Gustav aufs Feld gehen wollte, verhoffte er in Höhe des Schuppens, senkte die Nase zur Erde, nahm intensiv und unter bedenklichem Gesicht Witterung auf und richtete dann Blicke und Nase in den Schuppen hinein. Knurren, Haareaufrichten, Hochziehen der Lefzen – Gustav erkannte, dass etwas nicht stimmen konnte. Ein fremder Hund? Eine feindliche Katze, Ratten, Fuchs, Dachs? Nein, beim Erkennen solcher Burschen benahm Nelli sich anders. Nelli stürmte unerschrocken den Schuppen, aus dem bald danach Rumoren, Rumpeln, giftiges Verbellen, Flüche und Angstschreie drangen. Ein Subjekt der Art, die man früher pauschal Landstreicher nannte, heute Penner nennt, kroch auf allen Vieren aus dem Schuppen, attackiert und auch leicht angebissen von einem unerhört aufgebrachten und empörten Nelli. Damalige Landleute

mussten in jedem Fremden, der sich herumtrieb, einen potentiellen Kriminellen sehen und ihr Zorn ging manchmal haarscharf an Selbstjustiz vorbei. Nun, der brave Nelli knuffte, kniff und biss diese Herrschaften immer genügend, dass sie jedes Wiederkommen vergaßen. Noch gab es ja nicht die echten Gangsterbanden, die offen und in roher Gewalt auftraten und auch Bluttaten nicht scheuten. Im folgenden Winter rettete Nellis feine und vor allem draußen stets wache Nase einen Landstreicher vorm Erfrieren. Bei einem Schneespaziergang in Begleitung Nellis wurde er, wie beim Schuppen, plötzlich unruhig und richtete seine Aufmerksamkeit auf einen Jungfichtenbestand und umkreiste, ohne zu bellen, eine bestimmte Stelle. Da bekam Ewald „Schiss in der Hose“ und holte Verstärkung herbei. Diese stöberte einen sturzbesoffenen Fremden auf, der sich später bei der Polizei als ein Gesuchter entpuppte.
„Nun“, sagte der Dorfwachtmeister streng, „bedanken Se' sich mal beim Nelli. Ohne ihn wären Se' jetzt stocksteif gefroren wie 'ne Schweinehälfte im Kühlhaus.“
Das geschah mit ein paar Streichelungen, die Nelli gnädig über sich ergehen ließ. Vorkommnisse wie diese schärften Nellis Blick gegen Menschen, die klüngelig und schlotterig angezogen waren, wie das bei Landstreichern ja stets der Fall war. Er unterschied damit deutlich zwischen proper gekleideten Händlern und Handelsvertretern, Beamten der Gemeinde und Angestellten der Landwirtschaftskammer und Bettlern und den ersten Jugendlichen und Aussteigern der städtischen Bevölkerung. Diesen trat er misstrauisch, jenen voll Würde entgegen.

* * * * * *

Ein, zwei Jahre nach 1954 wiederholten die Bauern etwas, das sie schon in den Not- und Drangzeiten zwischen 1945 und 1948 praktiziert hatten: Sie bildeten eine Bürgerwehr, die nachts auf Streife ging. Der Grund hierfür? Aus den Scheunen der Bauern, aus ihren Schuppen, Aufhänge- und Stellplätzen kamen auf vorerst unerklärliche Weise landwirtschaftliche Gerätschaften abhanden: Sensen, Weidenkörbe, Arbeitsgeräte wie Forken, Heu- und Mistgabeln, Schippen und Spaten, Tröge, Pferdegeschirre, Werkzeuge und gar Schleifsteine und Milchkannen. Die Polizei war schon damals machtlos gegen solches Treiben, zumal die Auflösung der dörflichen Polizeistation mit der Pensionierung des einzigen Beamten bevorstand. Die Bauern begriffen nicht, weshalb man ihnen die Geräte stahl, bis ein paar hergeschickte städtische Kriminalbeamte in einer Veranstaltung im Dorf aufklärten:
„Da wird im Auftrag von Städtern geklaut, die für ihre neuerrichteten Eigenheime nebst Gärten landwirtschaftliche Utensilien zur Zierde und urigen Ausstattung benötigen."
Diese infamen Motive empörten die Bauern zu Recht.
„Ich es nicht genug", warf Fritz ein, „dass man ihnen diese Häuser mit Steuererleichterungen und finanziellen Zugaben ermöglicht? Müssen diese Herrschaften dann noch stehlen gehen!"
Beifälliges Gemurmel. Fritz organisierte eine Bürgerwehr, die sich mit Knüppeln, Forken und Kleinkalibergewehren bewaffnete und stets zu vier Mann stark patrouillierte, wenn möglich mit einem geeigneten Hund dabei. Wer bot sich da an? Nelli – ganz klar. Er konnte anschließend weitere Heldentaten in sein Tagebuch eintragen lassen. Dieses führte Ewald in einer „Klaue", die sowohl seinen leicht beschränkten Geist als auch seine ungelenke bäuerliche Hand verriet,

aber auch seine Verehrung Nellis und sein abgrundtiefes gutes Herz für Tiere erkennen ließ. Auf diesen schriftlichen Aufzeichnungen basiert vieles des hier Dargebotenen.

Nächte um Neumond sind Spitzbubennächte. Ein Trio, das mit Musik nichts zu tun hatte, Lohager Töne aber bald kennenlernen würde, schlich behände um „Augusts Hoff", ein Nachbarbetrieb Lohages, den es am Tag vorher unter fadenscheinigem Vorwand ausgekundschaftet hatte. Dabei hatte Besitzer August, sonst der Hellste „in der Birne" nicht, Verdacht geschöpft und Fritz benachrichtigt. Heiß auf Vergeltung und scharf auf ein abschreckendes Exempel lag nun die Bürgerwehr auf Lauer, bestehend aus Fritz, Ewald, Wilfried, August und Nelli, dieser von Ewald an der Leine gehalten und mit zärtlich-dringenden Ins-Ohr-Flüsterungen zur Ruhe gemahnt. Nun war Mitternacht bereits verstrichen und damit die Zeit gekommen, in der arbeitsame Menschen in jenen Tiefschlaf verfallen sind, der nur von lautstarken Katastrophen unterbrochen werden kann. Dort in Augusts Scheune, die heute nur unauffällig leicht verschlossen war, lag das von Dieben begehrte Zeug. Diese trappsten, von Nelli bereits geortet, nun auf filzigen Schlurfpantoffeln lautlos heran. Nelli zeigte Ewald seine Entdeckung durch sanftes Rucken der Leine an. „Sie kommen", hauchte Ewald seinen Genossen zu.

Das Diebestrio fiel aus allen Umsatzträumen, als es just Säcke packte und Bündel schnürte und dabei plötzlich von einer Taschenlampe beschienen wurde. Sie waren mehr raffinierte als gewalttätige Profis und konnten nicht ahnen, hier nicht zur Verhaftung, sondern zum Durchdreschen gestellt zu werden. Die Tür wurde von innen geschlossen, August hielt die Taschenlampe, weil er zu furchtsam war, sich aktiv

zu beteiligen, und so stand es drei gegen drei plus Nelli. Ewald „schnallte“ ihn, - (das ist Jägersprache und bedeutet von der Leine lassen) -, und rief „fass sie!“, worauf er wie ein vierbeiniger rächender Erzengel an die Arbeit ging. Das Diebestrio war unbewaffnet, unser Trio hatte sich folgendermaßen ausgerüstet: Jeder trug eine handgeschnitzte eichene morgensternähnliche Keule ohne die bekannten Stacheln, die früher, von 400 Jahren etwa, so manchen Landsknechts-, Ritter- und Bauernkopf arg demoliert hatten, und es war abgemacht, Köpfe zu schonen, aber alle anderen Körperteile ordentlich zu versorgen. Das geschah nun in der Stille dieses abgeschiedenen Ortes auf drastische Art und Weise. Während Augusts Taschenlampe mildes Licht verbreitete und Nelli stumm aber erbittert-fröhlich in alle erreichbaren Beine fuhr, prasselten Keulenschläge ziemlich schlimmen Charakters auf Schultern, Extremitäten und Hintern nieder, dass später mehr blaue Flecken als weiße Hautstellen zu sehen waren. Durcheinander und Geschrei waren unglaublich, von den Angreifern fiel allerdings kein Wort, um sich nicht zu verraten.
Kürzen wir die Pein ab. Schon nach fünf Minuten baten die Einbrecher um Gnade, die gewährt wurde. Man band sie mit Kälberstricken aneinander und ließ sich von ihnen zum versteckt stehenden Auto führen, das nun nach allen Regeln moderner Kunst demoliert und anschließend in einen Straßengraben gestürzt wurde. Das war der Höhenpunkt der angestrebten Methode „Abschreckung“. Die Spitzbuben ließ man laufen und man hoffte natürlich auch, inkognito geblieben zu sein. Das war jedoch ziemlich unbedeutend, weil die Diebe kein Interesse daran hatten, ihr Abenteuer publik werden zu lassen.

In der internen Bauerschaft sickerte durch, dass eine

Schlacht stattgefunden habe, in der Nelli allein mit einer ganzen Bande fertig geworden sei. Auch unaufmerksamen Zeit- und Dorfgenossen fiel auf, dass die Diebereien in dieser Gegend schlagartig nachließen. Aber dieses Diebestrio schien woanders fortgeführt zu haben, was es in Lohage begonnen hatte, wurde schließlich offiziell geschnappt und offenbarte, wer seine Auftraggeber gewesen waren: Unter anderen auch Museen und die allmählich mehr entstehenden Museumsdörfer, deren Leiter und Leiterinnen treuherzig behaupteten, von unlauteren Machenschaften nichts gewusst zu haben. Nellis Ruhm stieg und wuchs, im Dorf drehte man sich nach ihm um und blieb ergriffen stehen – und doch war der Höhepunkt seiner Karriere in punkto Verbrecherjagd noch nicht erreicht.

* * * * * *

Wie konnte es geschehen, dass die Kinder des Dorfes und umliegender Gehöfte diesen Abzählreim auf öffentlicher Straße vortrugen?

„Null-Null-Sieben, Null-Null-Sieben,
wo ist denn mein Geld geblieben?
Ist nicht hier, ist nicht dort -
ist wohl für alle Zeiten fort!“

Hiermit wurde eine ganz bestimmte Person verhöhnt. Ein Gedicht auf einen Hofhund, auf Nelli! Was steckte dahinter? Eine Geschichte, die Nelli in die Geschichte des Dorfes eingehen ließ, ihn zum Helden der abendlichen Stammtischgeschichten machte und ihn auf die Seiten des Kreisblattes brachte. Zwanzig Jahre später hätte ein derartiges Ereignis sogar das Fernsehen ins Dorf gelockt. Wenn Nelli gut zwanzig Jahre im Dorf unvergessen blieb, dann verdankte er dies dem nun folgenden Abenteuer.

„Minibesetzung“ nennt man wohl eine Belegschaft, die nicht mehr verkleinert werden kann, also aus einem Mitarbeiter besteht. Dieses Missgeschick traf an diesem Montag eines Oktober Peter Meyerling, seines Zeichens Rendant und Leiter der örtlichen Spar- und Darlehnskasse. Dass es in lasterhaften Großstädten Banküberfälle gab, hatte sich natürlich auch bis hierher herumgesprochen, aber für ein mickeriges Dorfinstitut sah man auch für die Zukunft keinerlei Gefahren. So ging Peter frohgemut seiner Arbeit nach, als sich gegen 10 Uhr, sowieso eine flaue Zeit, drei sehr unterschiedliche Persönlichkeiten auf seine Bank zubewegten: Fritz, um ein paar Kröten einzuzahlen, die ihm der Viehverkauf vom Freitag eingebracht hatte; Nelli in seiner Begleitung; ein Unbekannter per Motorrad, um ein paar Kröten abzuheben, ohne hier über ein Konto zu verfügen. Wir wissen heute ja genau, wie das gehandhabt wird, fast jeder Bankangestellter hat's einmal erlebt oder im Fernsehen beobachtet, doch Peter war arglos und musste zweimal zum Herausrücken der Banknoten aufgefordert werden, bis er es beim dritten Mal begriff:
„Geld her oder es knallt!“
Er äugte verwirrt in die Mündung einer Pistole, die eindeutig in seine Herzgegend gerichtet war.
„Nur jetzt nicht noch fallen“, war Peters erster Gedanke.
„Fallen“ meinte er wörtlich, in der Soldatensprache. Er hatte im Krieg einige Heldentaten hingelegt und das Ritterkreuz kassiert, jetzt fing sein Herz an zu bibbern wie in der Kälte des ersten Russlandwinters 1941 auf 1942. 20.000 Mäuse, mehr hatte er nicht verfügbar, wechselten den Besitzer und fanden in einer schäbigen Einkaufstüte Unterschlupf. Dann

riss der Räuber das Telefonkabel aus der Wand, befahl eindringlich „keinen Mucks sonst knallt's!“ und empfahl sich rückwärtsgehend.

Dieses für Dörfler ungewohnte, mehr als merkwürdige Verhalten beobachteten Fritz und Nelli, die soeben das Vorfeld der Bank betraten, nachdem sich beide über ein aufgebocktes, doch laufendes Motorrad gewundert hatten. Nelli knurrte und verhoffte, Fritz verhoffte nur.

„Geht einer rückwärts aus 'ner Tür
hat er meistens Grund dafür.“

Und diese Plastiktüte, da schimmerte ja das Bargeld regelrecht durch!

„Es stinkt der Mensch und nicht sein Geld -
das ist die Weisheit dieser Welt.“

Nelli knurrte mahnender, Fritz verhoffte nicht mehr, als der Mann vorbei stürmte, um sein Motorrad zu erreichen. Und da stürzte Peter aus der Tür und rief kreischend und den Dorfplatz füllend:
„Banküberfall! Haltet den Dieb!“
Hierauf erfolgte Fritz' Kommando, das den Tag entschied:
„Fass Nelli – pack ihn, fass zu!“
Begleitet von der notwendigen Handbewegung in Richtung Motorradfahrer. Fritz war sich gar nicht sicher, ob Nelli den Befehl befolgen würde, da er ja gar keine Ausbildung in diesem speziellen Fach genossen hatte. Doch Nelli kapierte und gehorchte. Eine solche Gelegenheit zur Hatz konnte er sich nicht entgehen lassen, obwohl ihm ja, wie wir wissen, eine gewisser philantropischer Hang eigen war. Also nichts wie ran!

Gerade setzte sich das Motorrad aufheulend und -bäumend in Bewegung, da war Nelli heran und fasste den

Gangster am Gelenk der rechten Hand, die nicht nur den Lenker, sondern auch die Geldtüte festhielt. Getreu einer alten bewährten Hundebeißregel, einmal Angebissenes nicht wieder loszulassen, ließ Nelli sich ein Stück Weges mitnehmen, überhörte auch das Zetergeschrei seines Opfers, das wegen unkorrekter Steuerung seines Gefährts ins Schlingern geriet, und wurde erst in einer Kurve abgeschleudert. Freilich mitsamt der Tüte. Die sich öffnete und ihren wertvollen Inhalt der Öffentlichkeit preisgab. Der Bankräuber wollte kaltblütig anhalten und sich wohl beim Aufsammeln der Beute auf seine Waffe verlassen, da aber sah er die Kavalkade aufgebrachter und wie Wilde gestikulierender Landleute, per Fahrrad, beritten, in vollem Lauf und sogar mit einem Motorrad auf sich zukommen, auch vor sich einen Haufen sich sammeln – da wollte er doch lieber aufs Geld verzichten und das Ergebnis bäuerlicher Lynchjustiz nicht abwarten. Er brauste davon und konnte nicht mehr eingeholt werden, so sehr Nelli auch das Letzte aus seinen Lungen und Beinen herausholte.

Ein Schwall von Anerkennung, eine Überdosis Lob, eine Riesenwoge Herzlichkeit – das alles brach über Nelli herein, als er von seiner Verfolgung zurückkehrte. Er musste sich erst einmal verpusten, während die Leute das Geld von der Straße klaubten, aus dem Graben fischten und von der angrenzenden Kuhweide, wohin der Wind es getrieben hatte, herholten. Nichts fehlte nachher, Peters Bilanz blieb fleckenlos. In einem bisher nicht veranstalteten Triumphzug ging's in die Dorfmitte, wo ein gewaltiges Palaver abgehalten wurde, bis ein Zeitungsreporter und die Polizei erschienen. Während die Polizei die Ermittlung und der Reporter seine Bilder aufnahm, türmten sich vor Nelli die Belohnungen: Wurstberge vom Schlachter, Kuchenfelder vom Bäcker, Schokolade vom Tante-Emma-Laden, Milch von „Rosalinde“, der ertragreichsten Kuh des Dorfes, zwei Liter Helles vom Dorfwirt. Nelli aß und trank, bis eine Kotzorgie unmittelbar bevorstand, dazwischen leistete er Fototermine zusammen mit seinem Herrchen. Alle abkömmlichen Lohager waren bereits benachrichtigt worden und hergekommen, blickten mit stolzgeschwellten Brüsten unter unter begeistert aufgerissenen Augen auf ihren Helden. Diesen Volksauflauf hatte es nicht einmal gegeben, als die Tommies im April 1945 das Dorf eroberten. Jetzt hatte Nelli Ruhm und Aufregung satt und trollte sich schnurstracks nach Hause.

* * * * * *

Am nächsten Tag brachte das Kreisblatt eine großes Portrait Nellis und ein Bild, das ihn mit Fritz zeigte. Der Artikel trug die Überschrift „Dieses tapfere Paar stellte den Bankräuber.“

Am übernächsten Tag erschienen Vertreter des bekanntesten und billigsten Boulevardblattes der Republik und machten neue Fotos: Ein Portrait Nellis, das sie zu Hause in ihrer Redaktion stark auf „zähnefletschend“ hochretuschierten, ein zweites, auf dem er Geldscheine zwischen den Zähnen trug; als drittes ein Lohager Familienfoto mit Fritz und Nelli im Mittelpunkt.

„Vielen Dank für die schönen Bilder.“

„Halt!“, rief Ewald, als die Herren sich davonmachen wollten, „das Honorar!“

Geldbörsen öffneten sich.

„Wir selbst wollen gar keins“, erklärte Ewald, „war für uns doch eine Ehrensache – aber Nelli!“

So wechselten, zögernd zwar, 1.000 Piepen den Besitzer.

Nellis bereits legendärer Ruhm stieg ins Unvorstellbare. Noch Wochen später kamen städtische Hundebesitzer, die diesen Hund betrachten und eventuell als Partner für ihre Hündinnen haben wollten; abgewinkt. Nellis 1.000 Mark bekam ein Ölmaler, der Nelli 50x60cm-groß so echt und kunstvoll porträtierte, dass jeder Betrachter, auch Jahrzehnte später noch, vor Rührung hätte an sich halten müsste – wenn das Bild nicht auf unbekannte Art und Weise verschollen wäre...

„Wohin gehst du, Nelli?"

„Eins, zwei, drei – im Sauseschritt
läuft die Zeit, wir laufen mit."

Wilhelm Busch, der Schöpfer dieses Zweizeilers, wusste Bescheid. Wir kommen zum Schluss dieser Biografie. Es ist dem Berichterstatter erspart geblieben, über das Ende des Helden Auskunft geben zu müssen – er kennt es gar nicht! Am ersten Junisonntag des Jahres 1971 wurde Nelli zum letzten Mal gesehen. Es war einer jener unvergleichlichen Tage, die diese Jahreszeit zu bieten hat, und doch der traurigste in der neueren Geschichte Lohages. Alle Hundebesitzer und -halter dieser Welt haben ja das gleiche Problem, ein unlösbares: dass ihre Lieblinge eine zu kurze Lebenserwartung haben. Fünf bis sechs von ihnen kann ein Mensch, möchte er es, in seinem Leben an seiner Seite haben.

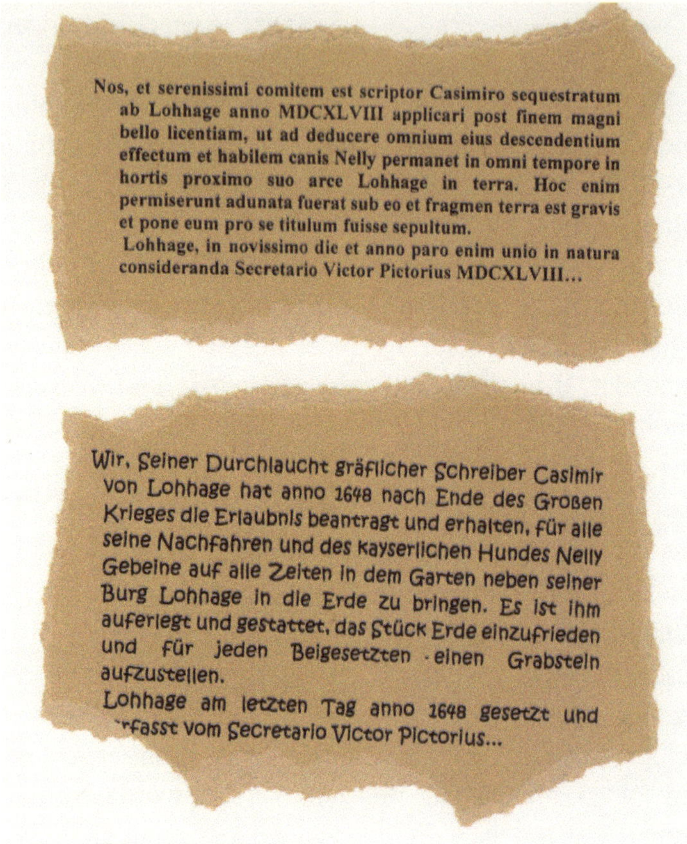

Nos, et serenissimi comitem est scriptor Casimiro sequestratum ab Lohhage anno MDCXLVIII applicari post finem magni bello licentiam, ut ad deducere omnium eius descendentium effectum et habilem canis Nelly permanet in omni tempore in hortis proximo suo arce Lohhage in terra. Hoc enim permiserunt adunata fuerat sub eo et fragmen terra est gravis et pone eum pro se titulum fuisse sepultum.
Lohhage, in novissimo die et anno paro enim unio in natura consideranda Secretario Victor Pictorius MDCXLVIII...

Wir, Seiner Durchlaucht gräflicher Schreiber Casimir von Lohhage hat anno 1648 nach Ende des Großen Krieges die Erlaubnis beantragt und erhalten, für alle seine Nachfahren und des kayserlichen Hundes Nelly Gebeine auf alle Zeiten in dem Garten neben seiner Burg Lohhage in die Erde zu bringen. Es ist ihm auferlegt und gestattet, das Stück Erde einzufrieden und für jeden Beigesetzten einen Grabstein aufzustellen.
Lohhage am letzten Tag anno 1648 gesetzt und verfasst vom Secretario Victor Pictorius...

Die im Text erwähnte Urkunde um Nellis „Beisetzung“

17 war Nelli jetzt, ein Greis schon. Es hatte sich vieles verändert in all den Jahren seit seiner Ankunft in Lohage. Die Alten sind dahingegangen und haben die Großfamilie aufs normale Maß schrumpfen lassen. Fritz und Lina sind Fünfziger geworden, Wilfried hat seine Ausbildung auf anderen Höfen absolviert, Gisela nach auswärts geheiratet, Ewald wollte auch einmal andere Luft schnuppern und verdingte sich als Schmiedemeister in Süddeutschland und arbeitete nützlicher, als man statistisch erfassen konnte. Infolge Konzentration auf das Wirtschaftlichste gab es nur noch Milchvieh und Ackerbau, viel Personal und die Arbeitspferde hatten gehen müssen, zwei Reitpferde waren in Pension genommen worden. Der Grüne Plan hatte aus freien Bauern längst Subventionsempfänger gemacht, aus Acker- und Sandwegen Asphaltstraßen, aus wohldosiertem verschiedenartigem Anbau Monokulturen. Lina liebäugelte mit der Errichtung von Ferienwohnungen, jetzt, wo die alte Mannigfaltigkeit bäuerlicher Tierwelt ihrem Ende entgegenging.

Nelli war ein alter Herr geworden. Gibt es auch unter Tieren den „störrischen Greis“? Ewald behauptete es, und er kannte ja Nelli am besten. Er hatte versucht, ihm die Wanderungen auszureden, war Kilometer mit ihm marschiert, musste aber stets allein umkehren. Wenn man sich Nellis altes Temperament vergegenwärtigte und ihn jetzt betrachtete, wurde der Werdegang „nach unten“ offenbar: die Gangart, das schwächere und weniger häufige Bellen, Desinteresse an frischen Mäuselöchern und Rattenfährten, Toleranz Katzen gegenüber, allgemein abklingende Neugier, langsames, beinahe mühsames Aufessen der täglichen Mahlzeiten. Wenn er seinen früheren Dauerlauf einschaltete, lief er gern auf drei Beinen, indem er mal das linke, dann das rechte

Hinterbein schonte.
Abgeschwächt war jetzt auch sein Liebe- und Ansprechbedürfnis. Wenn Lina ihn pflegte und nach Zecken absuchte, wälzte er sich nicht mehr wohlig auf ihrem Schoß und schnurrte nicht wie ein Kater. Insgesamt blieb er viel öfter im Haus als früher und suchte nur bei passendem Wetter draußen warme windgeschützte Plätze auf. Dort schlief er fest ein und musste geweckt werden, was früher undenkbar gewesen wäre.

Ein bedenkliches Zeichen war auch die zunehmende Respektlosigkeit des Lohager Katzenvolks. Dreist blieben sogar Jungkatzen vor ihm sitzen oder wichen ihm nur widerwillig aus, jene alle, die sonst panisch vor ihm geflüchtet wären. Dass Nelli jetzt Streitigkeiten mit anderen Hunden mied, braucht wohl nicht besonders dargelegt zu werden. Alle Lohager rechneten damit, dass Nelli in den nächsten Monaten immer inaktiver und damit reif fürs Gnadenbrot werden würde. Eine Epoche, nach ihm benannt, ging zu Ende...

* * * * * *

Und dann dieser Sonntag im Juni. Gegen Mittag, nach dem Kirchgang, saßen die Lohager, Ewald war zu Besuch gekommen, auf der Bank vor der Haustür beisammen und gedachten wieder einmal des Tages, an dem Nelli an eben dieser Tür abgestellt worden war. Welch einen Reichtum an Erlebnissen und Abenteuern hinterließ dieses Wesen, wieviel Liebe hat es gegeben und empfangen! Seine Nachkommen bevölkern die umliegenden Gefilde, von Nellis Heldentaten sprechen die Leute noch heute. Nelli schien an diesem Morgen unruhiger als sonst, hörte nur halben Ohrs

auf die Ermahnungen und Ratschläge Ewalds, versuchte zu ruhen, erhob sich wieder, umlief das Anwesen und erbettelte von Lina Nahrung. Es war wohl ganz klar:
„Er hat wieder einen seiner Hundstage."
Was man befürchtete war folgendes: Da er nicht mehr so flott und kampfstark wie früher war, könnte er einem vierbeinigen Rabauken zum Opfer fallen, auch einem starken Fuchs oder einem jener Hundefänger, von denen neuerdings die Rede war.
„Nelli, wohin gehst du?"
Fragte Ewald, als er sah, dass Nelli sich auf die Socken machen wollte. Er erkannte das immer sofort, weil Nelli stets aus demselben Tor abging. Irgendetwas schnürte Ewalds Kehle zu und er ahnte, heute sei es besser, Nelli kurzerhand einzusperren. Aber vom Ahnen und Denken zum Tun ging sein Weg nicht. Nelli verhoffte tatsächlich, drehte sich um und betrachtete seinen Lieblingsmenschen, wie diesem schien ratlos, unentschlossen und traurig.
„Es steckt Nomadenblut in ihm", sagte Fritz.
„Seine Vorfahren, die Wölfe, rufen ihn", sagte Wilfried.
„In guter Hund", kommentierte Lina, „kommt immer an die Krippe zurück."
„Wohin gehst du?", fragte Ewald zum letzten Mal.
Nelli zog los. Ewald schloss sich ihm an und gemeinsam spazierten sie den neuen Asphaltweg entlang, bis es Ewald klar wurde, dass er ihn auch heute nicht würde zurückhalten können. So blieb er stehen. Nelli setzte sich in einer Entfernung von fünfzig Schritt auf die Hinterbacken und lauschte angestrengt den Rufen und Pfiffen seines Herrn und Meisters – sie bewirkten heute nichts! Dann trabte er weiter und war bald den Blicken Ewalds entschwunden, den allerletzten...

„Oh Wandern, Wandern, meine Lust,
oh Wandern!
Herr Meister und Frau Meisterin,
lasst mich in Frieden weiterziehn
und wandern!“

„Wohin, Nelli, wohin nur...?“

* * * * * *

Wer nun glaubt, dass Nellis Biografie hier zu Ende sein und geschlossen werden müsste – der irrt! Zwei Großereignisse gibt es noch, bis es soweit ist. Das erste entstand aus der Anfrage eines Historikers aus der nahen Stadt, der beim Wühlen und Studieren alter Akten und Verzeichnisse auf den Namen „Burg Lohhage“ gestoßen ist. Und nun stand er plötzlich ohne Voranmeldung vor dieser „Burg Lohage“: Dr. phil. Heinrich Hartenstein, 46 und verbellt von Nelli 008, Schäferhund, der sein Gnadenbrot hier als Hofwächter mehr oder weniger pflichtgetreu wahrnahm.
„Interessant“, sagte Heinrich nach der Begrüßung durch die Kaffeerunde der Familie im neuen angebauten Wintergarten, „interessant deswegen, weil es hier schon vor mehr als dreihundert Jahren einen kaiserlichen Hund namens Nelly mit Ypsilon gegeben hat.“
Mit dieser Neuigkeit blieben vorerst ein paar Kuchenstücke ungegessen und Kaffeetassen ungeleert.

Statt einer sofortigen Erklärung kramte der Besucher in seiner Aktentasche herum und förderte die auf alt gemachte Fotokopie einer Akte in deutsch und lateinisch zutage. (Sie ist am Buchende wiedergegeben und braucht deshalb nicht näher erklärt zu werden). Etwas über den „Ur-Nelli“ Lohages erfahren zu haben, war natürlich für die Familie äußerst interessant – aber jetzt müssen wir, wirklich zum Abschluss unserer Erzählung, nämlich mit der Rückkehr Nellis nach Lohage, zum Ende kommen. Sie fand wie seine Herkunft statt.

Hofwächter und Schäferhund Nelli 008 schlug kurz an und beruhigte sich dann. Das kam öfter vor und wurde überhört oder nicht beachtet. Eine Stunde später, es war inzwischen 23 Uhr geworden, läutete aber das Telefon, wurde beschimpft und dennoch bedient:
„Sie sollten einmal vor Ihre Haustür schauen."
Kein Befehl das, nur ein Ratschlag offenbar und sehr daran erinnernd, wie Klein-Nelli dereinst angekündigt worden war. Und wie damals lag ein Karton vor der Tür. Er wurde geöffnet und zum Vorschein kam ein Sarg, ein Kindersarg, wie er in einschlägigen Fachgeschäften zu gewissen traurigen Anlässen angeboten wird. Ein beigelegter Trauerbrief gab den Inhalt bekannt: „Hier ruht den ewigen Schlaf Nelli 007". Da war sich die Familie einig: Das seit 1648 erworbene Recht zur Beisetzung auf „eigenem Grund und Boden" auszunutzen und Nelli den schönsten Platz im Garten unter „Rosen, Lilien, Holderstrauch und Honigbirnbaum" anzuweisen - „Requiescat in pace!"

E n d e

Verlags- und Autorenhinweis:

Lektorat: Ilka Wallmeyer-Rohdich, Greven.
Die Abbildungen: Von Nelli und seinen zwei- und vierbeinigen Zeitgenossen gibt es weder Fotografien noch Zeichnungen. Darum hat der Autor eine Sammlung von vielen ungezählten „Freunden“, Lebens- und Spielgefährten Nellis zusammengetragen, die vom Bildanbieter „Pixabay“ in freundlicher Weise zur Verfügung gestellt wurden – dafür sagen Verlag und Autor Dank!

Dieser Hundebiografie ist eine Katzenbiografie vorausgegangen:
„Peter der Große“, ISBN 978-3-96103-327-0. Um die Trilogie „Tier-Biografien“ zu komplettieren, erscheint demnächst **„August der Starke“,** eine Pferdebiografie. Davon separat erscheint noch in diesem Jahr **„Cokki, der kleine Marienkäfer“,** eine Biografie, welche das einjährige Leben unseres beliebten Käfers **„Siebenpunkt“** behandelt.

Liebe Leserschaft, schenken Sie auch den bisherigen Büchern des Autors, die ab 2017 erschienen sind, Ihre Aufmerksamkeit:
Flinte, Forke und Skalpell – Landarzt in Deutschland, als Buch ISBN 978-3-96103-070-5, als Taschenbuch ISBN 978-3-96103-260-0
Soldat und Menschenfreund – das Leben des Friedrich Wilhelm von Rohdich, ISBN 978-3-96103-080-7
Das Hitler-Attentat vom 8. November 1939 – wenn es gelungen wäre, ISBN 978-3-96103-117-7
Das Hitler-Attentat vom 20. Juli 1944 – wenn es gelungen wäre, ISBN 978-3-96103-134-4, auch als E-Book er-

hältlich

Pimpfe, Pauker und Propheten – Jugend in Deutschland,
ISBN 978-3-96103-155-9

Als die Ostfriesen frech geworden…, als Buch ISBN 978-3-96103-171-9
als Taschenbuch ISBN 978-3-96103-274-7

Weites Land – raues Volk, ein Ostfriesen-Roman, als Buch ISBN
978-3-96103-196-2, als Taschenbuch ISBN 978-3-96103-275-4

Die ganz neue Darstellung der Schöpfung, ISBN 978-3-96103-203-7

Ein Mäusekrieg von 1938 bis 1954, ISBN 978-3-96103-219-8

Abenteuer Kriegshunde in den Weltkriegen, ISBN 978-3-96103-244-0

Terra mirabilis, ISBN 978-3-96103-248-8

Roßbach, die Schlacht bei…, ISBN 978-3-96103-268-6

Der Bürger als Mörder, ein Krimi! ISBN 978-3-96103-338-6

Das Hitler-Attentat vom 13. März 1943 – wenn es gelungen wäre, nur als E-Book.